国家科学技术学术著作出版基金资助出版

电接触理论及应用

荣命哲 杨 飞 著

机械工业出版社

本书内容主要包括四个方面：①电接触现象的基础理论。主要介绍电接触产生、维持和消除过程中的物理、化学等现象的相关理论，包括电接触表面膜电阻的增值机理、电接触材料的侵蚀和转移理论等。②电接触材料。不同接触形式和工作条件对电接触材料的要求各有侧重，本书介绍了新型电接触材料的开发过程，以及如何从材料的组成和制造工艺两方面改善材料性能。③电接触试验和诊断技术。电接触产生、维持和消除过程中各种现象的观察测试都需要借助和开发先进的诊断技术，本书介绍了包括接触电阻和导电斑点温升测试技术、极间电弧特性测试技术、触头材料侵蚀和转移原位测试技术、接触表面形貌特征及电接触材料组织和成分的测试技术等。④电接触现象的数学模型。电接触是一个复杂的物理与化学过程，一些现象无法进行试验测试或费用太高，所以电接触的数学模型化也是一个非常重要的研究领域。本书对接触电阻的微观描述、接触材料烧蚀过程数学模型等方面的最新进展也进行了介绍。

本书是一部全面介绍电接触理论及应用的学术专著，内容不仅包含电接触现象的基本原理和研究发展脉络，还涉及该领域的最新研究进展与成果，对从事开关电器及电连接器等相关工业产品的科研设计人员、高校教师和学生都有很好的指导和参考意义。

图书在版编目（CIP）数据

电接触理论及应用/荣命哲，杨飞著. —北京：机械工业出版社，2023.7（2024.8重印）
ISBN 978-7-111-73008-8

Ⅰ. ①电… Ⅱ. ①荣… ②杨… Ⅲ. ①电触头 Ⅳ. ①TM503

中国国家版本馆 CIP 数据核字（2023）第 063206 号

机械工业出版社（北京市百万庄大街22号　邮政编码100037）
策划编辑：王雅新　　　　　　　责任编辑：王雅新　路乙达
责任校对：贾海霞　张　薇　　　封面设计：张　静
责任印制：张　博
北京雁林吉兆印刷有限公司印刷
2024 年 8 月第 1 版第 2 次印刷
184mm×260mm・14.5 印张・354 千字
标准书号：ISBN 978-7-111-73008-8
定价：59.00 元

电话服务　　　　　　　　　　　网络服务
客服电话：010-88361066　　　机 工 官 网：www.cmpbook.com
　　　　　010-88379833　　　机 工 官 博：weibo.com/cmp1952
　　　　　010-68326294　　　金 书 网：www.golden-book.com
封底无防伪标均为盗版　　机工教育服务网：www.cmpedu.com

前　言

1. 电接触及其学科的研究内容和意义

电接触是指两个导体之间相互接触并通过接触界面实现电流传递或信号传输的一种物理、化学现象。电接触现象广泛存在于电力系统、自动控制系统和通信系统等各类民用、国防领域的工业系统当中，涉及国民经济发展和国防安全建设的方方面面[1-4]。

根据接触的状态及行为表现，电接触可分为固定电接触、滑动或滚动电接触以及可分离电接触。具体的，如果电接触是依靠两个导体固定接触而维持，在正常工作过程中导体之间不发生相对移动，例如各种固定的电连接器以及电缆或母排的连接等应用，称为固定电接触；如果电接触依靠两个导体通过滑动接触或者滚动接触而维持，例如集电环、导电刷、电动机车的受电弓与馈电线、滚动导电环等，称为滑动或滚动电接触；如果在正常工作中，两个导体会出现接触和分离两种状态实现电接触的产生和消除，导致两导体所处电路的电流接通或分断，则称为可分离电接触。最常见的应用是电力系统中大量使用的各类开关电器中的触头，承担了执行接通和切断各种电路、承载正常的额定工作电流的职能，属于典型的可分离电接触，在带电分断的情况下还会产生非常重要的电弧放电现象[5-10]。

在上述各类电接触中，传递电流或输送信号的两导体称为触头、触点或电极，根据电流方向，又可以定义电接触的阳极和阴极，电流从阳极通过电接触流入阴极。如果是在交流情况下，电接触的阳极和阴极则随电流方向交替变化。

开关和电连接器等电接触器件通常用于负责系统的连接与保护，往往是整个系统能量与信息传输的安全保障和咽喉环节。例如，配电电器的分断能力、控制电器的工作寿命、继电器的可靠性，无不取决于触头的工作性能和质量，其关系到系统的安全运行[11-19]。特别是近年来，随着能源、信息等领域的飞速发展，各种新的应用场景层出不穷，对相关器件的电接触的通流性能、开断性能和运行寿命等提出了非常苛刻的要求，因此相关的研究工作非常重要。

电接触的产生、维持和消除过程又是一个非常复杂的物理、化学过程，涉及电气、机械、材料等多个方面的交叉融合。尤其是可分离电接触，由于在两导体间，依据不同的电气条件，常常发生不同形式的气体放电，因而问题变得更加复杂多变[20-30]。在两导体的接触界面或导体与等离子体界面发生的过程是电、磁、热、力及材料冶金效应相互作用的综合结果。电接触理论正是研究电接触产生、维持和消除过程当中，两导体接触界面或导体与等离子体界面发生的物理、化学过程的学科。这一学科涉及电弧物理、电磁场理论、计算机仿真、微观测试技术、电磁机构、电工材料与制造等，其研究的最终目的是在满足一定的经济效益前提下，提高电接触的工作可靠性和工作寿命。

电接触理论研究及应用的主要内容包括：

（1）电接触现象的基础理论研究

主要研究电接触的产生、维持和消除过程中的一些物理、化学现象。如电接触维持状态下接触电阻尤其是表面膜电阻部分的增值机理，以及由于接触电阻引起的温升现象甚至熔焊，电接触产生和消除过程中出现的触头材料侵蚀和转移等。

（2）电接触材料

不同的电接触形式，或不同的电气、机械工作条件，对电接触材料的要求各有侧重。因而在节省贵金属的前提下，研制开发适合相应要求的电接触材料一直是电接触理论和应用研究中的重要方面。新型电接触材料的开发，必须以电接触现象的理论研究为基础，主要从材料的组成和制造工艺两方面改善电接触材料的性能。

（3）电接触试验和诊断技术

电接触诊断技术是开展电接触试验研究的重要手段。电接触产生、维持和消除过程中发生的全部现象的观察、测试都需要借助和开发先进的诊断技术。例如，接触电阻和导电斑点区域温升的测试技术，电极间电弧特性的测试技术，触头材料侵蚀和转移的原位测试以及定量分析，电接触材料接触表面形貌特征及电接触材料组织和成分的测试技术等。

（4）电接触现象的数学模型化研究

随着计算机科学的普及和发展，许多复杂的物理、化学过程得以采用计算机模拟或仿真[31-40]。科学的发展总是要由试验研究逐步发展到数学模型化阶段，对基本物理过程形成更加深入的认识，之后再利用数学模型和仿真方法对实际的工程应用形成科学的指导。因此，试验测试是数学模型化的基础，二者相辅相成互为促进。特别是在现代工程技术中，许多无法进行试验测试或因费用太高而难以进行测试的物理现象，常采用计算机技术来模拟整个过程，以获得对过程特性的了解和掌握。近年来，电接触理论及其应用研究在数学模型化方面也取得了引人瞩目的进展。尤其是在由接触电阻的微观描述，电弧引起的电触头材料烧蚀过程的数学模型化方面已取得不少成绩。尽管如此，在数学模型化这一领域仍有许多尚待研究和解决的问题。

2. 电接触学科的形成和发展

电接触现象很早就受到关注，几乎与电工学同时起步。世界上最早关心电接触问题的是英国的 Johnson Matthey Company。19 世纪 50 年代，由于在电信用途中继电器的使用，研究人员选用金属铂用作继电器的触点，标志着关于电接触现象研究的开始。

1941 年，R. Holm 出版了电接触学科的第一部著作[2]《电接触技术物理》（*Die Technische Physik der Elektrischen Kontakte*，Berlin；Springer，1941），标志着电接触学科初步形成。电接触作为一门独立的学科最早开始于美国，可以追溯到 1953 年在宾夕法尼亚州立大学举行的第一次 Holm 研讨会。Ragnar Holm 博士发表了一系列关于电接触的相关研究现状的演讲。该研讨会是由 Stackpole Carbon，Inc. 的 Erle Shobert 博士和宾夕法尼亚大学电气工程系 Ralph Armington 教授组织的。后来，Holm 研讨会逐步发展成为著名的 IEEE Holm 电接触会议（IEEE Holm Conference on Electrical Contacts），该会议每年在美国召开一次并出版论文集，到 2023 年该会议已经举办了 68 届。在这期间，R. Holm 于 1958 年出版了《电接触手册》[3]，这也是电接触研究开始成为一门独立学科的一个标志性事件。在国际上，第一次国际电接触会议（International Conference on Electric Contacts）于 1961 年在美国缅因州的奥罗诺举行，1964 年在奥地利的格拉茨举行了第二次会议。后续的会议通常每两年在美洲、欧洲或亚洲举行一次，到 2022 年是第 31 届会议。另外，其他许多国际性学术会议也都涉及电接触现象，包括自 2001 年以来日本每年举行一次的机电设备国际会议（International Session on Electro-Mechanical Devices），每两年在世界各地轮流举行的国际气体放电会议（Int Conference on Gas Dischage and Their Application），每两年在世界各地轮流举行的国际游离化气体会议（International Conference on Phenomenon in Ionized Gases），每四年固定在波兰召开的开关电弧国际会议（International Conference on Switching Arcs），美国召开的继电器年会（Annual National Relay Conference），以及于 2011 年开始由中、日、韩三国研究人员发起的电力装备开断技术国际会议（International Conference on Electric Power Equipment Switching Technology）[41-44]。

由于国民经济发展和工业技术进步的需求，我国从 20 世纪 50 年代起开始电接触方面的研究工作。在 1979 年 5 月，我国正式成立了中国电接触及电弧研究会，并定期举行学术交流。此外，西安交通大学举办过国际电接触、电弧、电器及其应用国际学术会议，北京邮电大学也举办过电接触方面的国际学术会议。从 1981 年开始，在前面所提到的各个重要的国际电接触会议上，均有我国电接触方面的特邀报告、论文宣读或发表。进入 21 世纪以来，随着电工领域各方面的发展，电接触所涉及的领域也在不断扩大，迎来了新的发展机遇。

3. 本书的主要内容

自 20 世纪 50 年代电接触理论作为一门独立的学科形成以来，国际上对电接触的研究相当活跃，许多大型的定期召开的国际学术会议以此为主题，有关文献极多；系统论述电接触理论的书籍也不少，尤其是美国、德国和日本，不断有新的学术专著出版，而国内这方面的著作却甚少。电接触理论是开关电器重要的基础理论之一。西安交通大学电器教研室几十年来在电接触理论及应用领域进行了大量深入系统的研究工作[46-62]，本书就是以这些研究工作成果为基础，并力图反映国际上的有关研究成果和发展动态而完成的。全书共分 9 章。

1）静态电接触是所有复杂接触现象的基础，本书第 1 章从静态电接触的基本认识开始，没有简单地从宏观上论证接触电阻与接触力和接触电压及其接触区域最高温升的相互关系，而是从微观上研究了导电斑点内电流密度的分布，通过求解电场分布求得了触点体内焦耳内热源的分布，并建立了数学模型，简述了受接触电阻热效应而在触头体内形成的温度场及其特性。

2）第 2 章则进一步深入研究了电接触微观形貌与宏观接触电阻的内在联系，结合微凸体分布函数、轮廓函数以及弹塑性形变的理论分析，研究了基于分形理论的电接触数学模型，并给出了实验验证。

3）电接触元件的可靠性和工作寿命受到电接触材料性能的显著影响，电接触材料性能则由材料的组成和制造工艺决定。第 3 章在介绍电接触材料的用途和对电接触材料要求之后，较详细地讨论了电接触材料的分类与特性。

4）对在开关电器领域广泛应用的可分离电接触，研究触头间电弧放电与触头材料之间的相互作用机理有着重要的理论价值和实际意义。本书第 4 章主要研究了电弧能量作用及触头材料的响应过程。从阳极型、阴极型电弧，电弧的状态及其转换，电弧停滞时间及电弧运动特性，电弧等离子体喷流及其特性，电弧对电极的热流输入和电弧力效应 5 个方面分析与电接触性能密切相关的极间电弧特性。从材料过热、材料转移、电弧侵蚀、触头熔焊等基本现象分析了触头材料对电弧能量作用的响应过程。鉴于接通电路过程中电接触现象的特殊性，单列一节说明。

5）在第4章的电弧与电极的相互作用中，电弧对触头材料的烧蚀过程是电接触现象中最为复杂的问题之一，进而在第5章研究了激光光谱分辨与高速摄影相结合的触头材料烧蚀与喷溅的测量方法，对不同电极不同条件下的烧蚀过程进行了研究，为烧蚀过程的测试与电极材料评估提供了新的方法。

6）电接触材料性能的试验及诊断意义很大，难度也很大。进一步发展合适的测试方法和诊断技术仍是重要课题。在第6章进一步介绍了一些电接触材料性能通用的测试方法以及电子显微技术。

7）除了实验测试，仿真模型的建立对于电弧现象的研究也非常重要。由于金属栅片是各类空气开关中应用非常普遍的灭弧方法，金属栅片与电弧的相互作用是电接触领域中一个重要的难点问题，第7章针对这一典型问题的仿真建模方法进行了专题研究，通过仿真计算揭示了金属蒸气在电弧的栅片切割过程中的重要影响，为栅片切割电弧的物理过程描述提供了新的手段。

8）弱电技术中的电接触问题及高压断路器中的电接触理论和触头材料具有各自应用环境和要求的特殊性，因此在第8章和第9章分别进行了说明。而滑动和滚动电接触中的问题，限于篇幅，本书暂未涉及这一领域中现象的讨论。

由于作者水平有限，书中不当甚至错误之处在所难免，敬希读者指正。

作　者

2023年3月于西安交通大学

目　录

第1章　静态电接触及其数学描述

　　电接触的形式与表现多种多样，包括固定电接触、滑动电接触、可分离电接触等[63,64]。而静态电接触是所有电接触形式的基础，其复杂性主要在于，当两导体相互接触并实现电能传递或信号输送时，无论两导体的接触表面经过怎样的精细加工，由于其在微观上总是凹凸不平的，真正发生接触只能是一个或多个微小的点或小面，并非是两导体宏观重叠接触的面积，如图1-1所示。因此，本章首先对静态电接触的物理过程和数学模型进行介绍，让读者建立对于电接触现象的基本认识。

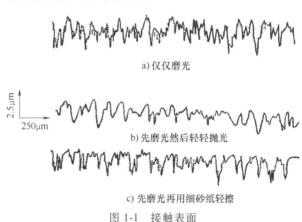

a) 仅仅磨光

b) 先磨光然后轻轻抛光

c) 先磨光再用细砂纸轻擦

图 1-1　接触表面

1.1　接触电阻的物理模型

　　在电接触研究中，人们通常将两导体（或触头、触点）宏观重叠的面积称为名义接触面或视在接触面。然而，视在接触面与实际的导电面积相差甚远。实际的接触面积是由大量的接触斑点形成的，而且即使在接触斑点的接触区域内，由于触头表面还通常覆盖有一层表面膜，所以真正能够传导电流的区域（即实际导电面积）只是那些金属直接接触或者金属与导电的表面膜接触的区域，将这些区域称为导电斑点。因为电接触学科的奠基人 R. Holm 博士假定导电斑点是半径为 a 的圆形区域，所以在国际电接触学术界通常将导电斑点又称为 a 斑点。如图1-2所示，A_a 为视在接触面，A_b

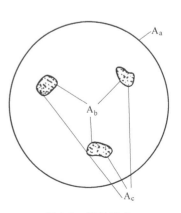

图 1-2　接触斑点

为实际接触面，A_c 为导电斑点。

由于上述原因，当电流通过电接触元件时，实际上电流将集中流过那些极小的导电斑点，因而在导电斑点附近，电流线必将发生收缩，如图1-3所示。

由于电流线在导电斑点附近发生收缩，使电流流过的路径增长，有效导电面积减小，因而出现局部的附加电阻，称为"收缩电阻"。如果电流通过的导电

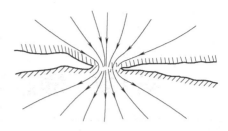

图 1-3 导电斑点附近电流线发生收缩效应

斑点不是纯金属接触，而是存在可导电的表面膜，则还存在另一附加电阻，称为膜电阻。这两部分附加的总电阻称为接触电阻。

可以证明[3]，收缩电阻与导电斑点尺寸之间有下列的简单关系

$$R_c = \frac{\rho}{2a} = \frac{\rho}{d} \tag{1-1}$$

式中，R_c 为收缩电阻；a、d 分别为导电斑点的半径和直径；ρ 为接触元件材料的电阻率。

当电流通过导体与导体的接触处时，由于接触电阻的存在，在电流收缩区两端必然会出现一定的电压降，这个电压降称为"接触压降"。同时，由于接触电阻产生焦耳热，使收缩区的温度升高，常超过收缩区外导体的温度。导电斑点上的温度超过收缩区外导体温度的数值称为斑点的"超温"。根据电位-温度理论（φ-θ 理论），斑点的"超温"与"接触压降"成简单的函数关系，即

$$\theta = \frac{U^2}{8\lambda\rho} \tag{1-2}$$

式中，θ 为导电斑点的超温；U 为接触压降；$\overline{\lambda\rho}$ 为两接触导体材料的热导率与电阻率乘积的平均值。

不过，式（1-1）仅适用于单个 a 斑点收缩电阻的计算。如果接触面内的 a 斑点不止一个，并且假定各个 a 斑点之间距离足够大，则通过 a 斑点的电流的相互作用可以忽略不计。这样可把接触面中各电流传导路径相加，这种多斑点的收缩电阻为

$$R_c = \frac{\rho}{2\sum a_i} \tag{1-3}$$

如各个 a 斑点相距很近，则需考虑通过各个 a 斑点的电流的相互作用[65]。如图1-4所示。

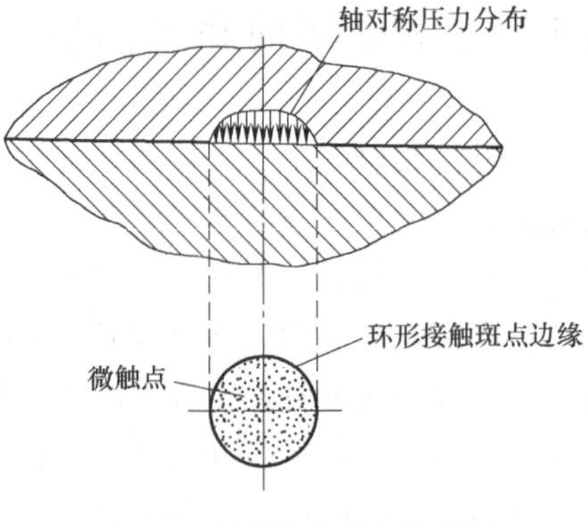

令 b_{ii} 表示第 i 个 a 斑点流过单位电流对第 i 个 a 斑点电位的贡献，令 b_{ij} 表示第 j 个 a 斑点流过单位电流对第 i 个 a 斑点电位的贡献，则第 i 个 a 斑点的电位 U_i 可表示为

$$U_i = \sum_{j=1}^{n} b_{ij}I_j \tag{1-4}$$

式中，n 为 a 斑点个数；b_{ii} 实质是第 i 个 a 斑点的收缩电阻自有部分；b_{ij} 为第 i 个 a 斑点和第 j 个 a 斑点收缩电阻的共有部分。

由静电场类比方法可推导得

图 1-4 环形接触斑点示意图

（图中标注：轴对称压力分布；环形接触斑点边缘；微触点）

$$b_{ii} = \frac{\rho}{2a_i}, \ b_{ij} = \frac{\rho}{2\pi S_{ij}}$$

式中，S_{ij} 为第 i 个与第 j 个斑点的间距。因为所有 a 斑点的电位相等，且等于两导体间电位降的一半，即 $U_i = U/2$，故

$$U = 2\sum_{j=1}^{n} b_{ij}I_j = \frac{\rho}{2}\left(\frac{I_i}{a_i} + \frac{2}{\pi}\sum_{j\neq 1}\frac{I_j}{S_{ij}}\right) \tag{1-5}$$

Greenwood 求得的收缩电阻表达式为[65]

$$R_c = \rho\left(\frac{1}{2\sum a_i} + \frac{3\pi}{32n^2}\sum\sum\frac{1}{S_{ij}}\right) \tag{1-6}$$

上述公式的误差随着 a 斑点个数的增加而减少，当斑点个数达极限情况时，式（1-6）可演化为 Holm 最早提出的多斑点收缩电阻的形式，即

$$R_c = \rho\left(\frac{1}{2na} + \frac{1}{2\alpha}\right) \tag{1-7}$$

式中，a 为 a 斑点半径；α 为包含全部 a 斑点的包络线半径。

电接触材料表面常因吸附、氧化、腐蚀以及环境效应等因素的污染而形成表面膜。对于中重负载用电接触元件，由于机械的作用，特别是电弧的作用，其表面膜极易破坏，因此表面膜的生成和破坏并不特别引人注目。然而在弱电接触领域，由于表面膜生成后不易破坏，故对使用于弱电技术领域的电接触材料，为能达到高的接触可靠性，不允许表面膜生成或存在。

弱电技术领域的电接触研究，主要集中在表面膜的生成机理及从电接触材料本身的组份和制造工艺入手而提高其接触可靠性这两大方面。表面膜的生成机理较为复杂，它与各种环境效应密切相关。

1.2 导电斑点电流密度分布

触点承载的电流实际只能从两个触点接触所形成的一个或数个导电斑点流过，在这些导电斑点区域形成了极大的电流密度。由于转化为热量的功率损耗与电流密度的二次方成正比，当电器所控制的电路系统出现过载或短路时，巨大的电流密度就会产生巨大的焦耳热，造成触点熔焊乃至整个触头系统失效。不仅如此，触点静态接触时的温升还对液态金属桥形成的材料转移、金属蒸气电弧向气体电弧的转换规律[66] 及电器触头系统的设计都有着极为重要的影响[1-4]。

研究电触头静态电接触时的温升，必须首先获取导电斑点及收缩区电流密度的分布，因为影响电触头发热的主要热源——焦耳热的分布主要受到电流密度的影响。本节介绍 Park 等关于导电斑点区域电流密度分布研究的结果[67]。

Park 的研究应用了 Greenwood 关于导电斑点内相距很近的多个斑点电流相互影响的思想[65]，对任意 a 斑点 i，有

$$\sum_{j=1}^{n} b_{ij}I_j = U_i, i = 1,2,3\cdots n \tag{1-8}$$

为求解此方程组，假定

1）每个 a 斑点的电位相等，即 $U_i = U$。

2）如图 1-5 所示，在每一环上的 a 斑点具有相同的半径，此半径为一等效值。

3）a 斑点在每一环上均匀分布，流过同一环上 a 斑点的电流相等。

4）每一环的宽度相等，即 $r_2 - r_1 = r_3 - r_2 = r_m - r_{m-1}$。

在上述假定下，由于 a 斑点分布的轴对称性，方程组（1-8）中方程的数目可由 n 个（a 斑点数）变为 m 个（导电斑点的环数，如图 1-5 所示）。即

$$\sum_{j=1}^{m} \left(\frac{\rho}{4\bar{a}^i}\delta_{ij} + \frac{\rho}{2\pi}g_{ij} \right) \cdot \bar{I}^i = U, i = 1,2,3,\cdots m \tag{1-9}$$

式中，δ_{ij} 为狄里克 δ 函数

$$\begin{cases} \delta_{ij} = 1, i = j \\ \delta_{ij} = 0, i \neq j \end{cases}$$

而

$$g_{ij} = 2\sum_{k=1}^{n^i/2} \frac{1}{\sqrt{2r^i r^j \cos\left(\frac{\pi}{n^j/2}\cdot k\right) + (r^i)^2 + (r^j)^2}}$$

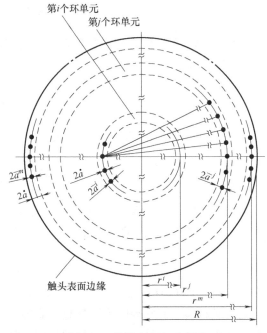

图 1-5　微导电斑点示意图

式中，r^i、r^j 分别为第 i 个或第 j 个环与导电斑点中心距离（m）；n^j 为第 j 个环上的 a 斑点数；$\bar{a}^i$ 为第 i 个环上 a 斑点的等效半径。

对方程组（1-9），输入 $\bar{a}^i$ 和 n^j 值，即可求得第 j 个环上流过各斑点的电流 $\bar{I}^j$。而 $\bar{I}^j$ 确定之后，等于确定了整个导电斑点的电流密度分布。

其中，第 i 个环上的名义电流密度 J_n^i 为

$$J_n^i = n^i \bar{I}^i / A_n^i \tag{1-10}$$

式中，A_n^i 为第 i 环的名义表面。

第 i 个环上每一 a 斑点的电流密度为

$$J_r^i = \frac{\bar{I}^i}{\pi \bar{a}^i} \tag{1-11}$$

平均名义电流密度 J_m 为

$$J_m = \sum_{i=1}^{m} n^i \bar{I}^i \Big/ \sum_{i=1}^{m} A_n^i \tag{1-12}$$

等效半径 $\bar{a}^i$ 的确定原则是，使得每一环上按半径为 $\bar{a}^i$ 的斑点流过的总电流等于等效前

4

实际流过该环上各斑点电流之和。根据 Greenwood 的研究[65]，实际流过第 i 个 a 斑点的电流大约与收缩电阻的自有部分成反比，即

$$I_i = c \frac{U}{\rho / (2a_i)}, \quad c \text{ 为正常数} \tag{1-13}$$

上述估算的精度当然随各斑点间距的增大而升高，而 $(\sum I)_r$ 表示实际流过某一圆环的电流，$(\sum I)_m$ 表示采用等效半径后流过同一圆环的电流，则

$$(\sum I)_r = \sum_{i=1}^{n} c \frac{U}{\rho / 2a_i} = c \frac{2U}{\rho} \sum_{i=1}^{n} a_i \tag{1-14}$$

$$(\sum I)_m = nc \frac{U}{\rho / 2\bar{a}} = c \frac{2U}{\rho} n\bar{a} \tag{1-15}$$

且应有 $(\sum I)_m = (\sum I)_r$，故

$$\bar{a} = \frac{\sum_{i=1}^{n} a_i}{n} \tag{1-16}$$

这表明，每一环上斑点的等效半径近似等于原斑点半径的平均值。

Park 还设计了一个测试电流密度的简单装置，在一个橡胶片上插有许多漆包线以代表 a 斑点，将漆包线两端分别插入盛有电解液（3% 浓度的 NaCl 水溶液）的铝盒中并加上电压，测试通过各漆包线的电流，可得电流密度。图 1-6 给出了电流密度计算结果和试验结果的比较。

如果 a 斑点数量增加并几乎覆盖全部半径为 R 的圆形接触面，则 Park 计算所得电流密度分布与 Holm 所推得的半径为 R 的 a 斑点内电流密度几乎一致，如图 1-7 所示。在这种情况下，电流密度的分布为

$$J_n = \frac{J_m}{2\sqrt{1 - (r/R)^2}} \tag{1-17}$$

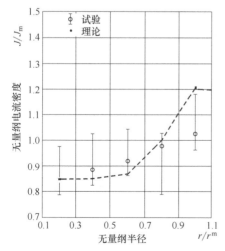

图 1-6　电流密度计算结果和试验结果的比较

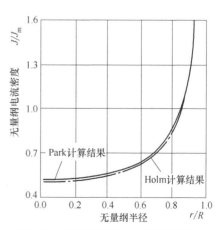

图 1-7　极限情况下 Park 计算结果与
Holm 计算结果的比较

1.3　电触头体内电场及焦耳内热源分布

电流通过导电斑点时的情形（电流收缩现象）大致如图1-8所示。为简化尺寸，图1-9示出了两半球形触头及导电斑点形状的直角坐标和球坐标。

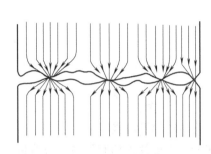

图1-8　电流收缩现象

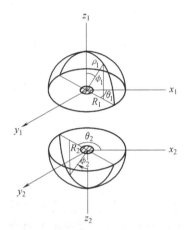

图1-9　两半球形触头及导电斑点形状的直角坐标和球坐标

在接触表面的中部是半径为 a 的 a 斑点。

触头体内的似稳态电场满足拉普拉斯方程

$$\nabla^2 V_i = 0 \tag{1-18}$$

边界条件

$$\rho \to \infty \quad V \to 0 \tag{1-19}$$

$$\varphi_i = \frac{\pi}{2}, \ R_i > a_i, \ n_i \nabla V_i = 0 \tag{1-20}$$

$$z_i = 0, \ R_i \leqslant a_i, \ V_1 = V_2 \tag{1-21a}$$

$$n_1 J_2 + n_2 J_2 = 0 \tag{1-21b}$$

$$R_i^2 = X_i^2 + Y_i^2 \tag{1-22}$$

由式（1-18）~式（1-22），可求出电位表达式为

$$V_i = -K_i \int_{\xi_i}^{\infty} \left[(a^2 + \xi)(b^2 + \xi)\xi \right]^{-\frac{1}{2}} \mathrm{d}\xi_i + V_{i\infty} \tag{1-23}$$

而等电位面则分别是一系列椭球面

$$\frac{x^2}{a^2 + \xi} + \frac{y^2}{b^2 + \xi} + \frac{z^2}{\xi} = 1 \tag{1-24}$$

这里 ξ 对给定的椭球面是一定值，$\sqrt{\xi}$ 是椭球体在 z 轴方向的长度。a 和 b 实质是导电斑点在 x 轴方向和 y 轴方向的长度，如导电斑点为圆形，则等电位面的椭球体在 x 轴和 y 轴方向的长度相等。

由式（1-21b）有

$$\frac{1}{v_1} n_1 \nabla V_1 = -\frac{1}{v_2} n_2 \nabla V_2 \tag{1-25}$$

式中，v_1、v_2 分别为两触头材料的电阻率。

将式（1-23）代入式（1-25）有

$$K_2 = -\frac{v_2}{v_1}K_1 \tag{1-26}$$

由式（1-21a），在 $a_i = b_i = a$，$\xi_i = 0$ 时，有

$$K_1 = (V_{2\infty} - V_{1\infty})\frac{a}{\pi}\left(1 + \frac{v_2}{v_1}\right)^{-1} \tag{1-27}$$

从而

$$V_i = \frac{-a}{\pi}\delta V \frac{v_i}{v_1 + v_2}\int_{\xi_i}^{\infty}\frac{\mathrm{d}\xi}{(a^2 + \xi_i)} + V_{i\infty} \tag{1-28}$$

这里

$$\delta V = V_{2\infty} - V_{1\infty}$$

ξ 可由图 1-9 所示的球坐标下求得，即

$$\xi_i = \frac{1}{2}\left[\rho_i^2 - a^2 + (a^4 + \rho_i^4 + 2a^2\rho_i^2\cos 2\varphi_i)^{\frac{1}{2}}\right] \tag{1-29}$$

焦耳内热源为

$$q_{ei} = J_i E_i = \frac{1}{v_i}|\nabla V_i|^2 \tag{1-30}$$

将式（1-28）代入式（1-30）得

$$q_{ei} = \left[\frac{a\delta V}{\pi}\right]^2 \frac{4\xi_i v_i}{(v_1 + v_2)^2\left[\rho_i^2\xi_i^2 + a^2 Z_i^2(a^2 + 2\xi_i)\right]} \tag{1-31}$$

1.4　静态电接触热过程的数学模型及其求解

文献［68-70］研究了静态电接触的热过程，现叙述如下：

1. 基本假定

1）触头材料各向同性，配对的两触点完全对称。

2）考虑到发热最恶劣情况，认为导电斑点是一个位于触点中心的半径为 a 的圆盘，两触点间所有电和热的交换都必须通过触点的导电斑点，因而所有的电、热现象关于 z 轴对称，z 轴垂直穿过导电斑点的中心。

3）关于表面膜电阻的影响作如下处理：膜电阻产生的热量均匀地通过导电斑点向两触点各传导 50%。

边界条件如下：

$$当\ \xi_i = \rho_i = \infty\ 时，T_i = 0$$
$$当\ z_i = 0，R_i > a_i\ 时，n_i\nabla_i T_i = 0$$

当 $z_i = 0$，$R_i \leqslant a_i$ 时，$\begin{cases} T_1 = T_2 \\ Q_1 = Q_2 \end{cases}$

Q 为热流输入功率，由膜电阻和收缩电阻在导电斑点处产生的热量向两触头输入。

2. 触点静态接触热过程的数学模型

控制微分方程为

$$c\rho\frac{\partial T}{\partial t}=\lambda\left(\frac{\partial^2 T}{\partial x^2}+\frac{\partial^2 T}{\partial z^2}\right)+q_{ei} \tag{1-32}$$

式中，c 为触点材料比热，单位为 J/(kg·K)；ρ 为触点材料密度，单位为 kg/m³；λ 为触点材料导热系数，单位为 W/(m·K)；q_{ei} 为触点单位体积焦耳内热源功率，单位为 W/m³。

边界条件如下：

求解区域如图 1-10 所示。

左边界

$$x=0,\quad\frac{\partial T}{\partial x}=0$$

右边界

$$x=x_0,\quad T=恒定值(初始值)$$

上边界

$$z=z_0,\quad T=恒定值(初始值)$$

下边界

$$z=0,\quad x\leqslant a,\quad Q=\frac{I^2 R_f}{2\pi a},\quad 单位为\ W/m^2$$

$$z=0,\quad x>a,\quad\frac{\partial T}{\partial z}=0$$

3. 关于方程的离散化

本书采用有限差分法对所建立的数学模型进行求解。把求解区域在 x 方向剖分成 j_0-1 格，在 z 方向剖分成 i_0-1 格，两方向间隔相等，如图 1-11 所示。$T_{i,j}^t$ 表示节点 (i,j) 在 t 时刻的温度，$T_{i,j}^{t+dt}$ 表示节点 (i,j) 在 $t+dt$ 时刻的温度。根据傅里叶定律及控制容积法可推导出求解区域内部节点、各边界节点及拐点的节点方程如下：

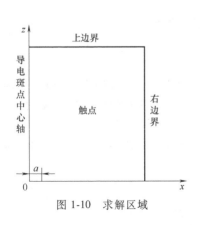

图 1-10 求解区域

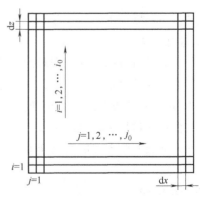

图 1-11 求解区域剖分图

内部节点

$$T_{i,j}^{t+dt}=\frac{\lambda\,dt}{c\rho\,dx\,dz}\left(T_{i+1,j}^t+T_{i-1,j}^t+T_{i,j+1}^t+T_{i,j-1}^t\right)+\left(1-\frac{4\lambda\,dt}{c\rho\,dx\,dz}\right)T_{i,j}^t+\frac{q_{ei}\,dt}{c\rho} \tag{1-33}$$

$$i=2,\ 3,\ \cdots,\ i_0-1,\quad j=2,\ 3,\ \cdots,\ j_0-1$$

左边界

$$T_{i,j}^{t+dt}=\frac{\lambda\,dt}{c\rho\,dx\,dz}\left(2T_{i,j+1}^{t}+T_{i+1,j}^{t}+T_{i-1,j}^{t}\right)+\left(1-\frac{4\lambda\,dt}{c\rho\,dx\,dz}\right)T_{i,j}^{t}+\frac{q_{ei}\,dt}{c\rho} \tag{1-34}$$

$$i=2,\ 3,\ \cdots,\ i_0-1,\ j=1$$

上边界及右边界

$$T_{i,j}^{t+dt}=T_{i,j}^{t}=初始值 \tag{1-35}$$

$$i=i_0,\ j=1,\ 2,\ 3,\ \cdots,\ j_0$$

$$i=1,\ 2,\ \cdots,\ i_0,\ j=j_0$$

下边界

$$T_{i,j}^{t+dt}=\frac{\lambda\,dt}{c\rho\,dx\,dz}\left(2T_{i+1,j}^{t}+T_{i,j+1}^{t}+T_{i,j-1}^{t}\right)+\left(1-\frac{4\lambda\,dt}{c\rho\,dx\,dz}\right)T_{i,j}^{t}+\frac{q_{ei}\,dt}{c\rho}+\frac{I^2R_f}{\pi a^2c\rho\,dz} \tag{1-36}$$

$$i=1,\ j\leqslant\frac{a}{\Delta x}+1$$

$$T_{i,j}^{t+dt}=\frac{\lambda\,dt}{c\rho\,dx\,dz}\left(2T_{i+1,j}^{t}+T_{i,j+1}^{t}+T_{i,j-1}^{t}\right)+\left(1-\frac{4\lambda\,dt}{c\rho\,dx\,dz}\right)T_{i,j}^{t}+\frac{q_{ei}\,dt}{c\rho} \tag{1-37}$$

$$i=1,\ \frac{a}{\Delta x}+1\leqslant j\leqslant j_0$$

拐点

$$T_{i,j}^{t+dt}=\frac{\lambda\,dt}{c\rho\,dx\,dz}\left(2T_{1,2}^{t}+2T_{2,1}^{t}\right)+\frac{q_{ei}\,dt}{c\rho}+\left(1-\frac{4\lambda\,dt}{c\rho\,dx\,dz}\right)T_{1,1}^{t}+\frac{I^2R_f}{\pi a^2c\rho\,dz} \tag{1-38}$$

上述全部方程的稳定性条件为

$$\frac{\lambda\,dt}{c\rho\,dx\,dz}\leqslant\frac{1}{4} \tag{1-39}$$

初始条件

$$t_i=0,\ T_i=常数$$

图 1-12 给出了 C-Cu 配对时等温线随时间在触头体内的分布，图 1-13 给出了 C-Cu 配对时温度沿 z 轴的变化，图 1-14 给出了 C-Cu 配对时温度随时间的变化。图 1-15 给出了 Cu-Cu 配对时温度在触头体内的分布，图 1-16 示出了 C-Cu 配对时温度沿 z 轴的变化。

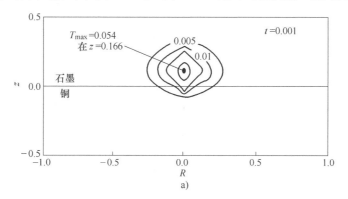

图 1-12 C-Cu 配对时等温线随时间在触头体内的分布

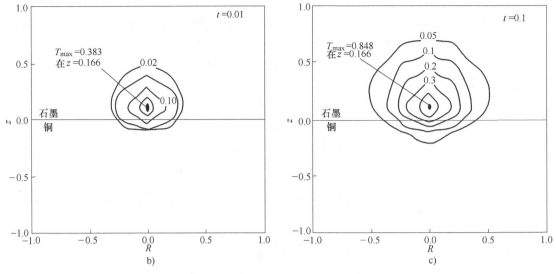

图 1-12　C-Cu 配对时等温线随时间在触头体内的分布（续）

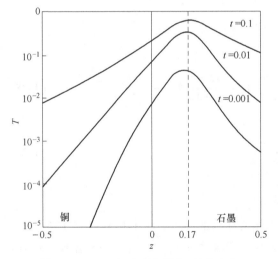

图 1-13　C-Cu 配对时温度沿 z 轴的变化

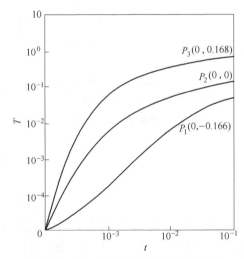

图 1-14　C-Cu 配对时温度随时间的变化

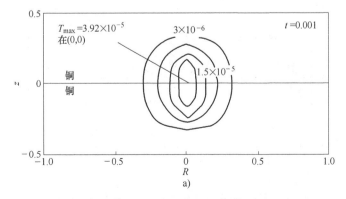

图 1-15　Cu-Cu 配对时温度在触头体内的分布

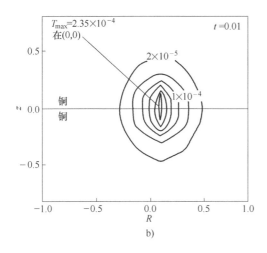 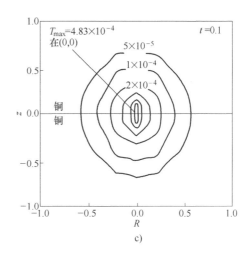

图 1-15 Cu-Cu 配对时温度在触头体内的分布（续）

图 1-17～图 1-19 给出了文献 [70] 对银（Ag）触头对称配对的研究结果。图 1-17 给出了最高温度与电流和导电斑点半径的相互关系，表明对于一定的导电斑点半径，当电流超过一定值时，将使材料熔化而发生熔焊。如对于半径为 0.0027in（0.00069cm）的导电斑点，发生熔焊的电流为 725A。在 725A 电流作用下，熔化的两触头在压力作用下将压得更紧，这导致液态金属受挤压而溢出液池。这样增大了导电斑点面积，降低了导电斑点和电流收缩区的温升，如图 1-18 所示。可以发现，导电斑点面积的轻微增长，将导致温升的大幅下降。

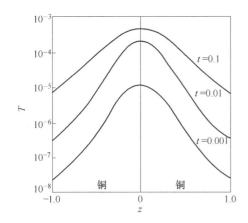 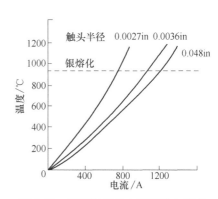

图 1-16 Cu-Cu 配对时温度沿 z 轴的变化

图 1-17 最高温度与电流和导电斑点半径的相互关系

图 1-19 示出 Ag 触头对称配对时，使不同半径的导电斑点区域发生熔化所需的电流值。可见，导电斑点的半径越大，使触头发生熔焊的面积也越大。

对于固定电接触，由于承载的电流为额定值，故一般触点不会发生熔焊。但对于开关电器中广泛存在的可分离电接触，当电路系统出现过载甚至短路时，温升达到电触头材料熔点所需的时间大约为 1/4 电流周期（5ms）。一般开关电器在接到脱扣器信号后极少能在 5ms 内切断电路。由于触头熔化后，即使是少量材料的熔化也会使导电斑点面积增加，如图 1-18 所示，这样斑点区温升下降，被熔化的金属冷却而固化，触头就会发生熔焊。

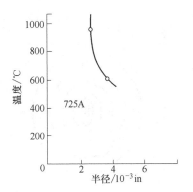

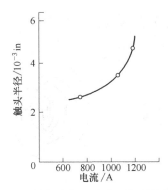

图 1-18 导电斑点面积与温升的相互关系　　　　图 1-19 Ag 触头对称配对时，使不同半径的导
电斑点区域发生熔化所需的电流值

1.5 小结

　　静态电接触是所有复杂接触现象的基础，本章以静态电接触为研究对象，通过介绍其物理模型和微观本质让读者对电接触现象形成基本的认识，然后介绍导电斑点电流密度、触头内部电场及焦耳热分布、静态电接触热过程的数学模型并进行理论推导，还讨论了静态电接触的接触电阻热效应在触头体内形成的温度场及其特性。

第2章 基于分形理论的电接触数学模型

电接触表面都不是绝对光滑的，表面的粗糙形貌由起伏不平的轮廓波动叠加而成。轮廓波动的尺度覆盖范围极广，有表面加工工艺造成的宏观尺度的波纹度，也有材料晶体结构决定的原子尺度的纳米级亚粗糙度。当接触导体受到外加载荷的作用而相互靠近时，接触现象会首先发生于物体表面较高的粗糙微凸体之间。这些尺寸分布不均的微凸体通过自身的弹塑性压缩形变分摊了外加的接触载荷，构成了连接两个接触面的通道——大小不一的接触斑点，真实接触面积正是由这些无规则散布在整个视在接触面上的接触斑点构成的。

要建立能准确描述电接触过程中各种宏观物理量变化的数学模型，首先必须对接触表面的粗糙形貌进行定量的数学描述，即明确构成接触斑点的粗糙微凸体的内在统计规律，如微凸体的尺寸分布规律和微凸体的外形轮廓规律，并导出这些规律与粗糙形貌特征参数之间的量化关系。微凸体的统计规律可统称为粗糙表面的形貌特征。而后，才能基于粗糙表面的统计描述获得电接触的数学模型。

2.1 基于分形描述的粗糙表面形貌特征研究

目前，粗糙表面形貌的多尺度分形描述方法[71]是电接触理论中被广泛接受的方法之一。分形几何学是 20 世纪末期建立起来的一门新的几何学科，相比于传统的欧氏几何，它在描述如粗糙形貌一般复杂随机的自然现象时具有很多天然的优势。自从 Mandelbrot 将分形的概念从纯数学领域引入实际应用中以来[72]，电接触理论的研究者们很快就发现了它在量化描述粗糙表面特征形貌中的价值，并相继建立了基于一维分形几何和二维分形几何的粗糙表面接触模型。其核心思想是利用分形参数自然地表达看似无序的粗糙形貌中所包含的内在统计规律，而不是人为地假设经典的统计分布，如高斯分布、韦伯分布等。与传统的 G-W 模型以及工程中常用的 Holm 公式相比，分形电接触模型更有助于揭示接触斑点形成的微观本质。

经过近年来的推广与改进，基于分形几何的电接触模型已被应用于众多工程实践中[73-75]，但仍存在很多不足。一方面，现有的分形电接触模型中用于描述粗糙表面接触微凸体截面积尺寸分布的分布函数仍然沿用了 Mandelbrot 基于 Korcak 经验法则导出的经典反幂律分布，该规律并没有经过严格的理论与实验验证；另一方面，现有的分形电接触模型通常用微凸体所包含的最大尺度分量的解析表达式简化代替其真实外形轮廓，该简化模型会严重低估接触微凸体高度与其截面直径的比例。这些缺陷将导致真实接触面积的估计出现偏差，严重影响电接触数学模型的准确程度。

基于以上问题，本章将首先介绍用于模拟多尺度理想分形粗糙表面的 Weierstrass-Mandelbrot 分形方程，并以此为基础建立针对理想分形粗糙表面形貌特征的数值研究方法。同时，利用数值方法研究不同分形参数理想粗糙表面的微凸体截面积与数量之间统计规律，获得微凸体的修正尺寸分布函数。对二维理想分形表面中微凸体截面直径和其高度的统计规律进行研究，导出修正的微凸体轮廓函数。对各向同性的真实粗糙表面的形貌特征进行实验观测，验证本章数值结果的可靠性，为下一步推导基于分形几何的电接触数学模型提供理论支撑。

2.1.1　粗糙表面的分形描述方法

为了研究具有不同特征分形参数的粗糙表面中微凸体的内在统计规律，需要获得拥有不同分形参数的粗糙表面形貌数据。本节首先介绍一维和二维 Weierstrass-Mandelbrot 分形方程，用于生成指定分形参数的模拟粗糙形貌数据。

一维 Weierstrass-Mandelbrot 方程（W-M 方程）是一个处处连续但处处不可微的自仿射分形函数，通常以余弦函数的形式给出[76]，即

$$z(x) = G^{(D_1-1)} \sum_{n=n_1}^{\infty} \frac{\cos 2\pi \gamma^n x}{\gamma^{(2-D_1)n}} \tag{2-1}$$

式中，x 为距离；z 是距离为 x 时的高度；D_1 为一维几何的分形维数，$1 < D_1 < 2$；G 为分形粗糙度；γ 为尺度参数，$\gamma > 1$；n_1 为最低频率分量阶数。

利用 W-M 方程构造理想分形粗糙形貌的方法是一种直接构造方法，它单独定义了形貌轮廓序列上每一点的高度函数值。由式（2-1）容易看出，W-M 方程所确定的序列上每一个点的函数值实际上是无限个不同频率和不同尺度（幅值）的余弦函数的叠加。该方程中的 γ 为尺度参数，它一方面决定了叠加的不同尺度余弦分量之间的缩放比例，同时还决定了各余弦分量的频率。由于尺度参数 $\gamma > 1$，随着阶数 n 的增加，叠加的各余弦分量的幅值 $\gamma^{(D-2)n}$ 呈几何级数递减，而其频率 γ^n 呈几何级数上升。综合考虑构造序列的功率谱密度和相位随机性的要求，通常取尺度参数 $\gamma = 1.5$。叠加分量的下截止频率 ω_1 受到取样长度 L 的限制，最低频率分量阶数的取值需使得 $\gamma^{n_1} = 1/L$，即

$$n_1 = \left[-\frac{\lg L}{\lg \gamma} \right] \tag{2-2}$$

式中，L 为序列的取样长度。

W-M 方程中最重要的两个参数为分形维数 D 和分形粗糙度 G。分形粗糙度 G 是决定粗糙形貌高度方向尺度的比例系数，无实际物理意义，因其功能与描述粗糙形貌的传统粗糙度参数类似，故称为分形粗糙度，其量纲通常取为长度单位 m。分形粗糙度 G 与模拟形貌的统计标准差 σ（即均方根粗糙度 R_q）之间存在关系：

$$\sigma^2 = \frac{G^{2(D_1-1)}}{2\ln\gamma} \frac{1}{(4-2D_1)} \left(\frac{1}{\omega_1^{(4-2D_1)}} - \frac{1}{\omega_h^{(4-2D_1)}} \right) \tag{2-3}$$

式中，ω_1，ω_h 分别为序列的下截止频率和上截止频率，$\omega_1 = 1/L$，$\omega_h = 1/L_s$，L_s 为序列的截止长度。

对于使用测量仪器观测获得的有限离散形貌数据而言，截止长度为观测的水平采样间隔 Δx。而对于真实粗糙表面形貌，文献通常取截止长度为材料晶格尺寸同数量级的纳米级长

度[77,78]。分形维数 D 决定了模拟粗糙形貌中低频与高频分量的幅值比例，分形维数 D 的值越大，高频叠加分量所占的比例越大。图 2-1 所示为使用一维 W-M 方程构造的三种不同分形维数的粗糙表面轮廓，其分形粗糙度 $G = 10^{-9}\,\mathrm{m}$。

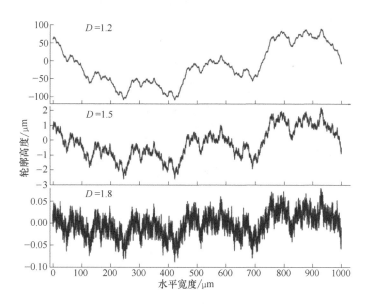

图 2-1 一维 W-M 方程构造的三种不同分形维数的粗糙表面轮廓

为了使用 W-M 方程构造分形曲面，M. Ausloos 通过引入多元变量考虑高维随机过程，将一维 W-M 方程推广到了二维欧氏空间[79]。二维各向同性 W-M 方程由下式给出：

$$z(x,y) = L\left(\frac{G}{L}\right)^{(D_2-2)} \sqrt{\frac{\ln\gamma}{M}} \sum_{m=1}^{M} \sum_{n=0}^{n_{\max}} \gamma^{(D_2-3)n} \Big[\cos\phi_{mn} -$$

$$\cos\left(\frac{2\pi\gamma^n \sqrt{x^2+y^2}}{L} \cos\left[\tan^{-1}\left(\frac{y}{x}\right) - \frac{\pi m}{M}\right] + \phi_{mn}\right) \Big] \tag{2-4}$$

式中，D_2 为二维几何的分形维数，$2 < D_2 < 3$；M 为用于构造随机形貌的不同方向的叠加脊数量，通常取 $M > 10$；ϕ_{mn} 为 $[0, 2\pi]$ 区间均匀分布的随机相位；$n_{\max}$ 为最高频率分量阶数。与式（2-2）同理，有

$$n_{\max} = \left[\frac{\lg(L/L_{\mathrm{s}})}{\lg\gamma}\right] \tag{2-5}$$

利用式（2-4），只需指定目标分形参数 D 和 G，就可以计算生成任意精度的模拟分形粗糙表面形貌。图 2-2 给出了利用二维 W-M 分形方程构造的三种不同分形维数不同的 257×257 模拟粗糙表面。可以看到，当分形维数较小时，模拟的表面形貌变化梯度较小，显得较为光滑。而随着分形维数的增加，细小的微凸体结构开始逐渐出现在表面大的峰谷轮廓上，小尺度特征变得明显。W-M 方程定义简单且物理涵义较为明确，因此常见于粗糙表面的接触建模工作中[77]。按照分形几何的观点，实际物体的粗糙表面形貌是由有限尺度范围内的统计自相似随机分量叠加而成的。最大尺度的随机分量大小受到视在面积尺寸和表面加工手段的限制，而最小尺度的随机分量大小由表面微侵蚀、材料的晶粒尺寸或者原子粒子的基础形态

决定。分形几何的性质决定了它在描述粗糙表面随机形貌的同时，能真实地反映其从小到大各个尺度下统一的内在统计特征，从而一定程度上克服了传统的基于统计学的粗糙度表征参数受测量仪器分辨率和取样长度的影响而表现出的不稳定性。而对于基于 W-M 分形方程构造的理想分形粗糙表面，2.1.2 和 2.1.3 节分别从微凸体的尺寸分布和外形轮廓等两个方面对其形貌特征展开了研究。

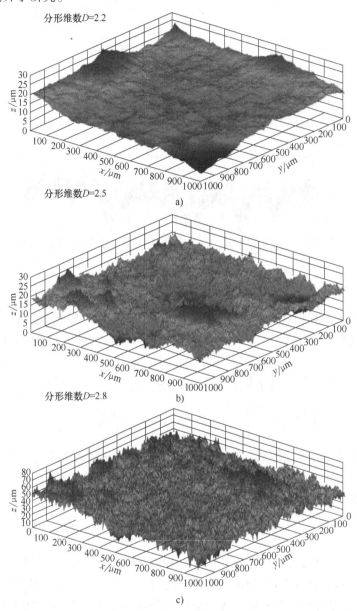

图 2-2　二维 W-M 方程构造的三种不同分形维数的粗糙表面

2.1.2　微凸体尺寸分布规律的统计研究

微凸体的尺寸分布规律具体而言即微凸体的数量与其尺寸之间的对应关系。粗糙表面之间发生接触时，尺寸各异的微凸体构成了连接两个接触面的接触斑点。这些微观接触斑点的尺寸与数量决定了接触界面的绝大部分宏观物理性质，如接触电阻、传导热阻、摩擦系数等。因此，要准确描述粗糙接触界面的物理特性，首先必须明确构成这些接触斑点的微凸体的分布规律。

1. Korcak 经验法则

1938 年，地理学家 Korcak 在研究英国海岸线附近岛屿面积与数量的关系时，导出了经验法则[80]：

$$N(A>a) = Fa^{-B} \qquad (2\text{-}6)$$

式中，F 和 B 均为正常数。该式的含义为：面积大于 a 的岛屿总数量为 N，且数量 N 与面积 a 成反幂律关系。Korcak 同时认为，指数 B 的值取 $1/2$ 较为合适。Mandelbrot 在其分形专著中引入了该关系式并指出[72]，若定义所有小尺度的超过海平面的岛礁或石块等为岛屿，而不是只考虑地图上可见的大岛，岛屿的总数是趋向于无穷而不可数的，岛屿与海平面组成的随机地貌实际上应该用分形几何来描述。他利用二维规则分形算法生成了人工岛屿图案，并推导得到指数 B 的值应取 $D_c/2$，$1<D_c<2$ 为一个个孤立岛屿的海岸线构成的图案的分形维数，它与岛屿地形地貌图案的分形维数 D_2 之间存在关系 $D_c=D_2-1$，如图 2-3 所示。由于地球表面地貌与粗糙表面形貌的类似性，可以将粗糙表面的微凸体看成微缩版的岛屿，容易想见，在粗糙表面形貌中高于某一水平高度的微凸体的数量与面积应该也服从某种类似的规律。

a) 模拟岛屿的地形地貌，分形维数 $D_2=2.5$ b) 岛屿海岸线构成的图案，分形维数 $D_c=D_2-1$

图 2-3 二维 W-M 方程构造的模拟岛屿地形地貌及其海岸线图案

A. Majumdar 和 B. Bhushan 在随后建立的基于一维 W-M 方程的弹塑性接触模型中引入了 Korcak 经验法则来描述粗糙表面微凸体面积的分布规律[77]。一维 W-M 方程在其模型中用于构建模拟的各向同性粗糙表面轮廓线，对于各向同性表面而言，轮廓线维数 D_1 与表面维数 D_2 同样具有关系 $D_1=D_2-1$。因此 Majumdar 直接使用轮廓线维数 D_1 替换了原式中的海岸线维数 D_c，使式（2-6）写为

$$N(A>a) = \left(\frac{a_L}{a}\right)^{D_1/2} \qquad (2\text{-}7)$$

式中，a_L 为最大的微凸体截面积。

以 M-B 模型为基础的各类接触模型发展至今，经过了众多研究者的推广与改进，但式（2-7）所示的微凸体分布规律一直沿用了下来。在基于二维 W-M 方程的推广模型中，式（2-7）被写为

$$N(A>a) = \left(\frac{a_L}{a}\right)^{(D_2-1)/2} \qquad (2\text{-}8)$$

式（2-7）和式（2-8）被称为粗糙表面微凸体的尺寸分布函数（size-distribution function）。

由以上论述可知，基于分形几何的粗糙表面微凸体分布函数并未通过理论与实验的严格验证。式（2-6）所示经验法则仅仅根据三个岛群的研究结果总结得到，而 Mandelbrot 将其向分形几何的扩展也仅基于有限阶数的规则分形算法的推导结果。Bhushan 尝试通过实验验证式（2-7），利用光学手段观察光滑透明玻璃平面与磁带、光碟等物品在不同外加载荷下的接触并统计接触斑点的尺寸和数量，但仅验证了式（2-6）中的乘数 F 与最大微凸体面积相关，而无法得到确信的指数 B 与分形维数的关系[77]。近年来，许多基于数值方法对分形粗糙表面自相关特性的研究工作间接表明，微凸体的尺寸服从反幂律分布规律，但都没有给出微凸体尺寸分布函数的确切形式[78]。基于此，本节将使用数值方法对粗糙表面微凸体的分布规律进行研究。

2. 数值统计研究方法

为了简化数学模型，通常根据 Hertz 弹性接触理论将两个粗糙表面之间的接触问题等效为一个弹性粗糙表面与一个理想刚性平面之间的接触，刚性平面与粗糙表面之间的接触载荷由发生接触形变的微凸体分摊，如图 2-4a 所示。随着外加接触载荷的增大，为了产生足够的弹性形变反作用力，理想刚性平面与粗糙表面之间的间距会逐渐减小，同时越来越多的微凸体受到压缩而发生接触形变，如图 2-4b 所示。由此可见，粗糙表面上参与接触行为的微凸体实际上就是其粗糙起伏上高于某个水平高度的部分。

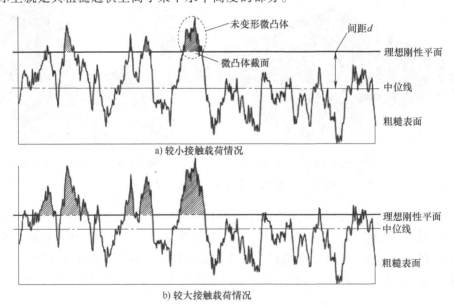

a) 较小接触载荷情况

b) 较大接触载荷情况

图 2-4 粗糙表面的微凸体示意图

在某一指定的间距下，即理想刚性平面处于某一指定的水平高度时，将单个接触微凸体定义为在粗糙表面上轮廓高度始终高于该水平高度的一块孤立连通区域，而水平面与微凸体相截的截面积即为微凸体的面积尺寸。研究式（2-8）所示的微凸体尺寸分布函数即获取不同分形参数的粗糙表面在不同水平高度上的微凸体截面积与相应微凸体数量之间的关系式。必须注意到，微凸体的截面积并不等同于其发生接触压缩形变之后的真实接触面积，关于截面积与真实接触面积的关系将在后续章节中详细讨论。基于该定义，对于某二维分形粗糙表面离散阵列，采用数值统计算法从阵列起始点开始依次扫描二维面上每一个离散点的高度值。当出现第一个超过指定水平高度的点时，记为一个微凸体的起始点 $(x_0，y_0)$，并以此出发向 x 和 y 两个方向搜寻与之相邻的同样高于指定平面的点，直至找出所有这些相邻的符合条件离散点的包络线，如图 2-5a 所示。则包络线以内的网格面积记为该微凸体的截面积，并将已扫描过的点置为空以防止重复统计。重复该过程直至扫描完整个离散阵列，便可得到该分形粗糙表面上微凸体面积与数量之间的关系。

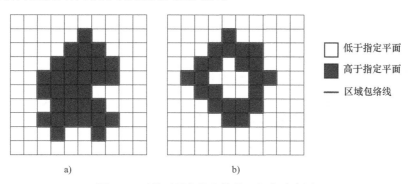

□ 低于指定平面
■ 高于指定平面
— 区域包络线

a)   b)

图 2-5 两种不同的微凸体截面拓扑示意图

值得一提的是，粗糙表面上微凸体的形状具有很大的随机性，其截面并不都如图 2-5a 所示为实心图形，也存在图 2-5b 所示的中空拓扑结构，形象地说即"岛中有湖"的情况。这类微凸体截面积有两种定义方式：一是直接取外包络线内的总面积，将中空部分包括进去；二是取内外包络线之间真实的高于指定平面部分的面积。考虑到对电接触而言，电流只能流通于接触材料形成的连接通路之间，中空部分的面积无实际物理意义，本节采用了第二种定义方式。另外，Mandelbrot 指出这两种定义方式会导致式（2-6）中乘数 F 不同，但对指数部分的值无影响[72]。

3. 微凸体尺寸分布函数的修正

为了获得粗糙表面微凸体尺寸分布函数的准确表达形式，利用之前介绍的 W-M 分形方程在 $1000\mu m \times 1000\mu m$ 的视在平面上分别构造了不同分形参数的模拟粗糙表面，取 20000×20000 点离散精度以保证足够的统计平稳性和分形多尺度细节特征。分形维数 D 取 2.1～2.9 共 9 种不同的值，分形粗糙度 G 取 10^{-9}～10^{-5}m 共 5 种不同的值，即共构造了 45 种不同特征的模拟粗糙表面用于分布函数的统计研究。对于每一个粗糙表面，为研究不同接触载荷对微凸体尺寸分布函数的影响，分别取中位平面和 1/2 最大高度平面两种不同的水平高度作为截平面位置，运用前文介绍的数值统计方法研究了其微凸体分布规律。其中某一个分形参数 $D = 2.7$、$G = 10^{-8}$m 时微凸体截面积和数量的关系如图 2-6 所示。

由图 2-6 可以看到，当绘制在对数坐标系上时，微凸体截面积 a 与对应的大于该截面积的微凸体数量 $N(A>a)$ 之间呈现出

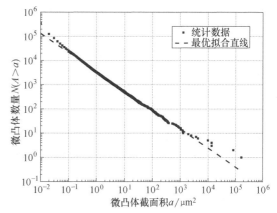

图 2-6 分形参数 $D = 2.7$、$G = 10^{-8}$m 时微凸体截面积和数量的关系

了良好的线性规律，这说明两者之间确实服从式（2-6）所示的某种幂律关系。计算图中统计数据点的拟合直线斜率便可得到该分形参数下微凸体尺寸分布规律的指数值，而汇总不同分形参数下的结果便可得到微凸体尺寸分布函数中指数值与分形参数的确切关系式。再通过多次数值实验以保证统计规律的准确有效性，并汇总所有数据得到如图 2-7 所示的结果。

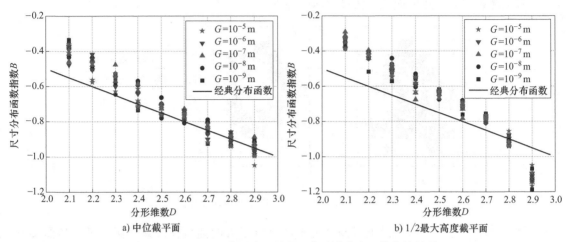

图 2-7　基于 W-M 分形方程的微凸体尺寸分布函数统计结果

　　由图 2-7 可见，在分形维数相同的情况下，不同分形粗糙度条件下得到的指数值均无规则散布在某一范围内，这种分散性是由于模拟粗糙表面的有限离散精度和算法的随机性造成的。可以推知，粗糙表面的微凸体尺寸分布函数与其分形粗糙度无关。观察图 2-7a 所示的中位截平面下的统计结果，对应较大接触载荷的情况，在分形维数 $D<2.3$ 时统计得到的分布函数指数的绝对值全部小于经典分布函数。由式（2-6）的形式可知，更小的指数绝对值意味着更少的微凸体总数，而在粗糙表面中小尺寸的微凸体数量往往占微凸体总数的绝大部分，也就是说统计结果暗示了更少的小尺寸微凸体数量。随着分形维数的增大，中位截平面下的统计结果逐渐向经典分布函数靠拢，在 $D=2.9$ 时达到与经典分布函数基本一致。而图 2-7b 所示的 1/2 最大高度截平面下的统计结果显示，经典分布函数过高地估计微凸体数量的趋势更为明显，在分形维数 $D<2.7$ 的大范围内统计得到的指数绝对值均小于经典值。这说明，在较小的接触载荷下，并没有像经典分布函数预测的那样多的微凸体实际发生了接触形变。注意到图 2-7b 中当分形维数 $D=2.9$ 时，统计数据均远远地偏离了原来的趋势。分析其原因，由图 2-2c 可以看出，当分形维数较大时，粗糙表面的小尺度特征剧烈增加。因此在较高的水平高度上，微凸体的形态以尺寸较小的毛刺为主，由于离散精度所限，存在大量仅由几个数据点组成的微凸体。在这种情况下，本书所使用的四边形网格会将某些对角相邻的数据点判断为两个独立的微凸体，因此大大地高估了小尺寸微凸体数量，导致分布函数指数绝对值异常偏高。

　　基于以上统计数据，本书得到粗糙表面微凸体分布函数的形式为

$$N(A>a)=\left(\frac{a_{\mathrm{L}}}{a}\right)^{(3D_2-5)/4} \tag{2-9}$$

式中，D_2 为二维几何的分形维数，$2<D_2<3$；a 为微凸体的截面积；a_{L} 为最大的微凸体截面积。

可得微凸体的数量概率密度方程为

$$n(a) = -\frac{\mathrm{d}N(a)}{\mathrm{d}a} = \frac{3D_2-5}{4a_{\mathrm{L}}}\left(\frac{a_{\mathrm{L}}}{a}\right)^{\frac{3D_2-1}{4}}\tag{2-10}$$

相应地，在一维分形几何中式（2-9）和式（2-10）可以写为

$$N(A>a) = \left(\frac{a_{\mathrm{L}}}{a}\right)^{(3D_1-2)/4}\tag{2-11}$$

$$n(a) = -\frac{\mathrm{d}N(a)}{\mathrm{d}a} = \frac{3D_1-2}{4a_{\mathrm{L}}}\left(\frac{a_{\mathrm{L}}}{a}\right)^{\frac{3D_1+2}{4}}\tag{2-12}$$

根据式（2-10）或式（2-12），截面积处于 a 和 $a+\mathrm{d}a$ 之间的微凸体数量可以方便地求得为 $n(a)\mathrm{d}a$。对比式（2-9）和式（2-8）可知，本书得到的微凸体分布函数在分形维数较小时预测的微凸体数量比经典分布函数更少，而当分形维数逐渐增大时，两者趋近于相等。考虑微凸体尺寸分布函数在 $1000\,\mu\mathrm{m}\times1000\,\mu\mathrm{m}$ 实际粗糙表面中的效果，简单地令 $a = 0.01\,\mu\mathrm{m}^2$、$a_{\mathrm{L}} = 100000\,\mu\mathrm{m}^2$，可得到如图 2-8 所示结果。可以看到，在分形维数接近 2 时，两者预测的微凸体数量相差两个数量级。而分形维数为 2.5 时，两者的预测结果相差一个数量级。

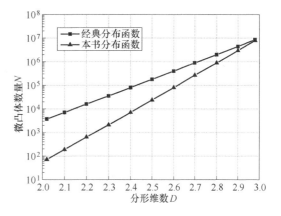

图 2-8　微凸体尺寸分布函数对比

2.1.3 微凸体简化轮廓模型的统计研究

真实粗糙表面上微凸体的形状具有很大的随机性，其截面的形态、外表的轮廓都处于不确定的状态，单独地对每一个不同形状的微凸体进行接触研究是一个不可能完成的任务。要进一步明确整个视在接触面上的宏观接触特性，必须对单个接触微凸体的几何形状进行合理简化。在基于分形几何的接触理论中，通常的简化思路是建立起微凸体几何形状与粗糙表面特征分形参数的关联，即利用特征参数量化描述微凸体的轮廓。

1. 微凸体外形轮廓简化思路

Majumdar 指出[77]，微凸体的压缩形变特性应主要由其所包含的最大尺度的叠加分量决定，而叠加在该最大尺度上的其他更小尺度的分量可以忽略不计。观察式（2-1）可知，对于某截面直径为 $2r$ 的微凸体，它所包含的最大尺度分量需使得 $\gamma^n = 1/2r$，将该关系代入式（2-1）可得最大尺度分量的函数式为

$$z(x) = G^{(D_1-1)}(2r)^{(2-D_1)}\cos\left(\frac{\pi x}{2r}\right),\quad -r<x<r\tag{2-13}$$

同时最大尺度分量的高度即为该余弦函数式的峰值：

$$\delta = G^{(D_1-1)}(2r)^{(2-D_1)}\tag{2-14}$$

因此 M-B 模型在假设微凸体截面为面积等效的圆形的前提下，利用式（2-13）和式（2-14）建立了微凸体最大高度、外轮廓与其截面尺寸的函数关系。图 2-9 给出了微凸体简化模型示意图。

在随后的基于分形几何的接触理论研究工作中，该假设被大量研究者所接受和引用。Komvopoulos 在将基于一维分形几何的接触理论向二维扩展时沿用了 M-B 模型中同样的简化思路[81]。在由式（2-4）所示的二维 W-M 分形方程所描述的粗糙表面中，某截面直径为 $2r$ 的微凸体所包含的最大尺度分量可写为

$$z(x) = G^{(D_2-2)}(\ln\gamma)^{1/2}(2r)^{(3-D_2)}\left[\cos\phi_{1,n_0}-\cos\left(\frac{\pi x}{r}-\phi_{1,n_0}\right)\right] \tag{2-15}$$

同理，该微凸体简化模型的最大高度为

$$\delta = 2G^{(D_2-2)}(\ln\gamma)^{1/2}(2r)^{(3-D_2)} \tag{2-16}$$

M-B 模型中对微凸体形状轮廓的简化是建立在所有小尺度叠加分量都可以忽略不计的基础上的。然而基于分形几何的观点，粗糙表面的起伏特征是由幅值逐级递减、频率逐级升高的多尺度随机分量叠加而成的，就像各级谐波分量的叠加一样。但这并不意味着除了基波分量以外，所有的高次谐波对幅值的影响都可以忽略不计，相反地，较低频率的若干次谐波分量往往会在总幅值中占到较大比例。因此，由式（2-13）~式（2-16）所决定的微凸体简化模型势必会过于低估粗糙表面微凸体高度与面积尺寸的比例，如图 2-9b 所示，从而在接触模拟中带来很大的误差。

考虑到在电接触问题中，对电流传导的实际效果发挥主要作用的是接触微凸体的截面积大小，因此本书继续采用传统接触模型中的通用假设，将微凸体截面等效为与其面积相等的圆形面。基于此假设，微凸体外形轮廓简化的关键即是获得微凸体高度和其截面积尺寸的准确函数关系。由 W-M 分形方程式（2-1）和式（2-4）的形式可知，粗糙表面上每一处特征结构均是由很多个不同频率的具有随机相位的叠加分量组成的，不可能从中直接推导出能准确反映所有叠加分量效果的解析表达式。为了克服现有的分形接触理论中微凸体外形轮廓函数过度简化的问题，本节对粗糙表面微凸体高度和截面积的数值关系进行了统计研究。

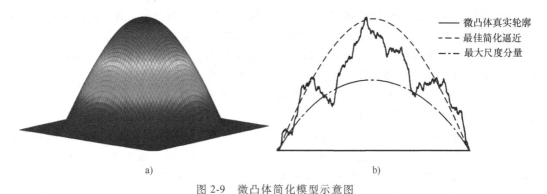

a)   b)

图 2-9　微凸体简化模型示意图

2. 微凸体简化轮廓函数的推导

运用之前介绍的数值统计方法，对分形维数 D 取 2.1 ~ 2.9，分形粗糙度 G 取 10^{-9} ~ 10^{-5}m 共 45 种不同分形参数组合的模拟粗糙表面进行了统计研究。统计记录了模拟粗糙表面上每一个微凸体的最大高度值和其相应的截面积，其中截面积按圆面积公式 $a = \pi r^2$ 换算成对应的直径。分形参数 $D = 2.6$、$G = 10^{-6}$m 时微凸体截面直径与高度的关系如图 2-10 所示。

可以看到，当微凸体截面直径大于$10^{-2}\,\mu m$时，统计数据在对数坐标系上呈现出非常好的线性特征。而微凸体截面直径进一步减小时，图中数据分布出现了拖尾现象，这是由于模拟粗糙表面轮廓序列的有限精度造成的。因为有限的离散精度使得序列的下截止长度为其水平采样间隔Δx。微凸体尺度越接近下截止长度，统计得到的直径值误差越大。而尺度小于下截止长度的微凸体其准确的直径值不能在该序列中得到正确的反映，造成了统计数据在下截止长度处堆积。因此在做进一步拟

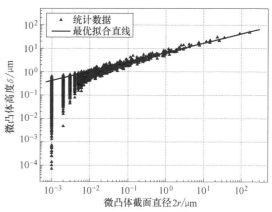

图 2-10 分形参数 $D = 2.6$、$G = 10^{-6}\,m$ 时
微凸体截面直径与高度的关系

合处理时需要利用算法避免这些不准确数据点的影响。根据式（2-14）猜测，微凸体高度和直径之间可能具有如下形式的函数关系：

$$\delta = f(D, G)(2r)^{g(D)} \tag{2-17}$$

式中，$f(D，G)$ 为微凸体高度与直径函数关系中的乘数，是与分形维数 D 和分形粗糙度 G 相关的函数；$g(D)$ 为微凸体高度与直径函数关系中的指数，仅与分形维数 D 相关。

下文中将式（2-17）称为微凸体的高度函数。将图 2-10 所示统计数据的对数值拟合成直线，则其截距和斜率分别为乘数 $f(D，G)$ 的对数值和指数 $g(D)$。汇总所有不同情况下拟合获得的乘数 $f(D，G)$ 和指数 $g(D)$，包括不同分形参数、不同截平面位置（中位平面和 1/2 最大高度平面）和不同重复次数（总共重复三次），得到如图 2-11 和图 2-12 所示结果。

由图 2-11 可见，微凸体高度函数指数 $g(D)$ 与分形维数 D 之间呈现出明显的线性关系。在分形维数接近 2.1 时，统计结果与 Y-K 模型中所使用的微凸体高度函数［式（2-16）］接近。但随着分形维数的增大，统计得到的指数 $g(D)$ 下降趋势更为缓慢。对图 2-11 中指数 $g(D)$ 的统计结果进行线性拟合可以得到

$$g(D) = \frac{7-2D}{3} \tag{2-18}$$

图 2-12 所示为微凸体高度函数中乘数 $f(D，G)$ 与分形参数的关系。在每一个确定的分

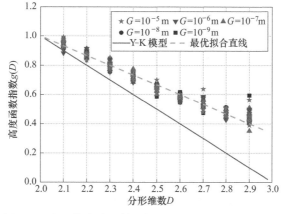

图 2-11 微凸体高度函数指数 $g(D)$ 与分形维数的关系

形粗糙度情况下，乘数 $f(D, G)$ 的对数值与分形维数 D 之间均呈一定的一次函数关系。随着分形粗糙度的增大，该一次函数的斜率逐渐增大。为确定乘数 $f(D, G)$ 的解析表达式，根据图中数据拟合获得五个固定的分形粗糙度下乘数 $f(D, G)$ 与分形维数的一次函数式，然后拟合这五个一次函数的系数与分形粗糙度的关系，可得

$$\lg f(D, G) = (\lg G + 0.15)D - 2\lg G \tag{2-19}$$

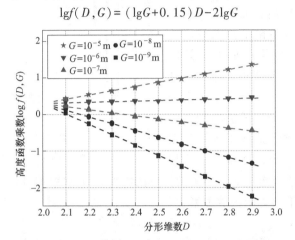

图 2-12　微凸体高度函数中乘数 $f(D, G)$ 与分形参数的关系

式（2-19）与统计数据之间的均方根误差小于 0.06%。将式（2-18）和式（2-19）代入式（2-17）可得二维分形几何中微凸体高度函数为

$$\delta = G^{(D_2-2)} 10^{0.15D_2} (2r)^{\frac{7-2D_2}{3}} \tag{2-20}$$

与式（2-15）同样的，仍然使用余弦函数简化微凸体外形轮廓，可得到微凸体的简化轮廓函数为

$$z(x) = \frac{1}{2} G^{(D_2-2)} 10^{0.15D_2} (2r)^{\frac{7-2D_2}{3}} \left[\cos\phi_{1,n_0} - \cos\left(\frac{\pi x}{r} - \phi_{1,n_0}\right) \right] \tag{2-21}$$

可以看到，根据本书的数值统计结果，微凸体的实际最大高度的解析表达式是在其所包含的最大尺度分量的基础上乘以一个与分形维数相关的大于 1 的系数。这说明，尽管每一个不同尺度的叠加分量都是正负随机的随机数，但当所有分量叠加起来时，从统计意义上来说，微凸体的实际高度是始终大于其所包含的最大尺度分量的。只有当两者差别不大时，才能利用最大尺度分量的解析表达式简化代替微凸体的实际轮廓。图 2-13 给出了 Y-K 模型中使用的最大尺度分量函数［式（2-16）］与本书基于二维分形几何获得的微凸体实际高度函数

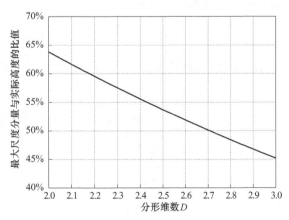

图 2-13　最大尺度分量（Y-K 模型）与微凸体实际高度（本书统计获得）的对比

［式（2-20）］的对比，可以看到，最大尺度分量在微凸体实际高度中所占的最大比例低于 65%，当分形维数接近 3 时，该比例下降至 45%。该结

果表明，Y-K 模型中使用最大尺度分量函数代替微凸体真实外形轮廓的简化方式低估了微凸体约 50% 的高度值，而使用式（2-21）将能更好地反映粗糙表面微凸体的真实外形轮廓。

必须注意到，在式（2-16）所示的微凸体最大尺度分量的解析表达式中包含了尺度参数 γ。2.1.1 节中提到，尺度参数 γ 主要影响构造过程中各叠加分量的幅值以及频率间隔，其对最终形成的分形粗糙表面形貌的直观影响如图 2-14 所示。图中所示的三个分形粗糙表面均在分形参数 $D = 2.5$、$G = 10^{-9}$m 条件下生成，且随机相位数组固定不变。可以看到，随着尺度参数的增大，由于各级叠加分量之间的频率间隔增大，各分量之间呈明显的分离趋势，构造生成的表面越来越不自然。尽管在所有文献中，尺度参数 γ 都被推荐取为固定值 1.5，

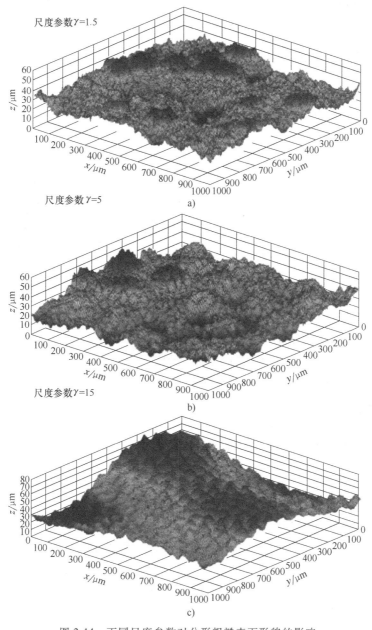

图 2-14　不同尺度参数对分形粗糙表面形貌的影响

但有必要确定最终生成的粗糙表面上由各级分量叠加而成的微凸体外形轮廓是否受尺度参数的影响。

运用前文所述同样的数值方法，本节统计了二维分形中尺度参数 γ 分别取 5 和 15 时粗糙表面微凸体实际高度与其截面直径的关系，其结果与式（2-20）完全一致。这说明，尺度参数虽然改变了每一个叠加分量的幅值、频率以及频率之间的间隔，甚至改变了从下截止频率至上截止频率之间叠加分量的总数量，但统计上来说所有分量叠加的结果是一样的。从模拟真实的角度考虑，尺度参数 γ 只是随机分形构造算法中人为设置的一个尺度间隔，它的取值未必能反映真实粗糙表面中各尺度之间更为连续的递进关系，但单一尺度分量的不准确并不影响大量尺度分量叠加在一起的结果。这进一步表明，原分形接触理论中使用单独的最大尺度分量代替微凸体轮廓的简化方法是不合理的。

2.1.4 数值统计结果的实验验证

以上通过数值研究和理论推导获得了分形粗糙表面形貌特征的解析表达式，并与现有的分形接触理论中所用的经典方程进行了对比。本节将利用实验手段验证获得的数学模型的可靠性。

1. 粗糙表面实验样品

为研究真实粗糙表面的形貌特征，与 2.1.2 节和 2.1.3 节中所获得的粗糙表面微凸体数学模型进行对比，本书加工了四种不同材料的 30mm×30mm 金属样品各五片，并采用喷砂工艺对样品进行了表面处理。与其他表面处理手段相比，喷砂工艺的优点是能保证表面形貌较好的各向同性以及统计参数的一致性。由于实际加工中，表面的分形参数较难量化控制，因此按照粗糙度区分样品，根据喷砂所使用砂粒粒度的不同将金属样品表面处理为 1#~5#五种从大到小的粗糙度等级，如图 2-15 所示。

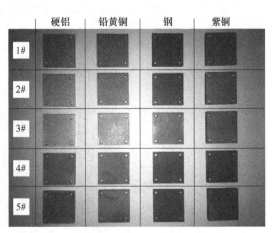

图 2-15　喷砂处理的粗糙表面实验样品

2. 表面形貌及其特征参数的获取

对于每一个实验样品，首先需要获得其粗糙表面的三维形貌数据。本书选用奥林巴斯 OLS4000 激光共聚焦显微镜作为测量仪器，它是一种三维形貌的非接触式光学测量仪器，其水平方向分辨率为 $0.12\mu m$，高度方向分辨率为 $0.01\mu m$。利用该激光共聚焦显微镜扫描样品表面 $640\mu m \times 640\mu m$ 区域的三维形貌并记录 1024×1024 点的形貌数据，用于下一步分析研究。图 2-16 所示为纯铜 5#样品表面的光镜照片和三维粗糙形貌。

在获得真实粗糙表面的形貌数据后，还需要确定其特征分形参数的值。如果根据分形几何自相似维数的定义式来获得，存在的问题是该式只适用于规则形状的分形几何维数求解，而对于复杂且随机的粗糙表面形貌，无法利用定义式获得其准确的分形维数。为解决这一问题，文献中提出了很多分形维数的估计方法，如盒计数法、变差法、R/S 分析法、粗糙度长度法等[82]。本书采用了功率谱密度法作为真实粗糙表面分形维数的估计方法。基于 W-M 分形方程构造的分形粗糙表面轮廓其功率谱密度可以写为连续函数的形式如下[83]：

$$S(\omega) = \frac{G^{2(D_1-1)}}{2\ln\gamma} \frac{1}{\omega^{(5-2D_1)}}$$ （2-22）

式中，$S(\omega)$ 为表面功率谱密度，单位为 m^3；ω 为频率，单位为 m^{-1}；D_1 为 一维几何的分形维数。

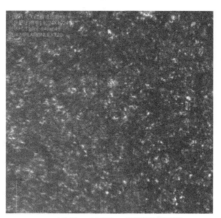

a) 640μm×640μm区域光镜照片

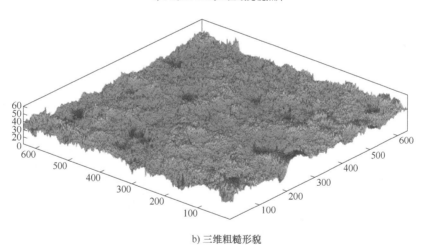

b) 三维粗糙形貌

图 2-16　纯铜 5#样品表面的光镜照片和三维粗糙形貌

功率谱密度函数最初在信号分析中用于表征不同频段的每单位频率信号波所携带的功率，而在分形粗糙表面中其物理涵义是构成表面的不同尺度/频率分量的量值大小。根据式（2-22），只需利用快速傅里叶变换法求得真实粗糙表面轮廓的功率谱并绘制在对数坐标系中，即可通过功率谱的拟合直线斜率和截距分别求得该条轮廓的分形维数和分形粗糙度。具体来说，粗糙轮廓的分形维数 D_1 与拟合直线斜率 β 之间的关系为

$$D_1 = \frac{\beta+5}{2}$$ （2-23）

实际中，利用功率谱密度法求得真实粗糙表面 x 和 y 方向每一条轮廓的分形维数 D_1 和分形粗糙度 G 的值并求平均值，使用关系式 $D_2 = D_1 + 1$ 便可获得粗糙表面的分形维数。图 2-17 所

示为钢 4#样品表面某条粗糙轮廓的功率谱
密度。

3. 真实粗糙表面的形貌特征分析

运用功率谱密度法获得了所有实验样品
粗糙表面形貌的特征分形参数，发现样品的
表面形貌分形维数分布在 2.5~2.8 的范围
内。为了在较宽范围内验证本章所获得的粗
糙表面形貌特征数学模型，选取其中三个分
形维数差别较大并且从小到大依次排列的实
验样品做进一步研究。三个不同实验样品的
粗糙表面形貌特征参数见表 2-1。同样地使
用前文所述的数值方法对选定的实验样品表

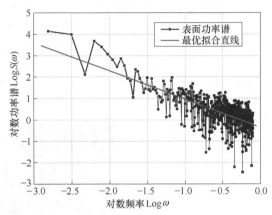

图 2-17 钢 4#样品表面某条粗糙轮廓的功率谱密度

面形貌数据进行统计研究，获得了其表面微凸体的截面积、数量和高度三者之间的关系，结
果如图 2-18~图 2-20 所示。

表 2-1 三个不同实验样品的粗糙表面形貌特征参数

特征参数	硬铝 3#	纯铜 1#	纯铜 3#
分形维数 D	2.5475	2.6515	2.7641
分形粗糙度 $G/\mu m$	0.5241	0.7316	0.5766
算术平均粗糙度 $R_a/\mu m$	8.1774	14.4102	5.5267
均方根粗糙度 $R_q/\mu m$	10.323	17.3084	7.0426

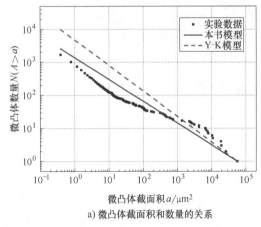

a) 微凸体截面积和数量的关系

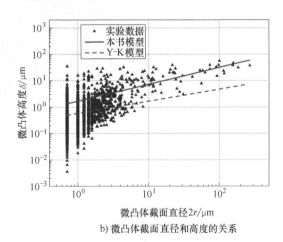

b) 微凸体截面直径和高度的关系

图 2-18 硬铝 3#样品的粗糙表面形貌特征（$D=2.5475$、$G=0.5241\mu m$）

从微凸体截面积和数量的关系来看，实际粗糙表面中获得的统计数据绘制在对数坐标系
中大体上仍然呈现出线性分布，这说明本实验中所用的样品表面确实具有分形几何特征。由
于实验中测量仪器的精度所限，描述实际粗糙表面形貌的数据点远少于数值研究中用算法构
造的理想分形表面，造成某些尺度分量的缺失，故与图 2-6 相比其线性度较差。与实验数据
相比，本节获得的微凸体尺寸分布函数式（2-9）和 Y-K 模型中使用的经典分布函数式（2-8）
预测的微凸体数量均偏高。整体上来看，在选定的四种分形维数上，本书模型预测的结果均

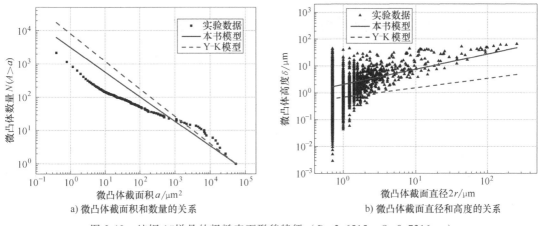

图 2-19 纯铜 1#样品的粗糙表面形貌特征 ($D = 2.6515$、$G = 0.7316\mu m$)

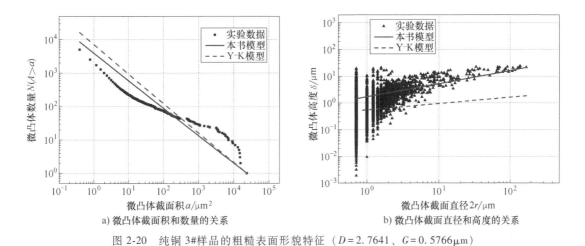

图 2-20 纯铜 3#样品的粗糙表面形貌特征 ($D = 2.7641$、$G = 0.5766\mu m$)

更贴近于实验数据。随着分形维数的增大，两种模型预测结果的差距逐渐缩小，但注意到在对数坐标系下，两者的实际数值仍然相差数倍。

在描述微凸体高度方面，本书所建立的微凸体轮廓简化数学模型体现出了明显的优势，如图 2-18~图 2-20 所示。根据前文的理论分析，理想情况下微凸体高度与其截面直径在对数坐标系下应呈线性关系。而实验数据与图 2-10 所示的基于理想分形算法得到的结果相比，不仅保留了下截止长度附近由于有限采样精度造成的拖尾现象，而且数值分散性更大。在这种情况下，利用本书导出的基于二维分形几何的微凸体高度函数式（2-20）预测微凸体高度与截面直径的关系，给定分形参数如表 2-1 所示，其结果在四组实验中均落在了分散数据点的中心位置，并且斜率趋势与实验中统计获得的数据点一致。这一方面说明，利用分形参数描述真实粗糙表面形貌特征的方法是合理有效的，它能反映出复杂且随机的粗糙形貌中所包含的内在统计特征；另一方面也说明，本节利用数值方法导出的微凸体高度函数能较为准确地描述粗糙表面微凸体的真实情况。而观察图中 Y-K 模型的预测结果可见，在绝大部分微凸体截面直径范围内，Y-K 模型对微凸体高度的预测结果偏离实验数据达一个数量级以上，并且随着分形维数的增加，其误差越来越大。

2.2　粗糙表面微凸体弹塑性接触形变特性研究

2.1 节获得了分形粗糙表面微凸体的尺寸分布规律和外形轮廓的特征方程，本节将讨论单个微凸体的弹塑性接触形变特性。在材料内部的弹塑性应变综合作用下，微凸体在与刚性平面的接触压缩中可能处于如图 2-21 所示的三种形变状态其中之一。在不同的形变状态下，微凸体与刚性平面之间的真实接触面积 A 的相对大小不同，其在一定的外加压力 F 下产生的轴向压缩位移 δ 也各不相同。明确粗糙表面上各个微凸体所处的形变状态，以及其不同形变状态下接触压力、接触面积和压缩位移三者之间的数值关系是电接触模型建立过程中的关键问题之一。

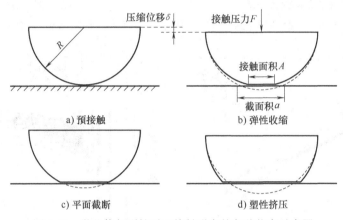

图 2-21　微凸体与刚性平面接触形变的各种状态示意图

早期的粗糙表面接触模型通常使用 Hertz 弹性接触理论和 AF 模型组合约束微凸体的弹塑性接触形变行为，通过单一的临界压缩位移值确定微凸体弹性形变与塑性形变状态切换的临界界限。Hertz 理论基于胡克定律导出，其真正的适用范围极窄。而 AF 模型作为塑性形变阶段微凸体形变规律的简化假设，牺牲了过多的模拟精度。近年来的数值与实验研究已经逐渐表明，该组合描述与微凸体真实的弹塑性形变复杂过程相去甚远。针对微凸体弹塑性接触形变特性的研究工作相继给出了各自不同的数学模型，然而从建立粗糙表面接触模型的角度来说，均未能获得满意的结果。

为了获得更为真实的粗糙表面微凸体弹塑性接触形变规律，本节在分形粗糙表面形貌特征研究的基础上建立了考虑多种材料属性组合的微凸体弹塑性接触问题有限元分析模型。利用该模型计算分析了不同外加载荷情况下微凸体弹塑性形变过程中的接触面积、接触压力和压缩位移，明确了微凸体弹塑性形变各阶段的区分原则。通过对微凸体内部应力应变场的分析，指出了不同材料属性对于弹塑性形变过程的影响规律和作用机理。最终导出了考虑材料参数作用的微凸体弹塑性接触形变经验公式，为建立更加准确的电接触数学模型奠定了基础。

2.2.1　微凸体弹塑性接触形变基础理论

H. Hertz 于 1881 年给出了如图 2-22a 所示的两个半球形弹性体之间接触问题的解析

解[84]，其理论推导基于以下 5 个基本假设：

1）两个弹性体的接触表面在宏观和微观尺度上都是光滑且连续的，接触区域的应力场均匀连续变化，不存在局部应力集中现象。

2）两个弹性接触体的尺寸充分大，可以视为弹性半空间，接触区域的应力变化不会影响弹性体远端的应力场分布。

3）对于接触区域为各向同性半球形的弹性体而言，压缩形变后的接触面呈圆形，接触面应力场呈圆形分布。

4）接触区域的应变量足够小，以使得接触面的半径 r 远小于接触半球形的曲率半径 R，并且线弹性理论可以应用于接触区域应力场的计算。

5）接触面无摩擦，只传递法向接触载荷。

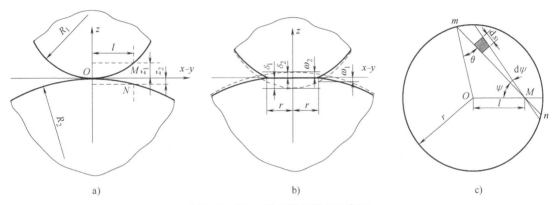

图 2-22　Hertz 弹性接触问题示意图

在以上假设的基础上，首先考虑两个弹性体之间如图 2-22a 所示的初始状态。在加载之前，两个曲率半径分别为 R_1 和 R_2 的半球形弹性体靠近于坐标原点 O 位置。以经过坐标原点的切平面为 x-y 平面，法向方向为 z 方向，令弹性体表面到 z 轴距离为 l 的两点分别为 M 和 N，M 和 N 点到 x-y 平面的垂直距离分别为 z_1 和 z_2，则当 l 足够小时 M 和 N 点之间的距离可写为

$$z_1 + z_2 = \frac{l^2}{2R_1} + \frac{l^2}{2R_2} \tag{2-24}$$

当两个弹性体之间施加了经过 O 点的法向接触力 F 后，它们分别沿着 z 轴方向向着彼此移动了 δ_1 和 δ_2 距离，如图 2-22b 所示。若无接触阻挡，其轮廓线将占据图中虚线所示位置。但由于两个弹性体相互挤压，它们在 x-y 平面形成了以 O 点为圆心的半径为 r 的圆形接触面 S，弹性体原轮廓线上的 M 和 N 两点由于局部压缩形变产生了沿 z 轴方向的位移 ω_1 和 ω_2 并汇聚在接触面中。若令总压缩量 $\delta = \delta_1 + \delta_2$，则根据图 2-22b 中的几何关系可知

$$\omega_1 + \omega_2 = (\delta_1 + \delta_2) - (z_1 + z_2) = \delta - \frac{l^2}{2R'} \tag{2-25}$$

式中，R' 为等效曲率半径，其与两个弹性体曲率半径之间的关系为

$$\frac{1}{R'} = \frac{1}{R_1} + \frac{1}{R_2} \tag{2-26}$$

从接触应力的角度考虑，假设作用在接触面 S 上的压强服从函数分布 $p(x, y)$，则对于

接触面中的某一点 M，其在弹性体一中的压缩位移需满足关系：

$$\omega_1 = \frac{(1-\nu_1^2)}{\pi E_1} \iint p\,\mathrm{d}s\,\mathrm{d}\psi \tag{2-27}$$

式中，E_1 为弹性体一的杨氏模量，单位为 Pa；ν_1 为弹性体一的泊松比。

式（2-27）的示意图如图 2-22c 所示，该点在弹性体二中的压缩位移同理可获得，因此总压缩位移必须满足关系式：

$$\omega_1 + \omega_2 = \frac{1}{\pi E'} \iint p\,\mathrm{d}s\,\mathrm{d}\psi \tag{2-28}$$

式中，E' 为等效杨氏模量，其与两个弹性体杨氏模量之间的关系为

$$\frac{1}{E'} = \frac{1-\nu_1^2}{E_1} + \frac{1-\nu_2^2}{E_2} \tag{2-29}$$

联立式（2-25）和式（2-28）得到

$$\frac{1}{\pi E'} \iint p\,\mathrm{d}s\,\mathrm{d}\psi = \delta - \frac{l^2}{2R'} \tag{2-30}$$

为满足稳定接触的条件，前述两个半球形弹性体之间的接触问题转化为寻求压强分布函数 $p(x, y)$ 的一个合适的表达式以使其满足式（2-30）。通过类比静电位，Hertz 推测两个弹性体中接触区域的应力分布应该呈关于接触圆面对称的半球形，在坐标原点 O 处有最大值 p_0，这样压强分布函数沿图 2-22c 中弦 mn 的积分可写为

$$\int p\,\mathrm{d}s = \frac{\pi p_0}{2r}(r^2 - l^2\sin^2\psi) \tag{2-31}$$

而压强分布函数在整个圆形接触面 S 上的积分应等于总外加载荷 F，因此有

$$F = \int_0^r p(l)\,2\pi l\,\mathrm{d}l = \frac{2}{3}p_0\pi r^2 \tag{2-32}$$

将式（2-31）代入式（2-30）得到

$$\frac{\pi p_0}{4rE'}(2r^2 - l^2) = \delta - \frac{l^2}{2R'} \tag{2-33}$$

为了使得式（2-33）对于接触面 S 内的任意长度 l 均成立，接触半径 r、压缩量 δ 和最大压强 p_0 之间需满足以下两个关系式：

$$r = \frac{\pi p_0 R'}{2E'} \tag{2-34}$$

$$\delta = \left(\frac{\pi p_0}{2E'}\right)^2 R' \tag{2-35}$$

在实际接触问题中，通常指定的已知量为外加载荷 F 或者压缩位移 δ，而未知量是真实接触面积 A，因此根据式（2-32）、式（2-34）和式（2-35）可以方便地导出 Hertz 弹性接触的以下两个重要结论：

$$A_e = \pi r^2 = \pi R'\delta \tag{2-36}$$

$$F_e = \frac{4}{3}E'\sqrt{R'}\delta^{\frac{3}{2}} \tag{2-37}$$

式（2-36）表明，在完全弹性形变的情况下，真实接触面积的大小为半球形弹性体压缩

位移所至位置截面积的二分之一。如图 2-22b 所示，若令虚线轮廓在 x-y 平面的截面积为 a，则由几何关系可知当压缩位移 δ 足够小时，可近似认为截面积 a = 2πRδ，因此式（2-36）所示的真实接触面积 $A_e = a/2$。而式（2-37）则说明，完全弹性形变时外加载荷与半球形弹性体的法向压缩位移呈 3/2 次方的非线性关系，且其关系受接触材料杨氏模量与泊松比的影响。

事实上，前文中提到的 Hertz 弹性接触理论的重要推论，即两个粗糙表面之间的接触问题可以等效为一个弹性粗糙表面与一个理想刚性平面之间的接触，也可由以上理论推导过程获知。注意到式（2-25）和式（2-28）的形式等同于其中一个弹性体曲率半径为无限大时的情况，因此若将该两个半球形弹性体的接触问题等效为一个半球形弹性体与曲率半径无限大的刚性平面的接触，则等效弹性体的等效曲率半径 R' 和等效杨氏模量 E' 可分别由式（2-26）和式（2-29）描述。将该等效推广至整个粗糙表面上每一个微凸体的接触问题，便可得到上述推论。对于分形粗糙表面而言，由式（2-26）决定的微凸体等效曲率半径意味着，该等效粗糙表面的功率谱密度函数为两个原始粗糙表面功率谱密度的叠加。

以 G-W 模型为代表的早期粗糙表面接触理论对单个微凸体形变特性的描述均基于 Hertz 的完全弹性接触模型[65]，但必须注意到以上推导是基于小应变与完全弹性形变假设的，当外加载荷进一步增大时，绝大部分接触材料都会因为内部晶体结构的位错现象而体现出永久塑性形变特征。此时，弹性体内部压缩位移与应力的关系不再满足由线弹性胡克定律导出的式（2-27），接触面积的增大也使得式（2-24）不再能够依据几何关系简化，Hertz 弹性接触的结论不再适用，必须建立塑性情况下接触形变特性的数学描述。Abbott 和 Firestone 首先指出[85]，在完全塑性形变的情况下，微凸体承载外加载荷的接触面积应近似为其在压缩位移位置的截面积，如图 2-21c 所示，而接触面上的平均压强等于较软一侧接触材料的硬度。该表述通常被称为 AF 模型，对于圆形截面的微凸体而言，与式（2-36）类似地可以写为

$$A_p = a = 2\pi R'\delta \tag{2-38}$$

$$F_p = HA_p = 2\pi R'\delta H \tag{2-39}$$

弹性接触体开始产生塑性形变的临界压缩量由 Chang 给出为[86]

$$\delta_c = \left(\frac{\pi t H}{2E'}\right)^2 R' \tag{2-40}$$

式中，H 为较软的一侧接触材料的 Mayer 硬度，单位为 Pa，H = 2.8Y，Y 为塑性材料屈服强度；t 为硬度系数，t = 0.454+0.41ν，ν 为材料泊松比，硬度系数与泊松比的关系式基于 H = 2.8Y 的假设拟合得到。

基于式（2-40），Chang 首先尝试了将微凸体的弹性形变与塑性形变联系起来，在其建立的基于统计参数的粗糙表面弹塑性接触模型中（CEB 模型），当压缩量小于临界压缩量时，微凸体被认为处于完全弹性形变状态，适用于式（2-36）和式（2-37）描述的 Hertz 弹性接触理论。而当压缩量超过临界值时，微凸体转变为完全塑性形变状态，其形变特性由式（2-38）和式（2-39）所示的 AF 模型描述。Jackson 随后指出[87]，微凸体塑性形变的临界压缩量应由 Von Mises 屈服判据自然导出，而不是基于材料硬度 H = 2.8Y 的假设，因此将式（2-40）修正为

$$\delta_c = \left(\frac{\pi c Y}{2E'}\right)^2 R' \tag{2-41}$$

式中，c 为与材料泊松比相关的系数，$c = 1.295\exp(0.736\nu)$。对于工程实际材料，由式（2-41）或式（2-40）计算得到的临界压缩量差别很小。鉴于硬度的定义种类繁多且不明确，本书采用式（2-41）的描述方式。将式（2-41）代入式（2-36）和式（2-37），可以得到微凸体在临界压缩量时的临界接触面积和接触载荷分别为

$$A_c = \pi^3 \left(\frac{cYR'}{2E'} \right)^2 \tag{2-42}$$

$$F_c = \frac{(\pi cY)^3}{6} \left(\frac{R'}{E'} \right)^2 \tag{2-43}$$

Hertz 弹性接触理论与 AF 模型由于方程构造简单推导方便，广泛组合应用于各类粗糙表面弹塑性接触模型中，但其缺点也是显而易见的。Hertz 理论虽然经过了长期的实践验证，但由于推导过程中为了应用线弹性理论而做出的各种假设，使其真正的适用范围非常窄。近年来许多理论与实验研究工作已经表明，接触材料在塑性形变阶段，尤其是在产生塑性形变至完全塑性形变的过程中，其弹性部分与塑性部分混合的形变特性极其复杂，过于简化的 AF 模型并不足以准确描述接触微凸体在塑性形变阶段的形变规律。如 CEB 模型简单地利用临界压缩量判据区分完全弹性形变和完全塑性形变的方法，忽略了微凸体弹性形变与塑性形变并存的整个过渡区域，会在接触模拟中引入可观误差。

2.2.2 微凸体接触形变有限元分析方法

粗糙表面微凸体的弹塑性接触形变特性是与材料属性密切相关的，涉及材料力学、弹塑性理论和接触非线性的复杂问题。为克服现有微凸体弹塑性形变模型过于简略的不足，避免过多的前提假设，本节建立了粗糙表面微凸体弹塑性接触形变问题的有限元模型，在此基础上对微凸体弹塑性形变特性进行了较为准确的分析。

1. 几何建模与网格划分

前文中通过数值方法获得了粗糙表面接触微凸体的外形轮廓与特征分形参数之间的关系，将微凸体简化为如图 2-9a 所示的截面为圆形的具有余弦函数轮廓线的光滑形状，本节的研究将基于该简化模型进行。尽管按照分形几何的观点，微凸体表面还叠加有许多无限细分的微观结构，但与 Hertz 理论的假设类似地，将单个微凸体整体作为弹塑性形变的研究对象，而忽略其表面更小尺度的粗糙轮廓。考虑到微凸体几何形状的对称性，为提高运算速度与收敛性，采用二维轴对称几何模型对其进行分析，如图 2-23 所示。

必须指出的是，真实微凸体的表面轮廓呈余弦函数状，这意味着其在不同的压缩高度上具有不同的曲率半径。但为了便于建模和形变规律分析，本节使用了与 Hertz 理论中同样的半球形弹性体模型，具有固定的曲率半径值。在后续的研究中，将会对所有参与有限元分析的变量进行归一化处理，如压缩位移量、真实

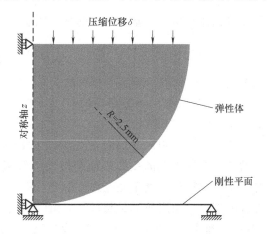

图 2-23　微凸体接触形变二维轴对称
几何模型示意图

接触面积和接触压力等，获得其归一化形式的形变特性规律。而在考虑实际微凸体的接触形变问题时，只需将其真实的曲率半径关系式代入，即可获得其真实几何形状下的弹塑性接触形变规律。因此数值研究中弹性体模型的曲率半径可取任意值，图 2-23 所示的模型中曲率半径取为 2.5mm。

为求解该二维轴对称半球形弹性体的接触形变特性，定义图 2-23 所示位置的刚性平面与弹性体的外表面为接触对，采用增广拉格朗日乘数法约束接触表面节点的相互作用，防止节点之间的穿透，并将刚性平面的全位移自由度固定为零。对于模型中弹性体的上端边界，考虑实际情况下粗糙表面上发生接触的微凸体只是其起伏轮廓中的一小部分。与微凸体相比，与其端部相连接的接触体本身可以视为半无限大的弹性空间，在发生弹塑性接触形变时，微凸体的端部应有充分的径向扩展自由度。且根据圣维南原理，微凸体内部的弹塑性应力集中于其尖端部分的接触区域，远端边界处的约束条件不会显著影响接触区域的求解结果。因此，在该模型中弹性体上端部节点水平方向的位移自由度不做限制。基于此边界条件设置，在弹性体的上端部施加一定的均匀分布的压缩位移载荷，便可求得相应的接触面积与接触压力值。

为平衡求解精度与所需的计算时间，本书在不同的压缩位移载荷下对该二维轴对称几何模型采用了不同的网格划分方式。在较小的压缩位移下 $(\delta < 10^{-6}\text{m})$，弹性体内部应力主要集中于靠近接触点附近的极小区域内。为保证应力集中区域的求解质量，在弹性体接触尖端 $20\mu\text{m} \times 80\mu\text{m}$ 的尺寸范围内采用密集八节点四边形减缩积分单元网格划分，网格平均边长小于 $0.2\mu\text{m}$，如图 2-24a 所示，此时单元总数量为 56500 个，共 170231 个节点。随着压缩位移的增加，弹性体内部应力集中区域扩大，其边沿处的网格划分逐渐均匀。当压缩位移 $\delta > 10^{-4}\text{m}$ 时，网格划分如图 2-24b 所示，其单元总数量为 11040 个，共 33473 个节点。网格划分的实际尺寸通过测试确定，其原则是使得网格密度进一步提高时计算结果的改变量在 1% 以内。

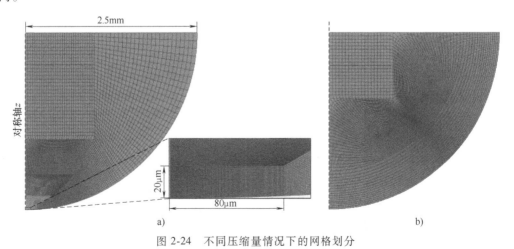

图 2-24　不同压缩量情况下的网格划分

2. 弹塑性接触材料属性

微凸体弹塑性接触形变特性可能受接触材料的杨氏模量、屈服强度和泊松比等三个参数的影响。杨氏模量 E 是表征固体材料在弹性极限内抵抗拉压形变能力的物理量，其物理意义是在胡克定律适用范围内材料单轴应力与应变之间的比值。屈服强度 Y 是材料开始发生塑性变形时的最低应力值，也即材料弹性极限范围的上限。而泊松比 ν 反映材料在受到外力作用时横向正应变与轴向正应变的绝对值的比值，又称为横向变形系数，其理论范围为 0~0.5。

为获得广泛适用的微凸体弹塑性接触形变特性规律，必须分析不同接触材料属性的影响，为此需要确定待分析材料属性的范围。查阅材料手册可见[88]，绝大部分工程实际应用材料的泊松比都处于 0.1~0.4 的范围内，泊松比接近于 0.5 表示材料体积不可压缩的理想状态，而反之，接近于 0 则代表材料体积可以任意改变，其典型代表为空气。对于接触模型而言，考虑 0.1~0.4 范围内泊松比变化得到的接触形变规律在工程上具有足够的通用性。工程材料的杨氏模量与屈服强度的量值虽然分布范围较广，但在接触形变的过程中决定材料弹塑性形变特性的是杨氏模量与屈服强度的比值 E/Y，二者在各类数值模型中总是以比值的形式组合出现的。对比常见金属材料的杨氏模量与屈服强度可知，其比值通常分布于 50~800，表 2-2 列举了四种差别较大的常见合金材料的材料属性[88]。

表 2-2　常见合金材料的材料属性

材料属性	HPb59-1 铅黄铜	45#钢	2A12 硬铝	QBe2.0 铍青铜
杨氏模量 E/GPa	105	209	74.2	128
屈服强度 Y/MPa	142	355	325	1035
比值 E/Y	739.44	588.73	228.31	123.67
泊松比 ν	0.324	0.269	0.33	0.35

基于以上原因，本书取有限元分析中材料的杨氏模量 E 为 200GPa，屈服强度 Y 取为 4000MPa、2000MPa、1000MPa、500MPa 和 250MPa 五种不同的值，分别对应 E/Y 为 50、100、200、400 和 800，而泊松比 ν 取 0.2、0.25、0.3、0.35 和 0.4 五种不同的值，共 25 种不同的材料属性组合用于微凸体弹塑性接触形变特性规律的分析，见表 2-3。用于分析的材料属性为便于数值研究而全部取为整数，其取值覆盖了工程实用材料的典型范围。

表 2-3　用于数值计算的材料属性组合

材料属性	数值	材料属性	数值
杨氏模量 E/GPa	200	比值 E/Y	50,100,200,400,800
屈服强度 Y/MPa	4000,2000,1000,500,250	泊松比 ν	0.2,0.25,0.3,0.35,0.4

采用理想塑性模型描述所选材料在塑性应变阶段的应力应变本构关系，其与真实材料的应力应变曲线对比如图 2-25 所示。工程材料的真实应力应变曲线通过拉伸试验获得，对于有明显屈服现象的金属材料，在发生塑性屈服后通常会出现拉伸形变与外力不成比例增长的强化阶段，直至彻底断裂。强化阶段的应力应变关系受材料锻造工艺、热处理过程和晶体结构等多种复杂因素的影响，无法用统一的数学模型描述。为了不引入其他难以确定的控

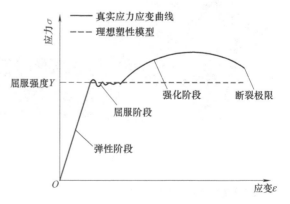

图 2-25　理想塑性本构关系示意图

制变量，将该阶段简化为应力不随应变变化的理想塑性状态。

2.2.3　微凸体弹塑性接触形变特性分析

在商业有限元分析软件 Abaqus 中求解建立的微凸体弹塑性接触形变有限元模型。在每一种不同的材料属性组合情况下，由小至大依次加载不同的压缩位移载荷，求取相应的接触面积和接触压力值，并获得弹性体内部弹塑性应力与应变分布情况。以式（2-41）所示的临界压缩量 δ_c 为界，加载的压缩位移范围从 $0.2\delta_c$ 至临界值的数万倍，直到获得的弹塑性形变结果呈现出明显的完全塑性形变特征。汇总 25 种不同材料属性组合下得到的微凸体弹塑性形变曲线，即可获知材料参数对微凸体弹塑性形变特性的具体影响规律。为便于数值结果分析与对比，加载所用的压缩位移 δ、计算得到的接触面积 A、接触压力 F 以及平均接触压强 p 通过以下式子进行归一化处理：

$$\delta^* = \delta/\delta_c \tag{2-44}$$

$$A^* = A/a = A/\pi\delta(2R-\delta) \tag{2-45}$$

$$F^* = F/F_c \tag{2-46}$$

$$p^* = p/Y = F/AY \tag{2-47}$$

式中，＊号用于标记无量纲的归一化变量；δ_c 和 F_c 分别为由式（2-41）和式（2-43）确定的临界压缩位移和临界接触压力值。

由式（2-44）可知，归一化压缩位移 δ^* 的含义是对于某一特定几何形状的弹性体而言，实际压缩位移与其临界压缩位移的比值。对于计算得到的接触面积 A，本书没有采用式（2-42）所示的临界接触面积值 A_c 对其进行归一化处理。其原因是在基于分形几何的接触模型中，微凸体的截面积是更为直接的已知变量，导出以截面积为变量的微凸体弹塑性形变特性规律更有利于后续接触模型的推导。

1. 弹塑性形变状态的区分

根据本书的有限元计算结果，微凸体由小压缩位移至大压缩位移的接触形变过程可以明显地区分为三个典型阶段。图 2-26 所示为杨氏模量屈服强度比 $E/Y = 100$、泊松比 $\nu = 0.25$ 时，归一化接触面积 A^* 随压缩位移 δ^* 的变化曲线。可以看到，在 $\delta^* < 1$ 时计算得到的归一化接触面积值水平地分布在 0.5 附近，换句话说，此阶段随着压缩位移的增大真实接触面积的大小始终保持在相应截面积的 1/2 左右，与 2.2.1 节中提到的 Hertz 弹性接触理论的结论完全相符。该结果反映了有限元模型的准确性，同时也表明式（2-41）所示的临界压缩位移 δ_c 在预测弹性体塑性形变的起始点方面是有效的，因此可以确定微凸体在归一化压缩位移 $\delta^* < 1$ 时处于完全弹性形变状态。

当归一化压缩位移 $\delta^* > 1$ 时，由图 2-26 可以看到，微凸体的真实接触面积值并非由 AF 模型所预测的那样因发生了完全塑性形变而立即等于相应压缩高度的截面积，即 $A^* = 1$。相反，归一化接触面积的值是以一种更自然地规律逐渐上升的，在对数坐标系下呈现出一定的线性特征。该线性上升的过程一直持续到某一特定的压缩位移值 δ^*，将该段形变过程确定为微凸体的弹塑性形变状态，其特点是此过程中微凸体弹性形变与塑性形变的表现并存。事实上，在粗糙表面接触模型中，由 Hertz 弹性接触理论和 AF 模型组合描述的微凸体弹塑性形变特性在临界压缩位移 δ_c 处的不连续跳变正是其主要缺点之一。

当归一化压缩位移 δ^* 进一步增大至某临界点时，由图 2-26 中曲线可见，接触面积随压缩位移的变化规律出现了转折。真实接触面积与截面积的比例不再上升，反而出现了下降趋势，并在某一数值附近波动。本书将该转折点定义为完全塑性压缩位移 δ_p，而将 δ 超过 δ_p 之后的形变过程确定为微凸体的完全塑性形变状态。必须说明的是，在图 2-26 所示的 $E/Y = 100$、$\nu = 0.25$ 情况下，微凸体发生完全塑性形变后其接触面积大小与相应的截面积相近，这并不意味着 AF 模型对于微凸体在完全塑性形变情况下的形变规律预测是准确的。本章后续的讨论中将指出，微凸体的完全塑性压缩位移 δ_p 以及在发生完全塑性形变以后接触面

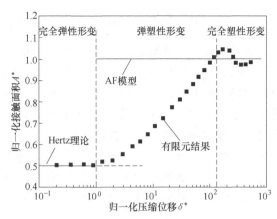

图 2-26　归一化接触面积随压缩位移的变化
（$E/Y = 100$、$\nu = 0.25$）

积与截面积的比例都是与材料属性密切相关的，不能简单地确定为某一常数值。

　　为进一步说明微凸体随着压缩位移量的增大由完全弹性形变逐渐向完全塑性形变转化的本质，图 2-27 给出了 $E/Y = 100$、$\nu = 0.25$ 时若干压缩位移下微凸体内部的 Von Mises 应力分布和等效塑性应变区域。可以看到，微凸体内部初始的塑性应变发生于压缩位移 $\delta^* = 0.9$ 时，对应图 2-26 所示的完全弹性形变阶段的上限。此时微凸体内部的 Mises 应力集中分布于接触表面以下约 27μm 处的一小块区域内，其最大值恰好达到材料的屈服点 2000MPa，而塑性应变在应力集中区的中心位置产生。由于此时塑性应变很小，还未对接触表面的形变特性产生影响。

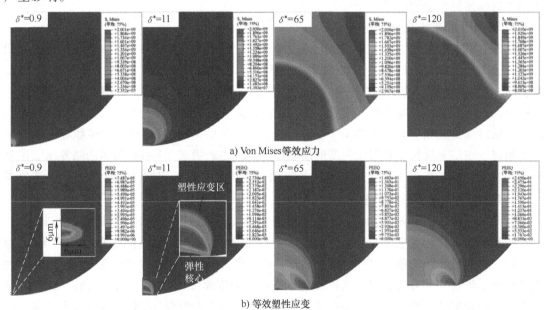

图 2-27　微凸体内部的 Von Mises 应力分布和等效塑性应变区域（$E/Y = 100$、$\nu = 0.25$）

　　随着压缩位移的增大，微凸体内部的应力集中区以此为中心向外扩展，塑性应变区也相应地向接触表面延伸。压缩位移 $\delta^* = 11$ 时微凸体内部的塑性应变分布代表了其在弹塑性形

变阶段的典型情况。此时，塑性应变区的范围扩展至了接触表面，包围了整个接触区域，但在塑性应变区与接触表面之间仍存在一小块尚未发生塑性形变的空间，称之为弹性核心。由弹塑性力学可知，材料在弹性极限以内受到外压力作用时服从胡克定律而产生线性的收缩形变。而发生塑性屈服以后，由于内部的应力不再增大，材料转化为不可压缩的体积守恒状态，称为塑性流动。弹性核心的存在使得微凸体接触表面附近的材料形变包含了弹性收缩与塑性流动的混合作用，二者的比例决定了接触面实际表现出的形变特性。当弹性收缩占主导作用时，微凸体接触面积趋向于由 Hertz 弹性接触理论描述。而当塑性流动作用增强时，接触面附近材料在压力作用下向四周挤压，如图 2-21d 所示。因此在该阶段，随着压缩位移 δ^* 的进一步增大，接触表面附近弹性核心的范围逐渐缩小，接触面积与截面积的比例以一定的规律逐渐上升，对应图 2-26 所示的弹塑性形变阶段。当弹性核心的区域最终消失时，接触面附近的材料形变完全由塑性流动作用主导，微凸体进入完全塑性形变状态，如图 2-27 中 $\delta^* = 120$ 时所示。

2. 接触材料属性的影响分析

在不同的材料属性情况下，从具体的接触面积、接触压力和压缩位移的量值上来看，材料属性对三者之间的演化规律具有很大的影响。

图 2-28 所示为有限元计算得到的泊松比 $\nu = 0.25$ 时不同 E/Y 情况下归一化接触面积随压缩位移的变化曲线。可以看到，在 $\delta^* < 1$ 的完全弹性形变阶段，不同 E/Y 情况下归一化接触面积的计算结果与 Hertz 弹性接触理论符合良好，均处于 0.5 附近。在进入弹塑性形变阶段之后，在五种不同的材料属性下计算得到的归一化接触面积开始出现分歧，主要体现在三个方面：①归一化接触面积上升斜率不同。若将弹塑性形变阶段归一化接触面积与压缩位移的关系考虑为幂函数形式，则它们在不同的材料参数下分别具有不同的指数

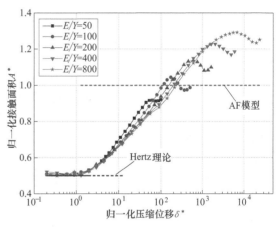

图 2-28 不同 E/Y 情况下归一化接触面积随压缩位移的变化曲线（$\nu = 0.25$）

值。②进入完全塑性形变阶段的临界点不同。按照前文提出的形变状态区分方式，$E/Y = 50$ 时微凸体在归一化压缩位移 $\delta^* = 60$ 附近进入了完全塑性形变阶段，而在 $E/Y = 800$ 情况下这一临界值达到了 4000 左右。③在完全塑性形变阶段，微凸体的归一化接触面积，即真实接触面积与截面积的比例不同。$E/Y = 50$ 时微凸体在完全塑性形变阶段的归一化接触面积值稳定在 0.9 左右，尚未达到其相应的截面积大小，而 $E/Y = 800$ 时该值达到了 1.3 附近，大大超过其截面积大小，只有 $E/Y = 100$ 时 AF 模型对完全塑性形变阶段接触面积描述较为准确。

杨氏模量与屈服强度的比值 E/Y 对微凸体接触压力的影响相对较为简单，如图 2-29a 所示。由式（2-37）可知，在完全弹性形变情况下，由 Hertz 理论描述的归一化接触压力与压缩位移呈 3/2 次方关系，在图 2-29a 的对数坐标系下为斜率 3/2 的直线。随着塑性屈服现象的发生和接触面附近塑性应变区域的扩大，微凸体内部应力的增长速度变缓，实际的接触压

力值会逐渐低于 Hertz 弹性接触理论的预测。图 2-29a 所示的有限元计算结果表明，E/Y 的值对于弹塑性形变阶段微凸体的归一化接触压力和压缩位移的函数关系影响很小，其主要作用是决定了微凸体进入完全塑性形变阶段的临界压缩位移值。与图 2-28 所示的接触面积类似的，在进入完全塑性形变阶段后，微凸体归一化接触压力随压缩位移变化的规律会出现明显的转折，体现为接触压力的上升速度进一步下降。

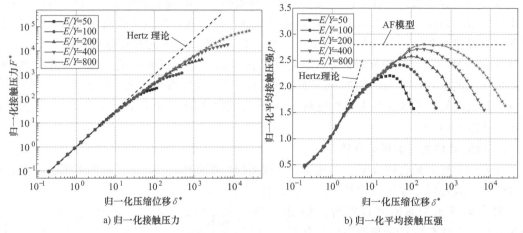

a) 归一化接触压力   b) 归一化平均接触压强

图 2-29 不同 E/Y 情况下归一化接触压力和平均压强随压缩位移的变化（$\nu = 0.25$）

为综合对比不同 E/Y 情况下有限元计算结果与 Hertz 理论和 AF 模型的数学描述，图 2-29b 给出了接触表面的归一化平均压强 p^* 随压缩位移的变化曲线。Hertz 理论描述的平均压强由式（2-37）和式（2-36）相除计算得到，而 AF 模型中接触表面平均压强等于材料硬度 H。D. Tabor 在对金属材料的硬度规律进行深入研究后指出[89]，在完全塑性形变情况下，外加压力与压痕面积之比（硬度值的通常定义）约为材料屈服强度的 2.8 倍，该结论后被广泛引用为接触理论中的通用假设，因此 AF 模型对于接触压力的描述又可以写为 $F_p = 2.8YA_p$，在图 2-29b 中为一水平直线。由之前的有限元计算结果可见，微凸体接触表面的平均压强在完全弹性形变阶段与 Hertz 理论完全相符，随着塑性接触区域塑性应变的产生，接触压力的上升速度变缓，相应的接触压强也偏离了 Hertz 理论的预测而向 AF 模型靠近。但必须注意到，除了 $E/Y = 800$ 时的情况，其他所有材料属性下微凸体接触区域的平均压强均未达到其屈服强度的 2.8 倍。并且在达到短暂的峰值阶段后，所有材料属性下平均接触压强的计算结果均出现了下降现象，并没有稳定于某一恒定的数值，这与 Tabor 通过压痕实验得出的结论不符。如果将发生完全塑性形变后材料接触表面的平均压强定义为材料硬度值，那么该结果意味着微凸体在完全塑性形变阶段发生了软化现象，其等效硬度值在不断下降。

图 2-30 以 $E/Y = 100$ 时的有限元计算结果为例说明了不同的泊松比 ν 对微凸体弹塑性接触形变规律的影响。由图 2-30a 可见，泊松比对归一化接触面积随压缩位移的上升趋势影响较小，且不改变微凸体在完全塑性形变阶段归一化接触面积的值。但随着泊松比的增大，发生完全塑性形变的转折点会略微前移，使得不同泊松比情况下计算结果曲线在图中发生了"平移"。在相同的归一化压缩位移下，归一化接触面积随着泊松比的增大而增加。图 2-30b 中所示的归一化平均接触压强具有同样的影响趋势。

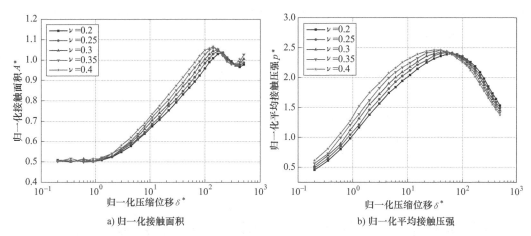

a) 归一化接触面积   b) 归一化平均接触压强

图 2-30   不同泊松比 ν 情况下归一化接触面积和平均接触压强随压缩位移的变化（$E/Y=100$）

    以上对归一化计算结果的分析是为了方便获得其数值规律，以总结微凸体弹塑性接触形变特性的数学模型。但由于对压缩位移 δ 进行归一化处理的量 δ_c 自身也受材料参数影响[见式（2-41）]，归一化量值差异的实际物理意义不够明确。为了对比分析不同材料属性对于微凸体接触形变过程的具体影响机理，有必要进一步考虑计算过程中的真实数值。

    将微凸体真实压缩位移 δ 与其曲率半径 R 的比例定义为轴向压缩比，表 2-4 给出了不同材料参数下计算得到的微凸体弹塑性形变规律转折点的轴向压缩比。可以看到，虽然由图 2-28 看来 $E/Y=50$ 时微凸体进入完全塑性形变阶段的归一化压缩位移 δ^* 更小，但其实际的压缩位移 δ 远大于 $E/Y=800$ 的情况，在不同的泊松比情况下，$E/Y=50$ 时转折点的轴向压缩比平均约为 $E/Y=800$ 时的三倍。而同时，泊松比的值也对微凸体进入完全塑性形变阶段时的真实压缩情况有一定的影响，其轴向压缩比随着泊松比的增大而减小。容易理解，在相同的压缩量情况下，E/Y 更大（即屈服强度更小）的接触材料相对来说更容易发生塑性屈服，因此其更容易进入完全塑性形变阶段。而泊松比虽然不改变屈服点的应力值，但泊松比较大的材料体积更不容易压缩，在相同的压缩量情况下接触区域塑性流动部分材料倾向于向四周膨胀，因此反映在归一化接触面积曲线上，其更早进入完全塑性形变阶段。

表 2-4   微凸体弹塑性形变规律转折点的轴向压缩比 δ/R

材料属性	$E/Y=50$	$E/Y=100$	$E/Y=200$	$E/Y=400$	$E/Y=800$
$\nu=0.2$	0.1449	0.103	0.0767	0.0595	0.0481
$\nu=0.25$	0.1347	0.095	0.0703	0.0543	0.0436
$\nu=0.3$	0.1254	0.0878	0.0645	0.0495	0.0396
$\nu=0.35$	0.1168	0.0812	0.0593	0.0452	0.0359
$\nu=0.4$	0.1089	0.0752	0.0545	0.0413	0.0327

    基于该考虑，观察不同 E/Y 情况下微凸体弹塑性接触形变规律转折时内部的塑性应变区域形态，如图 2-31 所示。可以看到，至少有三个方面的原因导致了材料属性 E/Y 的值对微凸体在完全塑性形变阶段归一化接触面积大小的影响：① E/Y 较小时，材料极难发生塑性屈服。尽管在完全塑性形变阶段，即接触区域形变特性由塑性流动作用主导的阶段，在接触面中心区域仍然保留有体积可观的弹性核心区域，如图 2-31a 所示，该部分材料的弹性收缩作用使得相应的归一化接触面积较小。②随着 E/Y 的增大，微凸体进入完全塑性形变阶

段的压缩位置提前，在相应位置的截面积也相对较小，使得塑性屈服材料向四周挤压的效果更为明显，实际接触面积与截面积的比例更大。③由弹塑性力学可知，用理想塑性模型描述的材料在发生塑性屈服后其内部应力不再上升，并且体积守恒不可压缩，可以想象为流沙状硬质流体材料。因此在微凸体中，接触区域的塑性应变区主要起传递应力的作用，接触面的法向接触压力主要来自于塑性应变区上方材料的弹性收缩作用。E/Y 较小时，当塑性应变扩展至绝大部分接触表面从而使其表现出完全塑性形变特征时，其内部弹性应变区已经较少，弹性材料对接触面附近的塑性屈服材料的挤压作用较小。而当 E/Y 较大时，由图 2-31c 可见，微凸体内部有大量弹性空间提供收缩形变力作用于接触面附近的塑性应变区，使得该位置塑性屈服材料向周围扩展，形成相对较大的归一化真实接触面积。

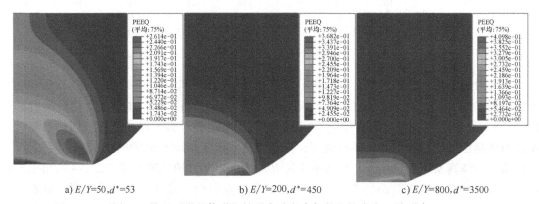

a) E/Y=50,d^*=53   b) E/Y=200,d^*=450   c) E/Y=800,d^*=3500

图 2-31   不同 E/Y 情况下微凸体弹塑性形变阶段内部的塑性应变区域形态（$\nu = 0.25$）

同样，在完全塑性形变阶段微凸体等效接触硬度下降的现象也可以得到解释。如图 2-32a 所示，在微凸体有限的材料体积范围内，当外加载荷不断增大使得其内部塑性应变区域扩大时，弹性应变区域会相应的减小。由于接触面积在不断增大，由弹性收缩形变产生的接触压力上升速度受到了限制，使得接触表面实际体现出的平均压强出现下降趋势，即微凸体出现软化现象。而与此相对的，在如图 2-32b 所示的压痕硬度试验中，由于与刚性小球相比，与其接触的弹塑性平面可视为半无限大空间，因此不管施加多

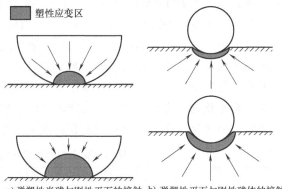

塑性应变区

a) 弹塑性半球与刚性平面的接触   b) 弹塑性平面与刚性球体的接触

图 2-32   球与平面的两种接触形式示意图

大的接触载荷，接触面附近的塑性应变区始终会受到来自于各个方向足够多弹性材料的收缩压力作用，使得接触面的平均压强维持在某一较高的数值。这两种接触形式具有明显的区别。对于弹塑性半球与刚性平面接触现象的若干研究工作也指出了在较大的外加载荷下，微凸体接触表面等效硬度下降的现象，但都没有提出对于该现象具体机理的解释[87]。通过以上分析可知，以刚性球体和可形变平面为研究对象得到的接触形变规律不能很好地描述粗糙表面微凸体在弹塑性形变过程中的复杂行为。进一步而言，AF 模型对于微凸体在完全塑性形变阶段接触面积与接触压力变化规律的描述均是不够准确的。

2.2.4　微凸体弹塑性形变经验公式归纳

为了导出更为准确的微凸体弹塑性接触形变特性数学模型，按照前述分析将微凸体弹塑性形变过程分为完全弹性形变、弹塑性形变和完全塑性形变等三个阶段。完全弹性形变阶段的形变规律适用于由式（2-41）和式（2-37）确定的 Hertz 弹性接触理论描述，而对不同材料属性下微凸体在弹塑性形变阶段和完全塑性形变阶段的接触面积、接触压力与压缩量三者之间的演变规律分别进行拟合，可以得到如下经验公式：

$$A_{ep} = \frac{a}{2}\left(\frac{\delta}{\delta_c}\right)^{0.1(\nu+1)\exp\left(\frac{10Y}{E}\right)} \tag{2-48}$$

$$A_p = 2\left[1-(Y/E)^{0.16}\right]a \tag{2-49}$$

$$F_{ep} = F_c 10^{1.44\left[\log\left(\frac{\delta}{\delta_c}\right)\right]^{0.88}} \tag{2-50}$$

$$F_p = F_c \frac{E}{Y}\exp(-2\nu)\left(\frac{\delta}{\delta_c}\right)^{0.5} \tag{2-51}$$

式中，δ 为微凸体压缩位移，单位为 m；E 为接触材料的杨氏模量，单位为 Pa；Y 为接触材料的屈服强度，单位为 Pa；ν 为接触材料的泊松比；a 为压缩位移为 δ 时微凸体发生形变前相应位置的截面积。δ_c 和 F_c 分别为由式（2-41）和式（2-44）确定的临界压缩位移和临界接触压力值，其大小与微凸体材料属性和曲率半径相关。A_{ep} 和 A_p 分别表示微凸体在弹塑性形变阶段和完全塑性形变阶段的真实接触面积，而 F_{ep} 和 F_p 则分别表示相应阶段的接触压力。

将微凸体在弹塑性形变阶段真实接触面积与归一化压缩位移的关系确定为幂函数形式，其指数值由实际的材料属性决定。在临界压缩位移 δ_c 处利用式（2-48）求得的实际接触面积为相应截面积的二分之一，也就是说该式在产生塑性形变的临界点处与 Hertz 弹性接触理论连续。图 2-33 对比了三种不同材料属性下真实接触面积的有限元计算结果与经验公式（2-48）和式（2-49）的预测情况。可以看到，式（2-48）能良好地反映出不同材料属性的微凸体在弹塑性形变阶段归一化接触面积随压缩位移上升趋势的差别。与有限元计算结果相比，式（2-48）的预测

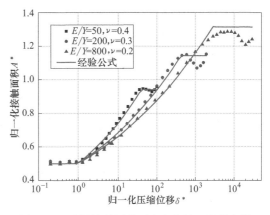

图 2-33　不同材料属性下真实接触面积的有限元计算结果与经验公式对比

结果总是在弹塑性形变的起始阶段偏大，而在末尾阶段偏小，其最大相对误差出现在材料属性 $E/Y=50$，$\nu=0.2$ 情况下归一化压缩位移 $\delta^*=3$ 处，为 6.4%。随着 E/Y 和泊松比的增大，该式与有限元计算结果越来越贴近，在 $E/Y=800$，$\nu=0.4$ 时整个弹塑性形变阶段的最大相对误差不超过 2%。

对于完全塑性形变阶段微凸体真实接触面积与归一化压缩位移的复杂非线性关系，将其简化为由式（2-49）确定的微凸体截面积固定倍数的形式，倍数值受接触材料杨氏模量与屈

服强度比值 E/Y 的影响，在图 2-13 中呈水平直线状。与有限元计算结果相比，式（2-49）的预测误差主要由 E/Y 的值决定，在 $E/Y=50$ 时其最大相对误差不超过 1.3%，而在 $E/Y=800$ 时其最大相对误差达到 9.7%。该简化主要基于以下两点考虑：①由后文中式（2-65）的推导过程可知，在基于分形几何的接触模型中，微凸体在承受外加载荷时的归一化压缩位移与其自身截面积是呈一定函数关系的，归一化压缩位移越大对应该微凸体的截面积越小。简单考虑某分形维数 $D=2.5$ 的粗糙表面，若该表面上某处于完全塑性形变状态的微凸体归一化压缩位移 $\delta^*=10000$，则其形变前的截面积为临界截面积 a_c 的 10^{-12} 倍，该部分小尺寸微凸体的接触面积对粗糙表面总接触面积的影响较小，因此式（2-49）的简化误差可以忽略。②按照分形几何的观点，粗糙表面上不同尺度的轮廓起伏是相互叠加的，在某一特定的压缩位移情况下，发生接触的小尺度微凸体只是某些较大的粗糙轮廓中的一小部分。当压缩位移不断增大时，接触载荷会转而由小尺度微凸体所附着的更大尺度的微凸体承担，不存在因接触载荷过大而导致微凸体被完全压扁，使得真实接触面积与微凸体截面积比例无限增大的情况。因此将完全塑性形变情况下归一化接触面积的值定为与材料参数相关的常数较为合理。对比式（2-38）可见，本节建立的完全塑性形变情况下微凸体接触面积的经验公式实际上可以视为 AF 模型考虑不同材料属性的扩展形式。

微凸体在弹塑性形变阶段的归一化接触压力与压缩位移在对数坐标系下呈现出近似线性的关系，但由于压缩位移跨度较大，若与接触面积同样地用单一指数函数拟合误差过大。如果采用分段指数函数拟合的方式也可以降低经验公式的相对误差，但该方式会在接触模型中引入大量额外的控制变量。因此本节选择了将归一化接触压力与压缩位移取对数值后进行指数函数拟合的方式，写为式（2-50）所示形式，该式在临界压缩位移 δ_c 处的值等于临界接触压力 F_c，与 Hertz 弹性接触理论连续。而完全塑性形变阶段的接触压力值由对数坐标系下斜率固定的指数函数式（2-51）给出。图 2-34a 示出了三种不同材料属性下接触压力的有限元计算结果与经验公式的对比，在所有 25 种材料属性组合的情况下，由式（2-50）和式（2-51）计算得到的接触压力值与有限元结果之间的最大相对误差不超过 3.67%。根据以上经验公式，微凸体在弹塑性形变和完全塑性形变阶段接触表面的归一化平均压强可以按照式（2-47）换算得到，与有限元计算结果对比如图 2-34b 所示。可见，对接触面积和接触

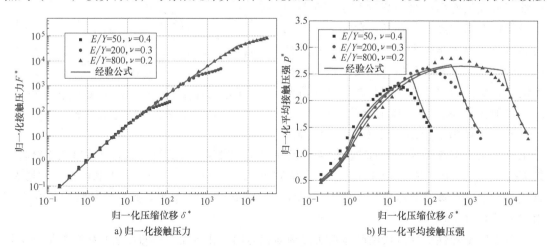

a) 归一化接触压力　　　　　　　　　　b) 归一化平均接触压强

图 2-34　不同材料属性下接触压力和平均接触压强的有限元计算结果与经验公式对比

压力分别拟合得到的经验公式，综合而言能良好地描述微凸体在发生塑性形变后接触表面平均压强的复杂变化趋势，也能正确地反映不同材料属性的影响，仅在弹塑性形变和完全塑性形变阶段的分界处会产生一些畸变。

根据以上对微凸体接触形变特性的数学描述，通过求取式（2-48）与式（2-49）或者式（2-50）与式（2-51）的交点可以获知微凸体在进入完全塑性形变阶段时的归一化压缩位移值，将其定义为完全塑性形变的临界归一化压缩位移 δ_p^*。通过这两组公式分别求得的 δ_p^* 值非常接近，取其平均可以得到如表 2-5 所示结果。可以看到，δ_p^* 受杨氏模量屈服强度比值和泊松比的影响均非常大，其值随着 E/Y 的增大而增大，随着泊松比的增大而减小。

表 2-5　微凸体进入完全塑性形变阶段的临界归一化压缩位移 δ_p^*

材料属性	$E/Y = 50$	$E/Y = 100$	$E/Y = 200$	$E/Y = 400$	$E/Y = 800$
$\nu = 0.2$	67.225	220.297	627.591	1625.72	4189.31
$\nu = 0.25$	57.383	181.719	505.653	1299.14	3366.21
$\nu = 0.3$	49.338	151.543	412.883	1052.59	2737.27
$\nu = 0.35$	42.695	127.558	340.882	862.335	2246.53
$\nu = 0.4$	37.162	108.236	284.064	712.884	1857.30

在实际使用中，可以通过将具体的接触材料属性代入式（2-48）~式（2-51）求其交点的方法获知当前微凸体处于何种弹塑性形变阶段，也可以利用表 2-5 中的数值进行插值判断。为方便使用，将表 2-5 中的数值拟合成经验公式如下：

$$\delta_p = \left[\left(\frac{E}{Y} \right)^{1.365} - 40 \right] \exp(-4\nu) \delta_c \qquad (2-52)$$

式（2-52）仅在常见工程材料的材料属性范围内适用，当 E/Y 非常小且泊松比非常大时，利用该式获得的完全塑性形变压缩位移 $\delta_p < \delta_c$，此时可以令 $\delta_p = \delta_c$。直观地理解可知，E/Y 非常小表明材料极难发生塑性屈服，而泊松比非常大则表示材料塑性良好体积难以压缩，具体实例可见纤维增强的聚甲醛等类似的高强度工程塑料[88]。对于此类材料，当外加载荷大到足以使其发生塑性形变时，便直接进入了完全塑性形变阶段。利用式（2-41）和式（2-52）计算得到的 δ_c 和 δ_p 可以完全确定不同材料属性的粗糙表面微凸体弹塑性接触形变三个阶段的边界。

2.3　基于二维分形几何的电接触数学模型研究

电接触通常被定义为以确保电路连续为目的的电气电子设备载流导体之间的接触界面以及包含该接触界面的电气元件，而广义的电接触理论便是研究导体接触界面之间电接触的产生、维持和消除过程中各类机械、电气物理现象的专门学科。作为机电设备中大量存在且必不可少的环节，电接触的质量水平与电气性能对于系统整体的可靠性有着极其重要的影响。长期以来，受制于电接触问题多学科交叉的复杂性以及接触界面难以直接观测的特点，研究人员多通过实验测试的方法，以宏观接触电阻的测量为主要手段评估电接触性能的优劣。随着电气设备逐渐小型化以及系统可靠性要求的不断提高，为指导其中电接触元件的设计与优化，有必要进一步明确电接触性能的关键影响因素、影响规律以及其作用机理。本节以静态电接触为对象，旨在对其维持过程中的微观机理展开建模研究。

前面的工作为获取特定接触条件下宏观接触压力与真实接触面积和接触电阻之间的数值对应关系提供了基础。粗糙的接触表面以微凸体为单位载体分摊承受外加的接触载荷。接触微凸体的大小形状各不相同，但总体来说，存在两个已知的内在统计规律：①微凸体的截面积尺寸服从幂函数的分布规律，尺寸分布函数的指数值与粗糙表面的分形维数相关；②微凸体的峰值高度与其截面积尺寸存在一定的函数关系，该函数关系受粗糙表面特征分形参数的影响。利用该统计规律可以合理地简化微凸体的随机形状，得到如图 2-35a 所示的粗糙表面简化模型：接触微凸体大小各异，但其水平截面均为圆形，高度方向的外形轮廓呈余弦函数状，而峰值高度以一定的函数规律随其截面积尺寸变化。

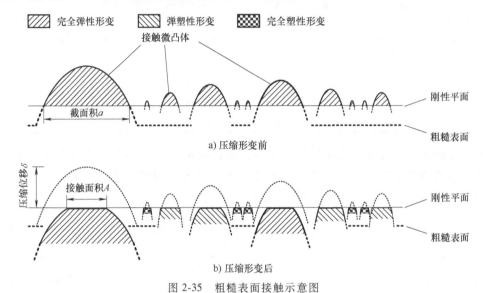

图 2-35 粗糙表面接触示意图

当基于分形几何描述的简化粗糙表面与另一刚性平面在外力的作用下发生接触时，所有高于接触平面位置的微凸体都将被压缩而产生形变，构成两个接触面之间无序排列的接触斑点，如图 2-35b 所示。此时接触微凸体可能处于完全弹性形变、弹塑性形变和完全塑性形变三种形变状态其中之一，具体的形变状态受接触材料的力学材料属性和微凸体的外形轮廓综合影响。微凸体所处的形变状态决定了其真实接触面积，即接触斑点的面积与其形变前相应位置截面积的比例，同时也决定了其形变完成后能承受的接触压力大小。若假定相邻微凸体之间的形变过程互不影响，则每一个接触斑点的真实接触面积和接触压力可由微凸体的弹塑性形变规律单独计算，而单个接触斑点处的接触电导值也可由其真实接触面积结合电阻的产生机理计算得到。按照微凸体的尺寸分布规律统计整个视在接触面上所有接触斑点的面积、压力和电导值，即可获知这三个宏观量之间的总体关系，其具体流程可总结为如图 2-36所示。

根据以上思路，可以通过引入对于分形粗糙表面接触微凸体尺寸分布规律以及外形轮廓特征的量化修正，同时采用了通过有限元分析手段获得的粗糙表面微凸体弹塑性接触形变特性方程，结合考虑纳米尺度效应的接触电阻数学描述，建立基于分形几何的粗糙表面弹塑性电接触数学模型。

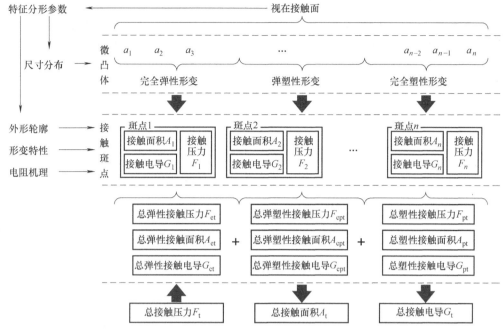

图 2-36 粗糙表面电接触数学模型流程示意图

2.3.1 电接触数学模型的建立

1. 基本假设

为限定本节中电接触数学模型的适用范围，并简化模型的推导过程，首先确定如下基本假设与约定：

1）接触体的力学材料参数、电学材料参数和粗糙表面形貌特征在整个视在接触面上各向同性且均匀一致。

2）相互接触的粗糙表面基准面均为平面或近似平面，其法向方向平行。

3）只考虑法向外加接触载荷的作用，粗糙表面微凸体的接触形变仅受法向接触压力的影响，忽略表面摩擦力的作用。

4）接触微凸体相互之间的距离与其自身尺寸相比足够大，其压缩形变过程可独立考虑而不受周围材料影响，同样的，相邻接触斑点处的电流线收缩现象互不干扰。

5）不考虑金属导体表面膜的作用，认为微凸体接触面积即为导体通流面积。

6）与接触斑点尺寸相比，接触体的体积充分大，可视为半无限大空间。

2. 粗糙表面的分形描述

本节对于粗糙表面电接触问题的建模基于二维各向同性 W-M 分形方程进行，由下式给出：

$$z(x,y) = L\left(\frac{G}{L}\right)^{(D-2)} \sqrt{\frac{\ln\gamma}{M}} \sum_{m=1}^{M} \sum_{n=0}^{n_{\max}} \gamma^{(D-3)n} \left[\cos\phi_{mn} - \right.$$

$$\left. \cos\left(\frac{2\pi\gamma^n \sqrt{x^2+y^2}}{L} \cos\left[\arctan\left(\frac{y}{x}\right) - \frac{\pi m}{M}\right] + \phi_{mn}\right) \right] \quad (2-53)$$

式中，L 为取样长度，即视在接触面的边长，单位为 m；D 为二维几何的分形维数，$2<D<3$；G 为分形粗糙度，单位为 m；γ 为尺度参数，$\gamma>1$，通常取 $\gamma=1.5$；M 为用于构造随机形貌的不同方向的叠加脊数量，通常取 $M>10$；ϕ_{mn} 为 $[0,2\pi]$ 区间均匀分布的随机相位；$n_{\max}$ 为最高频率分量阶数。

若无特别指出，本节中提到的分形维数均为二维分形几何的维数，其范围为 2~3。基于此描述，粗糙表面发生接触的微凸体截面积尺寸服从给出的分布函数：

$$N(A>a)=\left(\frac{a_{\mathrm{L}}}{a}\right)^{\frac{3D-5}{4}} \tag{2-54}$$

式中，a 为接触微凸体的截面积，单位为 m^2；a_{L} 为最大接触微凸体的截面积，单位为 m^2。

单个接触微凸体的简化外形轮廓可由轮廓函数描述如下：

$$z(x)=\frac{1}{2}G^{(D-2)}10^{0.15D}(2r)^{\frac{7-2D}{3}}\left[\cos\phi_{1,n_0}-\cos\left(\frac{\pi x}{r}-\phi_{1,n_0}\right)\right] \tag{2-55}$$

式中，r 为接触微凸体的截面半径；ϕ_{1,n_0} 为任意随机相位。

3. 弹塑性接触模型的建立

根据 Hertz 弹性接触理论，将两个粗糙表面相接触的复杂问题等效为一个粗糙表面与刚性平面之间的接触问题。等效粗糙表面的形貌功率谱应等于两个原始粗糙表面的功率谱之和，因此其等效特征分形参数可用功率谱密度法，根据该功率谱之和求得。而等效粗糙表面的力学材料参数与两个原始粗糙表面的材料参数之间具有如下换算关系：

$$\frac{1}{E'}=\frac{1-\nu_1^2}{E_1}+\frac{1-\nu_2^2}{E_2} \tag{2-56}$$

式中，E_1、E_2 为两个原始接触体的杨氏模量，单位为 Pa；ν_1、ν_2 为两个原始接触体的泊松比。

基于该等效简化，首先考虑粗糙表面上单个微凸体与刚性平面之间接触斑点的形成过程。对于某一个处于完全弹性形变情况下的接触微凸体，其接触面积和接触压力可由 Hertz 弹性接触理论准确描述：

$$A_{\mathrm{e}}=\pi R\delta \tag{2-57}$$

$$F_{\mathrm{e}}=\frac{4}{3}E'\sqrt{R}\delta^{\frac{3}{2}} \tag{2-58}$$

式中，R 为微凸体的曲率半径，单位为 m；δ 为微凸体的压缩位移，单位为 m。

如图 2-35 所示，单个微凸体的压缩位移即为其自身高于刚性平面位置的高度值，具体而言，即由式（2-57）确定的微凸体外形轮廓的峰谷值大小，由下式给出：

$$\delta=G^{(D-2)}10^{0.15D}(2r)^{\frac{7-2D}{3}} \tag{2-59}$$

而微凸体的曲率半径由下式计算得到：

$$R=\frac{\left(1+\left[\dfrac{\mathrm{d}z(x)}{\mathrm{d}x}\right]^2\right)^{3/2}}{\left|\dfrac{\mathrm{d}^2z(x)}{\mathrm{d}x^2}\right|}=\frac{a^{\left(\frac{2D-1}{6}\right)}}{\pi^{\left(\frac{2D+11}{6}\right)}2^{\left(\frac{4-2D}{3}\right)}G^{(D-2)}10^{0.15D}} \tag{2-60}$$

式中，微凸体的截面积与截面半径由圆面积公式 $a=\pi r^2$ 换算。由式（2-60）可以看出，在基于分形几何的粗糙表面描述中，接触微凸体的曲率半径是随微凸体截面尺寸变化的变量，截面积越大的微凸体其曲率半径相应越大。而相对的在以 G-W 模型为代表的基于统计参数描述的粗糙表面接触模型中，微凸体的曲率半径值被假设为常数，这正是两类接触模型的显著区别之一[65]。必须指出的是，在少数基于分形几何的接触模型研究工作中，微凸体的曲率半径由另一种计算方法得到[81]，其假设微凸体的曲率半径与压缩位移满足关系式 $(R-\delta)^2 + r^2 = R^2$，并认为曲率半径通常大于压缩位移若干数量级，进而将该关系式简化为 $r^2 = 2R\delta$，将微凸体压缩位移表达式代入该式得到其曲率半径。利用该方法得到的曲率半径在微凸体尺寸较大时与本章的方法接近。而当微凸体截面尺寸较小时，其真实的曲率半径值不仅不满足大于压缩位移若干数量级的假设，反而有可能小于压缩位移，此时该方法的基础假设失去了意义，因此得到了不正确的曲率半径结果。将式（2-59）和式（2-60）代入式（2-57）和式（2-58），可得到完全弹性形变情况下单个微凸体接触面积和接触压力的计算式为

$$A_{\mathrm{e}} = \frac{a}{2} \tag{2-61}$$

$$F_{\mathrm{e}} = \frac{2^{\left(\frac{29-4D}{6}\right)}}{3\pi^{\left(\frac{8-D}{3}\right)}} E' G^{(D-2)} 10^{0.15D} a^{\left(\frac{5-D}{3}\right)} \tag{2-62}$$

式（2-61）的获得利用了几何关系简化，简化过程见 2.2.1 节，该简化在压缩位移很小，即完全弹性形变情况下有效。

在进一步给出粗糙表面上处于塑性形变阶段的微凸体接触形变计算式之前，先考虑微凸体各个形变阶段过渡的临界点情况。微凸体由完全弹性形变过渡至弹塑性形变阶段所需的压缩位移为

$$\delta \geqslant \delta_{\mathrm{c}} = \left(\frac{\pi c Y}{2E'}\right)^2 R \tag{2-63}$$

而进入完全塑性形变阶段所需的临界压缩位移为

$$\delta \geqslant \delta_{\mathrm{p}} = \left[\left(\frac{E}{Y}\right)^{1.365} - 40\right] \exp(-4\nu) \delta_{\mathrm{c}} \tag{2-64}$$

即当压缩位移 δ 大于 δ_{c} 或 δ_{p} 时，微凸体分别进入弹塑性形变或完全塑性形变阶段。注意到，式中压缩位移 δ 和曲率半径 R 均为与微凸体截面积相关的函数，因此必然存在两个临界微凸体，使得其截面积大小恰好满足式（2-63）和式（2-64）的不等式关系。将式（2-59）和式（2-60）代入式（2-63）和式（2-64）得到

$$a_{\mathrm{c}} = \left[2^{\left(\frac{17-4D}{3}\right)} \pi^{\left(\frac{2D-4}{3}\right)} G^{(2D-4)} 10^{0.3D} \left(\frac{E'}{cY}\right)^2\right]^{\frac{3}{2D-4}} \tag{2-65}$$

$$a_{\mathrm{p}} = \left[2^{\left(\frac{17-4D}{3}\right)} \pi^{\left(\frac{2D-4}{3}\right)} G^{(2D-4)} 10^{0.3D} \left(\frac{E'}{cY}\right)^2 \frac{1}{\beta}\right]^{\frac{3}{2D-4}} \tag{2-66}$$

式中，a_{c} 为恰好产生塑性形变的微凸体临界截面积，单位为 m^2；a_{p} 为恰好进入完全塑性形变阶段的微凸体临界截面积，单位为 m^2；c 为与材料泊松比相关的系数，$c = 1.295\exp(0.736\nu)$；β 为与弹塑性材料属性相关的拟合系数，由下式给出：

$$\beta = \left[\left(\frac{E}{Y}\right)^{1.365} - 40\right] \exp(-4\nu) \tag{2-67}$$

由式（2-65）和式（2-66）推导过程中的不等式关系可知，当截面积 $a \geqslant a_c$ 时，微凸体处于完全弹性形变状态；当截面积 $a_p < a < a_c$ 时，微凸体处于弹塑性形变阶段；而当截面积 $a \leqslant a_p$ 时，微凸体进入完全塑性形变阶段。形象地说，即较大的微凸体在接触压缩时表现为弹性形变，而较小的微凸体表现出塑性形变特征，该结果与传统的基于统计参数的粗糙表面接触模型描述正好相反。产生该现象的原因可归结于式（2-60）所示的微凸体曲率半径随截面积大小的变化。与较大的微凸体相比，尽管小尺寸微凸体的压缩位移较小，但其曲率半径更小，即其外形轮廓更"尖"，如图 2-37 所示。由式（2-63）可知，微凸体开始产生塑性形变的临界压缩位移与其曲率半径成正比关系，综合来看小尺寸微凸体的压缩位移与临界值的比例较大，使其塑性形变的特征更为明显。更直观的，可令式（2-59）与式（2-63）相除并将式（2-60）代入得到

$$\frac{\delta}{\delta_c} = \left(\frac{a}{a_c}\right)^{\frac{4-2D}{3}} \tag{2-68}$$

注意到式（2-68）中分形维数 $2 < D < 3$，其指数值恒小于零，说明微凸体的归一化压缩位移与其截面积成反比例关系。因此，微凸体的截面尺寸越小，其归一化压缩位移越大，内部接触区域的塑性形变比例越大。相对的，在传统的基于统计参数的粗糙表面接触模型中通常假设所有微凸体的曲率半径相等，其产生塑性形变的临界压缩位移也完全一致，此时尺寸较大的微凸体因压缩位移较大而反映出更多的塑性形变特征。基于分形几何框架自然导出的以上结果更能反映粗糙表面接触形变的真实情况。另外，由图 2-37 也可注意到，较大的微凸体在加载过程中必然经历其轮廓上依附的小尺寸微凸体受压而完全塑性化的过程，这些小尺寸微凸体内部的塑性形变与大尺寸微凸体接触区域的材料体积相比可忽略不计，不影响较大微凸体的整体形变特征。

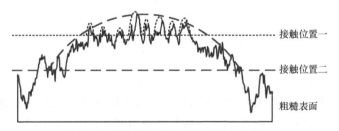

图 2-37　粗糙表面接触微凸体形状示意图

由上述分析可知，微凸体在接触过程中所处的的弹塑性形变阶段可根据其截面积大小判断。对处于弹塑性形变和完全塑性形变状态的接触微凸体，其接触面积和接触压力由 2.2.4 节获得的弹塑性形变经验公式给出：

$$A_{ep} = \frac{a}{2}\left(\frac{\delta}{\delta_c}\right)^{0.1(\nu+1)\exp\left(\frac{10Y}{E'}\right)} \tag{2-69}$$

$$A_p = 2\left[1 - (Y/E')^{0.16}\right]a \tag{2-70}$$

$$F_{ep} = F_c 10^{1.44\left[\log\left(\frac{\delta}{\delta_c}\right)\right]^{0.88}} \tag{2-71}$$

$$F_p = F_c \frac{E'}{Y}\exp(-2\nu)\left(\frac{\delta}{\delta_c}\right)^{0.5} \tag{2-72}$$

式中，δ_c 为微凸体产生塑性形变的临界压缩位移，单位为 m；F_c 为微凸体在临界压缩位移下的接触压力值，单位为 N；Y 为接触材料屈服强度，单位为 Pa；ν 为接触材料泊松比。

A_{ep} 和 A_p 分别表示微凸体在弹塑性形变和完全塑性形变情况下的真实接触面积，F_{ep} 和 F_p 则分别表示相应阶段的接触压力。临界压缩位移下的接触压力 F_c 写为

$$F_c = \frac{(\pi c Y)^3}{6}\left(\frac{R}{E'}\right)^2 \tag{2-73}$$

将曲率半径 R 表达式（2-60）代入式（2-73）得到

$$F_c = \frac{4cYa}{3\pi^2}\left(\frac{a}{a_c}\right)^{\frac{2D-4}{3}} \tag{2-74}$$

将式（2-68）和式（2-74）代入经验公式（2-69）~式（2-72）可以得到弹塑性形变和完全塑性形变情况下，单个微凸体接触面积和接触压力的计算式为

$$A_{ep} = \frac{a}{2}\left(\frac{a}{a_c}\right)^{\frac{2b(2-D)}{3}} \tag{2-75}$$

$$A_p = ka \tag{2-76}$$

$$F_{ep} = \frac{4cYa}{3\pi^2}\left(\frac{a}{a_c}\right)^{\frac{2D-4}{3}} \times 10^{1.44\left[\frac{(4-2D)}{3}\log\left(\frac{a}{a_c}\right)\right]^{0.88}} \tag{2-77}$$

$$F_p = \frac{4cE'a}{3\pi^2\exp(2\nu)}\left(\frac{a}{a_c}\right)^{\frac{D-2}{3}} \tag{2-78}$$

式中，b 和 k 均为与弹塑性材料属性相关的拟合系数，由下式给出：

$$b = 0.1(\nu+1)\exp\left(\frac{10Y}{E'}\right) \tag{2-79}$$

$$k = 2\left[1-(Y/E')^{0.16}\right] \tag{2-80}$$

根据以上单个微凸体弹塑性接触形变的计算式，如图 2-35 所示，只需简单地累加视在接触面内所有接触微凸体各自贡献的真实接触面积和接触压力，即可获得总体接触压力与接触面积的关系。视在接触面内微凸体的数量概率密度方程可根据其尺寸分布函数式（2-54）得出：

$$n(a) = -\frac{dN(a)}{da} = \frac{3D-5}{4a_L}\left(\frac{a_L}{a}\right)^{\frac{3D-1}{4}} \tag{2-81}$$

如此，截面积大小在 $a \sim a+da$ 区间范围内的微凸体数量可以求得为 $n(a)da$。由于分形几何带来的量纲问题，在以下的推导中将利用视在接触面积值 A_a 对所有变量进行归一化处理，并以星号标记归一化变量，面积、长度和力的归一化公式如下：

$$A^* = A/A_a \tag{2-82}$$

$$L^* = L/\sqrt{A_a} \tag{2-83}$$

$$F^* = F/E'A_a \tag{2-84}$$

若令最小接触微凸体的截面积为 a_s，并暂时假定微凸体截面积的上下限与弹塑性形变阶段的临界截面积之间服从 $a_s < a_p < a_c < a_L$ 的大小关系。则由上文可知，处于完全弹性形变状态的微凸体截面积在 $a_c \sim a_L$，因此完全弹性形变微凸体贡献的归一化接触面积可由下式

计算：

$$A_{et}^* = \int_{a_c^*}^{a_L^*} A_e(a^*) n(a^*) \mathrm{d}a^* = \frac{(3D-5)}{2(9-3D)} (a_L^*)^{\frac{3D-5}{4}} \left[(a_L^*)^{\frac{9-3D}{4}} - (a_c^*)^{\frac{9-3D}{4}} \right] \quad (2\text{-}85)$$

式中，$A_e(a^*)$ 函数由式（2-61）给出。同理可获得弹塑性形变和完全塑性形变微凸体贡献的归一化接触面积为

$$A_{ept}^* = \int_{a_p^*}^{a_c^*} A_{ep}(a^*) n(a^*) \mathrm{d}a^*$$

$$= \frac{3(3D-5)(a_L^*)^{\frac{3D-5}{4}}(a_c^*)^{\frac{2b(D-2)}{3}}}{2\left[27+16b-(8b+9)D \right]} \left[(a_c^*)^{\frac{27+16b-(8b+9)D}{12}} - (a_p^*)^{\frac{27+16b-(8b+9)D}{12}} \right] \quad (2\text{-}86)$$

$$A_{pt}^* = \int_{a_s^*}^{a_p^*} A_p(a^*) n(a^*) \mathrm{d}a^* = \frac{k(3D-5)}{(9-3D)} (a_L^*)^{\frac{3D-5}{4}} \left[(a_p^*)^{\frac{9-3D}{4}} - (a_s^*)^{\frac{9-3D}{4}} \right] \quad (2\text{-}87)$$

总真实接触面积可由式（2-85）~式（2-87）获得为

$$A_t^* = A_{et}^* + A_{ept}^* + A_{pt}^* \quad (2\text{-}88)$$

利用同样的积分方法，处于各形变阶段的微凸体归一化接触压力可分别计算如下：

$$F_{et}^* = \frac{1}{E'} \int_{a_c^*}^{a_L^*} F_e(a^*) n(a^*) \mathrm{d}a^*$$

$$= \frac{(3D-5) 2^{\left(\frac{29-4D}{6}\right)}}{(35-13D) \pi^{\left(\frac{33-4D}{12}\right)}} G^{*(D-2)} 10^{0.15D} (a_L^*)^{\frac{3D-5}{4}} \left[(a_L^*)^{\frac{35-13D}{12}} - (a_c^*)^{\frac{35-13D}{12}} \right] \quad (2\text{-}89)$$

$$F_{pt}^* = \frac{1}{E'} \int_{a_s^*}^{a_p^*} F_p(a^*) n(a^*) \mathrm{d}a^*$$

$$= \frac{(3D-5)}{(19-5D)} \frac{4c}{\pi^2 \exp(2\nu)} (a_L^*)^{\frac{3D-5}{4}} (a_c^*)^{\frac{2-D}{3}} \left[(a_p^*)^{\frac{19-5D}{12}} - (a_s^*)^{\frac{19-5D}{12}} \right] \quad (2\text{-}90)$$

$$F_{ept}^* = \frac{1}{E'} \int_{a_p^*}^{a_c^*} F_{ep}(a^*) n(a^*) \mathrm{d}a^* \quad (2\text{-}91)$$

其中，如式（2-77）所示的处于弹塑性形变状态的微凸体接触压力计算式为复杂超越方程形式，无法利用式（2-91）的积分运算直接给出其解析表达式，只能通过数值方法求解。根据式（2-89）~式（2-90），视在接触面内所有接触微凸体所承受的总接触压力为

$$F_t^* = F_{et}^* + F_{ept}^* + F_{pt}^* \quad (2\text{-}92)$$

由以上推导可见，粗糙表面的真实接触面积 A_t 和相应能承受的接触压力 F_t 主要受接触材料杨氏模量 E、泊松比 ν、粗糙形貌分形维数 D、分形粗糙度 G 以及最小和最大接触微凸体的截面积尺寸 a_s 和 a_L 的影响。在理想分形几何中，决定 a_s 大小的最小尺度分量即下截止长度 L_s 通常取为 0，但在实际粗糙表面上，a_s 的值必须合理地超过接触材料的原子晶格尺度。对于真实的多尺度粗糙形貌而言，其下截止长度通常处于 4~64 倍晶格长度之间[90]。

而 Y-K 接触模型将下截止长度取为 6 倍晶格长度[81]。基于该假设，在接触材料属性和粗糙形貌特征确定的情况下，式（2-88）和式（2-92）中的未知变量仅剩下最大接触微凸体的截面积 a_L。在接触问题中，外加接触压力通常为指定的已知量，因此 a_L 的值可以从式（2-92）中隐式地解出，将 a_L 的值代入式（2-88）即可解得当前接触压力下的真实接触面积。

必须注意到，式（2-85）~式（2-92）的推导是在 $a_s < a_p < a_c < a_L$ 的大小关系假设的前提下进行的。在接触材料属性和粗糙形貌特征确定的情况下，由式（2-65）和式（2-66）可知微凸体弹塑性形变阶段转换的临界截面积 a_p 和 a_c 均为确定的值，并且一定服从 $a_p < a_c$，但 a_s 和 a_L 与临界截面积的相对大小关系却并不固定。在接触载荷极小或材料与形貌参数特定组合的极端情况下，可能出现最大微凸体截面积 $a_L < a_p$ 的情况，此时粗糙表面上仅有少数极小尺寸的微凸体发生了接触，微凸体全部处于完全塑性形变状态。而在另一个相反的极端下，计算得到的 a_c 可能小于 a_s，此时接触微凸体将全部处于完全弹性形变状态。a_s 和 a_L 与临界截面积的相对大小关系总共有六种不同的组合，在这些情况下式（2-85）~式（2-92）的积分式上下限必须相应地替换为正确的量，本书不再给出其具体的解析表达式。

4. 考虑尺度效应的接触电阻描述

微凸体的压缩形变承载了粗糙接触面之间的外加载荷，同时也形成了两个接触面之间的电流通路。这些接触斑点的总面积通常只占视在接触面积的很小一部分比例。导体内部的电流矢量在经过接触界面间的接触斑点时会发生颈缩现象从而受到限制，如图 2-38a 所示，宏观的反映即为接触界面之间的接触电阻。Holm 给出了单个接触斑点收缩电阻的解析表达式[3]，即

$$R_H = \frac{\rho_1 + \rho_2}{4r_t} \tag{2-93}$$

式中，ρ_1、ρ_2 为两个接触导体的电阻率，单位为 $\Omega \cdot m$；r_t 为接触斑点半径，单位为 m。

注意到式（2-93）是在接触导体的电导恒定且连续的假设下由经典麦克斯韦电磁方程解出的，只适用于接触斑点尺寸远大于电子平均自由行程的"宏观"情况。实验研究已经发现[91]，在纳米尺度的接触或狭长导体中，电导的具体表现与连续介质中有很大的不同。特别的，当纳米级接触的尺寸小于导体内电子平均自由行程时，按照经典的欧姆电阻理论，电子穿过接触时不会与导体原子碰撞而发生散射，此时的电导应为无穷大，而实验观测结果并非如此。

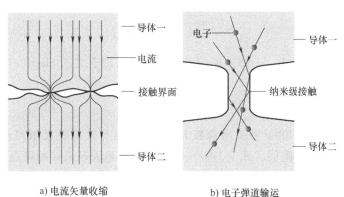

a) 电流矢量收缩　　　　　　b) 电子弹道输运

图 2-38　接触电阻产生机理示意图

当前主流观点认为[92]，在该类纳米级接触中，电阻的产生机理由大量自由电子存在时的电子云扩散机理（diffusive mechanism）主导转变为了由电子弹道输运机理（ballistic mechanism）主导，如图 2-38b 所示。此时，自由电子在穿过狭长导体通道时会与导体边界发生碰撞从而剧烈散射，部分电子甚至发生了反射现象，从而产生了电阻的宏观表现。两种电导机理的转换临界可由克努森数 K（Knudsen number）大致判断，即

$$K = \frac{\lambda}{r_t} \tag{2-94}$$

式中，λ 为导体内部电子平均自由行程，单位为 m。

当 $K \ll 1$ 时，接触电阻的产生由扩散机理主导，而当 $K \gg 1$ 时，由弹道输运机理主导。根据泡利不相容原理，在弹道输运机理主导时只有少数占据一定子能带的自由电子才能通过纳米级收缩，接触电导出现量子化效应。Landauer 给出了弹道输运机理主导下单个接触斑点的量子化电导表达式[93]，即

$$G_q = G_0 N \tag{2-95}$$

式中，G_0 为单位量子电导；N 为符合条件的子能带数目。

单位量子电导 G_0 由下式给出：

$$G_0 = \frac{2e^2}{h} \tag{2-96}$$

式中，e 为电子电荷量，单位为 C；h 为普朗克常数。

三维半空间自由电子云中圆形收缩斑点的子能带数 N 简化解析式由 Torres 给出[94]：

$$N = \left[\frac{\pi A}{\lambda_F^2} - \frac{\pi r_t}{2\lambda_F} \right] \tag{2-97}$$

式中，A 为收缩斑点面积，单位为 m^2，$A = \pi r_t^2$；λ_F 为自由电子的费米波长，单位为 m，即自由电子在费米面附近的德布罗意波长，写为

$$\lambda_F = \frac{h}{m_e v_F} \tag{2-98}$$

式中，m_e 为电子质量，单位为 kg；v_F 为自由电子的费米速率，单位为 m/s。

将式（2-96）和式（2-97）代入式（2-95）得到

$$G_q = \frac{2e^2}{h} \left[\frac{\pi A}{\lambda_F^2} - \frac{\pi r_t}{2\lambda_F} \right] \tag{2-99}$$

Sharvin 同样也给出了式（2-95）的等效连续函数，即著名的 Sharvin 电阻公式[95]：

$$R_S = \frac{2\lambda(\rho_1 + \rho_2)}{3A} \tag{2-100}$$

式（2-99）或式（2-100）在克努森数 $K \gg 1$ 时均能有效反映接触斑点处由于自由电子弹道输运机理导致的高电阻值，式（2-99）能更为准确地表现出接触斑点半径极小的情况下由量子效应导致的电导阶梯式变化，但考虑到实际接触材料的量子参数如自由电子的费米速率等准确值较难获取，本书采用了 Sharvin 电阻公式描述。如此，式（2-93）所示的 Holm 电阻公式和式（2-100）所示的 Sharvin 电阻公式分别给出了极大尺寸和极小尺寸接触斑点的两

种极端情况下接触电阻的解析表达。为了建立能涵盖纳米尺度效应的接触电阻统一表达式，本书引入 Wexler 提供的插值函数[96]：

$$R_t = R_s \left[1 + \frac{3\pi}{8K} \Gamma(K) \right] \tag{2-101}$$

式中，$\Gamma(K)$ 函数的值在克努森数 $K = 0$ 时为 1，当 K 趋近于正无穷时 $\Gamma(K) = 0.694$。Jackson 给出了 $\Gamma(K)$ 函数的具体表达式[97]：

$$\Gamma(K) = \frac{9\pi^2}{128} + \left[1 - \frac{9\pi^2}{128} \right] \mathrm{erfc} \left[\left(\frac{8K}{3\pi} \right)^{1/\sqrt{3}} \right] \tag{2-102}$$

式中，erfc 表示余补误差函数，其定义为

$$\mathrm{erfc}(x) = \frac{2}{\sqrt{\pi}} \int_x^\infty \mathrm{e}^{-\eta^2} \mathrm{d}\eta \tag{2-103}$$

通过式（2-101）所示的考虑尺度效应的统一接触电阻表达式，即可计算任意尺寸的接触斑点处的准确接触电阻值。表 2-6 示出了常见的金属单质电学材料计算考虑尺度效应的接触电阻所需的电学材料参数[98]。

表 2-6 常见金属单质的电学材料参数（室温）

材料	电阻率 $\rho / \Omega \cdot \mathrm{m}$	电子平均自由行程 λ / m	电子费米速率 $v_F / \mathrm{m \cdot s^{-1}}$
铝 Al	2.74×10^{-8}	1.4×10^{-8}	2.02×10^6
铜 Cu	1.70×10^{-8}	3.7×10^{-8}	1.57×10^6
锌 Zn	5.92×10^{-8}	0.8×10^{-8}	1.82×10^6
银 Ag	1.61×10^{-8}	5.2×10^{-8}	1.39×10^6
锡 Sn	11.0×10^{-8}	0.4×10^{-8}	1.88×10^6
金 Au	2.20×10^{-8}	3.8×10^{-8}	1.39×10^6

利用表 2-6 中提供的单质金 Au 的电学材料参数，图 2-39 更加直观地展示了以上各电阻公式在不同尺度接触斑点下的计算结果区别。可见，与 Sharvin 电阻公式相比，Holm 电阻公式在接触斑点尺寸较大，即克努森数 K 较小时计算得到了较大的接触电阻值，这是因为 Holm 电阻公式正确地考虑了自由电子在穿过较大接触斑点时与原子核碰撞发生的散射作用。在 $K = 0.01$，即斑点半径大于电子平均自由行程 100 倍时，Holm 电阻即高于了 Sharvin 电阻两个数量级以上，在更大尺度的接触斑点中该差距继续拉大。而在接触斑点尺寸较小时，相反地，Sharvin 电阻公式计算得到了更高的电阻值，说明其能正确地反映弹道输运机理下，电子与接触斑点处的狭小收缩边界的剧烈碰撞与反射。在斑点半径为电子平均自由程的百分之一时，Sharvin 电阻高于 Holm 电阻两个数量级。二者的交点约在 $K = 1$ 附近。与 Sharvin 电阻公式相比，由式（2-99）计算得到的量子电导在 $K = 100$ 附近呈现出阶梯状，此时总接触电导值已经接近式（2-96）所示的单位量子电导值。而在 $K < 40$ 的更大范围内，两式的计算结果几乎完全相等。式（2-93）、式（2-100）及式（2-101）均仅在其自身的适用范围内提供准确的计算结果，超过各自的适用范围后对于接触电阻的估计误差巨大，而式（2-101）建立起了大小尺度下不同电子输运机理的联系。由图 2-39 可见，式（2-101）在 $K = 1$ 附近提供了由 Holm 电阻至 Sharvin 电阻的自然过渡，该两种接触电阻分别为式（2-101）在 $K \ll 1$ 和 $K \gg 1$ 时的渐进极限。

根据以上对单个接触斑点接触电阻的数学描述，结合粗糙表面微凸体接触模型，只需累加每一个接触微凸体处的接触电导，即可获得整个视在接触面上的总接触电导。由于单个接触斑点接触电阻的完备表达式（2-101）过于复杂，只能利用数值方法求解，本书以 Holm 和 Sharvin 电阻公式为示例，分别推导仅考虑电子云扩散机理或电子弹道输运机理的粗糙表面电接触数学模型。将式（2-61）、式（2-75）和式（2-76）代入式（2-93），并利用关系 $A = \pi r_t^2$ 可以得到三种形变状态下单个微凸体 Holm 接触电导的计算式：

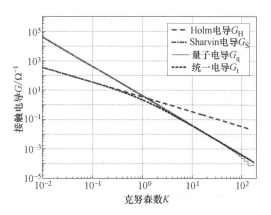

图 2-39　金 Au 导体中接触电导随接触斑点尺寸的变化

$$G_{He} = \frac{2\sqrt{2}}{\rho_1 + \rho_2}\sqrt{\frac{a}{\pi}} \qquad (2\text{-}104)$$

$$G_{Hep} = \frac{2}{(\rho_1 + \rho_2)}\sqrt{\frac{2}{\pi}}\,(a_c)^{\frac{b(D-2)}{3}}\,(a)^{\frac{3+4b-2bD}{6}} \qquad (2\text{-}105)$$

$$G_{Hp} = \frac{4}{\rho_1 + \rho_2}\sqrt{\frac{ka}{\pi}} \qquad (2\text{-}106)$$

同样地假定视在接触面上微凸体截面积的上下限与弹塑性形变阶段的临界截面积之间服从 $a_s < a_p < a_c < a_L$ 的大小关系，使用如下关系式对电导进行归一化处理：

$$G_H^* = G_H \frac{\rho_1 + \rho_2}{\sqrt{A_a}} \qquad (2\text{-}107)$$

利用微凸体的数量概率密度方程可获得处于各形变状态下的微凸体贡献的接触电导为

$$
\begin{aligned}
G_{Het}^* &= (\rho_1 + \rho_2)\int_{a_c^*}^{a_L^*} G_{He}(a^*)\,n(a^*)\,\mathrm{d}a^* \\
&= \frac{2\sqrt{2}\,(3D-5)}{\sqrt{\pi}\,(7-3D)}(a_L^*)^{\frac{3D-5}{4}}\left[\,(a_L^*)^{\frac{7-3D}{4}} - (a_c^*)^{\frac{7-3D}{4}}\,\right]
\end{aligned}
\qquad (2\text{-}108)
$$

$$
\begin{aligned}
G_{Hept}^* &= (\rho_1 + \rho_2)\int_{a_p^*}^{a_c^*} G_{Hep}(a^*)\,n(a^*)\,\mathrm{d}a^* \\
&= \frac{6\sqrt{2}\,(3D-5)\,(a_L^*)^{\frac{3D-5}{4}}(a_c^*)^{\frac{b(D-2)}{3}}}{\sqrt{\pi}\,[\,21+8b-(4b+9)D\,]}\left[\,(a_c^*)^{\frac{21+8b-(4b+9)D}{12}} - (a_p^*)^{\frac{21+8b-(4b+9)D}{12}}\,\right]
\end{aligned}
\qquad (2\text{-}109)
$$

$$
\begin{aligned}
G_{Hpt}^* &= (\rho_1 + \rho_2)\int_{a_s^*}^{a_p^*} G_{Hp}(a^*)\,n(a^*)\,\mathrm{d}a^* \\
&= \frac{4\sqrt{k}\,(3D-5)}{\sqrt{\pi}\,(7-3D)}(a_L^*)^{\frac{3D-5}{4}}\left[\,(a_p^*)^{\frac{7-3D}{4}} - (a_s^*)^{\frac{7-3D}{4}}\,\right]
\end{aligned}
\qquad (2\text{-}110)
$$

视在接触面上的总 Holm 接触电导可计算为

$$G_{\text{Ht}}^{*}=G_{\text{Het}}^{*}+G_{\text{Hept}}^{*}+G_{\text{Hpt}}^{*} \tag{2-111}$$

在某一特定的外加接触压力情况下，由式（2-92）中可以解得最大接触微凸体的截面积 a_{L}，将其代入式（2-108）~式（2-110）即可获得当前的总 Holm 接触电导。式（2-111）可用于估计常规机电设备中的接触电阻情况，其中粗糙接触表面的均方根粗糙度通常在微米量级，而接触力通常为数牛至数千牛。此时，虽然也有原子尺度的微凸体参与接触，但这些小尺寸接触斑点对总接触电导的贡献很小，可全部利用 Holm 电阻公式粗略估计。而与此相对的，在精密仪器、半导体芯片和 MEMS 等类似的器件中，电接触表面的粗糙度通常在纳米量级，接触力也减小至微牛至纳牛数量级，此时参与导电的接触斑点绝大部分处于与电子平均自由行程相当的尺度，其接触电阻需利用 Sharvin 电阻公式估计。将式（2-61）、式（2-75）和式（2-76）代入式（2-100）可获得三种形变状态下单个微凸体的 Sharvin 接触电导计算式：

$$G_{\text{Se}}=\frac{3a}{4\lambda(\rho_1+\rho_2)} \tag{2-112}$$

$$G_{\text{Sep}}=\frac{3}{4\lambda(\rho_1+\rho_2)}(a_{\text{c}})^{\frac{2b(D-2)}{3}}(a)^{\frac{3+4b-2bD}{3}} \tag{2-113}$$

$$G_{\text{Sp}}=\frac{3ka}{2\lambda(\rho_1+\rho_2)} \tag{2-114}$$

使用视在接触面积值 A_{a} 对式中电子平均自由行程 λ 进行归一化处理得

$$\lambda^{*}=\lambda/\sqrt{A_{\text{a}}} \tag{2-115}$$

则各形变状态下的微凸体贡献的归一化接触电导可计算为

$$\begin{aligned}G_{\text{Set}}^{*}&=(\rho_1+\rho_2)\int_{a_{\text{c}}^{*}}^{a_{\text{L}}^{*}}G_{\text{Se}}(a^{*})n(a^{*})\mathrm{d}a^{*}\\&=\frac{3(3D-5)}{4\lambda^{*}(9-3D)}(a_{\text{L}}^{*})^{\frac{3D-5}{4}}\left[(a_{\text{L}}^{*})^{\frac{9-3D}{4}}-(a_{\text{c}}^{*})^{\frac{9-3D}{4}}\right]\end{aligned} \tag{2-116}$$

$$\begin{aligned}G_{\text{Sept}}^{*}&=(\rho_1+\rho_2)\int_{a_{\text{p}}^{*}}^{a_{\text{c}}^{*}}G_{\text{Sep}}(a^{*})n(a^{*})\mathrm{d}a^{*}\\&=\frac{9(3D-5)(a_{\text{L}}^{*})^{\frac{3D-5}{4}}(a_{\text{c}}^{*})^{\frac{2b(D-2)}{3}}}{4\lambda^{*}[27+16b-(8b+9)D]}\left[(a_{\text{c}}^{*})^{\frac{27+16b-(8b+9)D}{12}}-(a_{\text{p}}^{*})^{\frac{27+16b-(8b+9)D}{12}}\right]\end{aligned} \tag{2-117}$$

$$\begin{aligned}G_{\text{Spt}}^{*}&=(\rho_1+\rho_2)\int_{a_{\text{s}}^{*}}^{a_{\text{p}}^{*}}G_{\text{Sp}}(a^{*})n(a^{*})\mathrm{d}a^{*}\\&=\frac{3k(3D-5)}{2\lambda^{*}(9-3D)}(a_{\text{L}}^{*})^{\frac{3D-5}{4}}\left[(a_{\text{p}}^{*})^{\frac{9-3D}{4}}-(a_{\text{s}}^{*})^{\frac{9-3D}{4}}\right]\end{aligned} \tag{2-118}$$

则视在接触面上的总 Sharvin 接触电导可计算为

$$G_{\text{St}}^{*}=G_{\text{Set}}^{*}+G_{\text{Sept}}^{*}+G_{\text{Spt}}^{*} \tag{2-119}$$

注意到，以上关于总接触电导的积分运算中，同样需要视 a_{s} 和 a_{L} 与临界截面积的相对大小关系相应地调整积分式中的上下限。更为准确的接触电阻值可以通过类似的积分过程，基于考虑尺度效应的接触电阻统一表达式（2-101），利用数值方法计算获得。值得指出的是，本章导出的粗糙表面弹塑性接触模型可以作为接触问题的研究基础。若进一步耦合其他物理方程，还可以获得如接触刚度、滑动摩擦磨损、热传导等一系列接触现象相关问题的数学模型，而电接触问题只是其适用领域之一。

2.3.2 电接触影响因素的分析

利用所建立的考虑尺度效应的粗糙表面弹塑性电接触模型，可以具体考察各关键参数对实际电接触情况的影响。从粗糙形貌参数和接触材料属性等两个方面定性地给出了电接触的主要影响因素分析。如无特别说明，本节的计算均在 $1000\mu m \times 1000\mu m$ 视在接触面上进行，接触面的材料属性均取最为常规的数值：杨氏模量和屈服强度的比例 $E/Y = 200$，泊松比 $\nu = 0.3$，电子平均自由行程 $\lambda = 0.03\mu m$。

1. 粗糙形貌参数的影响

图 2-40 给出了分形维数 $D = 2.5$，分形粗糙度 G 分别取 $10^{-8} \sim 10^{-11}$ m 时，以式（2-101）计算得到的统一接触电导随接触压力的变化。为便于清晰对比，计算结果以归一化的形式绘制于对数坐标系中，且接触电阻值以电导的形式给出。图中归一化接触压力的计算范围为 $1\times10^{-6} \sim 4\times10^{-4}$，若进一步假设材料杨氏模量 $E = 100$GPa，则可以换算得到其实际的接触压力值为 $0.1 \sim 40$N，对应工程中较为常见的接触压力情况。

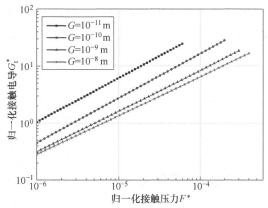

图 2-40　不同分形粗糙度接触电导随接触压力的变化（$D = 2.5$）

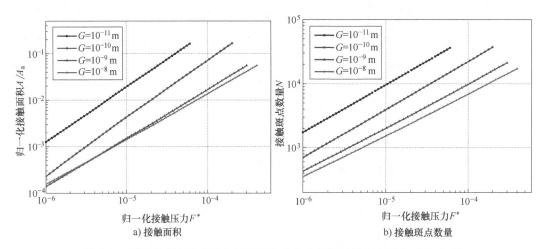

a) 接触面积　　　　　　　　b) 接触斑点数量

图 2-41　不同分形粗糙度接触面积和斑点数量随接触压力的变化（$D = 2.5$）

由图中可以看到，在每一组确定的形貌参数下，接触电导均以某种幂函数规律随着接触压力的增大而增大。而在同样的接触压力情况下，分形粗糙度 G 越大，接触电导越小。分形粗糙度 G 是描述分形表面高度方向尺度的比例系数，在分形维数固定不变的情况下，分形粗糙度越大对应表面越粗糙。而由式（2-59）可以看出，对于某一截面积固定的微凸体而言，分形粗糙度越大其高度值越大，相应的曲率半径越小，换句话说即表面微凸体的整体形状更"尖"。更直观地，可由式（2-3）计算得到在以上参数条件下分形粗糙度 $G = 10^{-8} \sim$

$10^{-11}\mathrm{m}$ 对应的表面均方根粗糙度 R_q 分别为 12.3、1.23、0.123 和 0.0123μm。易知，在同样的接触压力下，更粗糙的表面产生的真实接触面积更小，因此表现出更小的接触电导。该猜想可以从真实接触面积和接触斑点数量的计算结果中得到印证，如图 2-41 所示。可以看到，真实接触面积和接触斑点数量均有着与接触电导类似的变化规律，在更小的分形粗糙度情况下，接触斑点数量更多，真实接触面积更大，从而相应导致了更大的接触电导。在某一固定的接触压力下，$G=10^{-11}\mathrm{m}$ 时的接触斑点数量高于 $G=10^{-8}\mathrm{m}$ 时约一个数量级之多。

除此之外，图 2-40 和图 2-41 中还有两个现象值得注意：

1）图中各结果变量与接触压力之间均呈幂函数关系，且其指数值与分形参数相关。当接触压力值进一步减小时，可以看到各参数下计算结果的变化曲线有相交的趋势，事实上，当接触压力 $F^*<4\times10^{-6}$ 时，$G=10^{-8}\mathrm{m}$ 下的真实接触面积值已经超过了 $G=10^{-9}\mathrm{m}$ 时的计算结果。也就是说，在相对于表面粗糙度而言，极小的接触压力下，真实的电接触情况与以上分析得到的结论相反。在这种情况下发生接触的微凸体均为尺度极小的表面毛刺，且接触微凸体总数量也在个位数量级，如图 2-41b 所示。此时，更大的分形粗糙度 G 对应的更"尖"的微凸体反而更容易被极小的接触压力压缩，发生完全塑性形变从而产生一定的真实接触面积，因此出现了与前述分析结论不符的现象。该现象不能代表常规接触压力情况下的普遍规律，因此一般来说将归一化接触面积 $A/A_a<1\times10^{-4}$ 时的计算结果视为不可靠结果。

2）由图 2-41a 可见，在归一化接触压力 $F^*<1\times10^{-5}$ 的范围内，分形粗糙度 $G=10^{-8}\mathrm{m}$ 和 $G=10^{-9}\mathrm{m}$ 时计算得到的真实接触面积相近，但 $G=10^{-9}\mathrm{m}$ 时的接触电导却始终明显高于 $G=10^{-8}\mathrm{m}$ 时的计算结果，该现象可由接触斑点数量对比解释。由 Holm 接触电阻计算公式（2-93）简单地计算可知，在总接触面积相等的情况下，接触斑点数量越多接触电导越大。而图 2-41b 指出，$G=10^{-9}\mathrm{m}$ 时的接触斑点数量高于 $G=10^{-8}\mathrm{m}$，因此导致了该情况下较大的接触电导。工程实际中为了简化电接触问题的计算，通常将接触面之间的若干导电斑点等效为一个面积相等的接触斑点。而本节中的数学模型表明实际的接触斑点数量普遍在 $10^3\sim10^4$ 数量级，若不计表面膜电阻之类的复杂因素影响，可以推知该简化方法会可观地高估实际接触电阻值。

分形维数 D 对粗糙表面形貌的影响相对较为单一，它主要表征粗糙形貌中高频和低频分量起伏波动的相对比例。D 较小时粗糙表面形貌主要由尺度较大的低频波动分量主导，而相对的 D 较大时表面形貌中会出现大量小尺度的高频分量特征，如图 2-2 所示。图 2-42a 示出了分形粗糙度 $G=10^{-8}\mathrm{m}$，分形维数 D 分别取 2.4~2.7 时计算得到的统一接触电导随接触压力的变化，可以看到，在相同的接触压力下接触电导随着分形维数的增加而迅速上升，并且接触压力越大各分形维数下的接触电导差距越大。在归一化接触压力 $F^*=4\times10^{-4}$，也即实际接触压力数十牛的情况下，分形维数 $D=2.4$ 的粗糙表面接触电导低于 $D=2.7$ 时一个数量级。其根本原因即不同分形维数导致的表面接触斑点数量不同，如图 2-42b 所示。在分形维数 $D=2.4$ 的情况下，接触斑点数量随着接触压力的上升在 $10^2\sim10^3$ 范围内变化，而 $D=2.7$ 时接触斑点数量最高达到了 10^5 数量级。小尺寸接触斑点数量的大量增加不仅使得总真实接触面积增大，同时也使得其并联电阻降低，如上文分析所述。有趣的是，若对图 2-42a 中接触电导随接触压力的变化曲线进行简单的幂函数拟合，可以发现其指数值随着分形维数 D 由 2.4 增大至 2.7 从 0.57~0.88 变化，而工程实际中等效接触斑点的半径通常由 Holm 给出的公式估算[3]：

$$r = \sqrt{\frac{F}{\pi \xi H}} \qquad (2\text{-}120)$$

式中，ξ 为接触情况经验系数，通常取 0.3~0.6 之间的值。若将该式代入式（2-93）将总接触面积等效为单个接触斑点，可知接触电导随接触压力变化的指数值为 0.5。本书数学模型计算得到的指数值更大，说明在相同的接触压力情况下接触电导更大，该指数值的不同可以视为多接触斑点并联效果的具体体现之一。

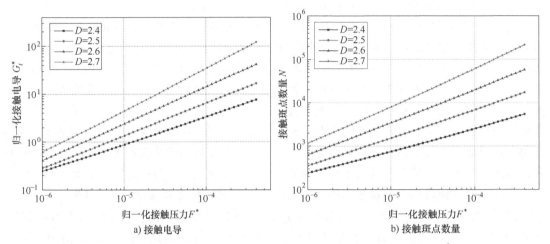

a) 接触电导   b) 接触斑点数量

图 2-42 不同分形维数接触电导和斑点数量随接触压力的变化（$G = 10^{-8}$ m）

2. 接触材料属性的影响

直接影响电接触情况的接触材料属性主要可分为力学参数和电学参数两部分。其中，力学材料参数杨氏模量 E、屈服强度 Y 和泊松比 ν，参与改变粗糙表面接触微凸体的弹塑性接触形变特性。具体而言，微凸体在弹塑性形变阶段和完全塑性形变阶段的真实接触面积大小受以上三个参量的影响，而形变后产生的接触压力值更是在所有形变阶段均由这些力学参数决定。力学材料参数与微凸体接触形变特性密切而复杂的关系使其以系数的形式渗透进了电接触数学模型的每一个角落，很难从中直观地了解这些参数对粗糙表面接触电导大小的实际作用。本节取接触表面粗糙形貌分形维数 $D = 2.5$，分形粗糙度 $G = 10^{-8}$ m，通过模型计算分析材料参数对于接触电导的影响规律。

图 2-43a 给出了泊松比 $\nu = 0.3$，杨氏模量与屈服强度之比 E/Y 分别取 100~800 时计算得到的接触电导随接触压力的变化。可以清楚地看到，E/Y 的值对于接触电导与接触压力之间幂函数关系的指数值影响较小，各不同的 E/Y 情况下计算得到的接触电导曲线几乎平行。而在某一固定的接触压力下，接触电导值随着 E/Y 的增大而增大。E/Y 的值越大意味着材料越"软"，在相同的接触压力作用下材料内部塑性形变区域扩展更快，塑性形变材料受弹性收缩材料的挤压作用越明显。微凸体内部的塑性形变越完全，其真实接触面积与相应截面积的比例越大。因此对于某一形状确定的微凸体而言，E/Y 较大时其提供的真实接触面积更大。而从平均接触压强的角度考虑，由图 2-29b 结合式（2-47）可知，微凸体在塑性形变阶段的接触压强受屈服强度 Y 的影响。E/Y 较大即对应屈服强度 Y 较小的接触材料，其表面微凸体在弹塑性形变和完全塑性形变阶段的平均接触压强较低。在同样的总外加接触载荷下，需要更多的微凸体参与接触形变以提供支撑。两部分因素共同作用使得 E/Y 较大的情况下

真实接触面积更大，如图 2-43b 所示，$E/Y = 800$ 时计算得到的真实接触面积结果在整个计算的接触压力范围内均大于 $E/Y = 100$ 时约一个数量级，从而不难理解它们之间接触电导的差别。

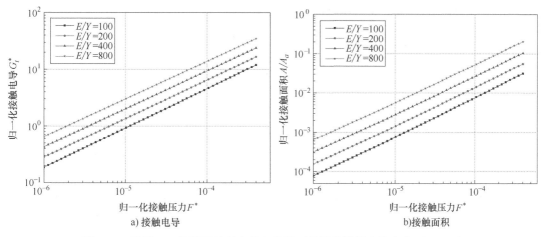

a) 接触电导　　　　　　　　　　　b) 接触面积

图 2-43　不同 E/Y 情况下接触电导和接触面积随接触压力的变化（$\nu = 0.3$）

图 2-44 所示为 E/Y 固定为 200 时计算得到的不同泊松比对于粗糙表面接触电导随接触压力的变化。与杨氏模量和屈服强度的比值 E/Y 相比，泊松比对于接触电导的影响很小，各不同泊松比情况下的接触电导基本处于同一数量级，归一化接触压力 $F^* = 4 \times 10^{-4}$ 时，泊松比 $\nu = 0.1$ 和 $\nu = 0.4$ 时的接触电导值相差约 6%。而在本节所确定的参数组合情况下，可见接触电导值随着泊松比的增大而减小。必须指出的是，该规律并不代表不同参数组合下的普遍情况，其原因可见图 2-30b，泊松比对于微凸体接触表面平均压强的影响在各个形变阶段具有不同的表现，具体而言，在完全弹性形变阶段以及弹塑性形变的起始阶段，微凸体平均接触压强随着泊松比的增大而增大，但在弹塑性形变阶段的后续部分以及完全塑性形变阶段，该规律则完全相反。结合粗糙表面微凸体的尺寸分布的实际情况，泊松比对于接触电导的影响规律极其复杂，无法给出统一的定性描述。但总体而言，不同泊松比情况下接触电导的数值差异小于 10%。

由本节中各式可知，接触材料的电阻率 ρ 和电子平均自由行程 λ 等电学材料参数与粗糙表面接触电导之间均呈简单的线性关系，本书不再一一给出具体计算。特别的，电子平均自由行程 λ 仅影响电子弹道输运机理主导下的 Sharvin 电导值，对比式（2-85）~ 式（2-87）和式（2-116）~式（2-118）可以注意到，粗糙接触表面的总真实接触面积和总 Sharvin 电阻存在与单个接触斑点的 Sharvin 电阻计算式（2-100）同样的函数关系。工程实际中，在微机电器件等以电子弹道输运机理为主导的接触

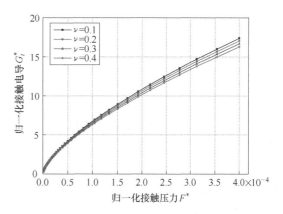

图 2-44　不同泊松比接触电导随接触压力的变化（$E/Y = 200$）

情况下，只需简单地测量接触电阻值，便可利用式（2-100）方便地估计表面的真实接触情况，而与表面形貌参数、接触材料属性和外加接触压力等其他因素无关。

另外，利用本文建立的电接触数学模型还可获得视在接触面上处于各个弹塑性形变状态的微凸体分别贡献的真实接触面积情况。图 2-45 所示为 E/Y 分别取 100 和 800 时根据式（2-85）～式（2-87）计算得到的各形变状态接触面积分量，均以其与总真实接触面积 A_t 的百分比形式给出。可以看到，在本节所选定的参数组合下，接触微凸体全部处于弹塑性形变和完全塑性形变状态，其中弹塑性形变微凸体所贡献的真实接触面积处于主导地位，占 60%～95%。随着接触压力的增大，弹塑性形变接触面积的比例逐渐上升，而完全塑性形变接触面积比例相应地下降，说明此时更多较大尺度的微凸体逐渐参与到接触形变中来。而对比两种不同的 E/Y

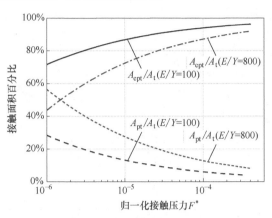

图 2-45　不同 E/Y 情况下各形变状态微凸体贡献的接触面积百分比随接触压力的变化（$\nu = 0.3$）

参数下的结果可见，$E/Y = 800$ 时完全塑性形变接触面积所占的比例有了显著的提高，更大范围的接触区域发生了永久的塑性接触形变，这与前述结论相符。对于粗糙接触面在各种不同的参数组合下弹塑性形变比例的量化分析，有助于工程实际接触问题中接触压力的优化设计。通过对更多不同形貌参数和材料参数组合进行计算，发现绝大部分情况下总真实接触面积均主要由处于弹塑性形变状态的接触微凸体提供。处于完全塑性形变状态的微凸体数量虽多，但其相对尺寸很小，实际产生的总接触面积不大。而完全弹性形变状态的限制条件非常苛刻，在真实的粗糙表面接触中处于该形变状态的接触微凸体数量极少。

2.3.3　电接触模型的实验验证

为了验证所导出的电接触数学模型的实际效果，利用搭建的压力-接触电阻测试平台测量了粗糙表面实验样品之间的接触电阻随接触压力的变化情况，并与数学模型的计算结果进行了对比。

1. 测试平台与实验样品

实验测试平台主要由压力试验机、实验电源和测量仪器组成，如图 2-46a 所示。电接触实验样品固定于压力试验机的上下工装之间，由一台东菱 60DNMA1 伺服电机控制样品之间垂直方向的压缩位移量，其位移控制精度为 0.001mm。紧连上工装台的世铨 LPS100 力传感器用于测量实验样品间的法向接触压力，并反馈伺服电机形成闭环控制。接触压力的测量范围为 0.001～100N，示值误差小于 0.5%。流过实验样品的 2A 直流稳恒电流由兆信 PS-3005D 直流稳压稳流源提供，在电流回路中设有 0.2Ω 精密采样电阻，利用 Fluke2638A 数据采集器实时测量采样电阻上的电压以获得准确的输出电流值。数据采集器同时负责采样实验样品之间的接触压降，其采样频率设置为 10Hz，在 1V 量程下，其差分电压分辨精度为 1μV，而测量的相对误差不超过 0.0018%。图 2-46b 所示为接触电阻测试平台的实物图。

实验样品设计为 30mm×30mm 方形片状，在每一对样品的其中一片中心位置加工有直径

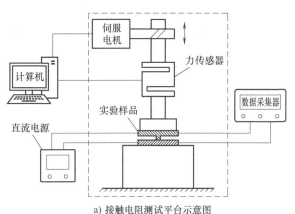
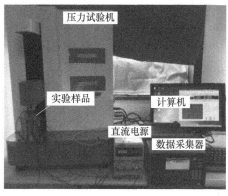

a) 接触电阻测试平台示意图　　　　　　　b) 接触电阻测试平台实物图

图 2-46　压力-接触电阻实验测试平台

ϕ2mm 圆柱形凸台，如图 2-47a 所示，当样品相对接触时其视在接触面积 A_a 可取为约 3.14mm^2。在样品接触中心位置的背面开有小孔，用于安装接触压降的测量线，而实验电流从样品的四角均匀引入。实验样品材料的选取需遵循两个原则：①金属活性较小，表面不易生成致密的氧化膜；②电阻率较大，方便接触电阻的测量。本书加工了 HPb59-1 铅黄铜和 QSn10 锡青铜等两种容易获取的铜基合金材料实验样品各一对。在进行电接触实验之前，首先使用 2000 目金相细砂纸小心打磨样品接触表面，然后经过以下三个表面清洁步骤：①在 99%工业纯丙酮浸泡下，使用超声清洗机清洗 5min，除去接触表面油类污渍；②使用同样的清洗手段，以工业纯酒精浸泡清洗，除去接触表面剩余有机物；③使用 2mol/L 稀盐酸溶液（约 7%）浸润接触表面，除去表面氧化膜成分，用聚酯纤维无尘布擦拭干燥。

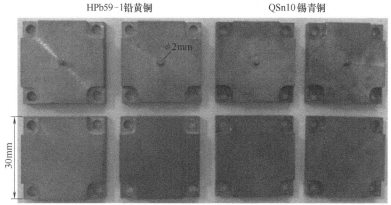

a) 电接触实验样品

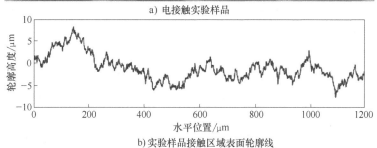

b) 实验样品接触区域表面轮廓线

图 2-47　电接触实验样品及其接触表面形貌

由于表面形貌的光学测量手段观测尺寸范围过小，为了获得平方毫米量级视在接触面上的整体特征形貌，采用了 Ambios XP-2 探针式台阶显微检测仪获取实验样品接触表面的粗糙形貌轮廓。该台阶仪水平采样间隔为100nm，最大水平测量范围为4mm，在100μm垂直高度量程下其垂直采样精度为1nm。利用该仪器从横纵两个方向测量实验样品接触表面的粗糙轮廓线各5条，用于获取表面形貌的特征分形参数，图2-47b所示为其中一条粗糙轮廓线测量结果。表2-7给出了选定的两种实验样品的接触材料属性以及通过台阶仪观测获得的样品粗糙表面特征形貌参数。

表2-7　电接触实验样品的接触材料属性和粗糙表面特征形貌参数

样品材料	形貌参数		材料属性			
	分形维数 D	分形粗糙度 $G/\times10^{-8}$ m	杨氏模量 E/GPa	屈服强度 Y/MPa	泊松比 ν	电阻率 $\rho/\times10^{-8}\Omega\cdot$ m
HPb59-1 铅黄铜	2.54	4.2	105	142	0.324	6.5
QSn10 锡青铜	2.61	7.9	113	170	0.32	18

2. 测试结果的对比分析

经过上述表面清洁处理后，使用压力-接触电阻测试平台对两组不同材料的实验样品分别进行测试。测试的接触压力值选定为0.2~90N之间以对数间隔分布的12个点。每一组实验样品在安装至测试平台预定位置后，以从小到大的顺序依次施加选定的接触压力。接触压力加载至每一个预定值时，通过计算机反馈程序保持其稳定，同时利用数据采集器以10Hz的采样频率连续采集200个接触压降和回路电流数据点，数据采集的持续时间约20s，采集完毕后继续增大载荷至下一个预定值，直至全部测试完成。图2-48所示为利用接触压降和回路电流原始测量数据经过简单换算后得到的QSn10锡青铜实验样品的接触电阻测试数据。可以看到，在每一个固定的接触压力下，随着力保持时间的增加，测试得到的接触电阻值有略微的下降，但总体来说具有较好的一致性，取其平均即可得到最终的接触电阻的实验测量结果。

图2-49所示为两组实验样品的接触电阻测试数据与三种数学模型的计算结果的对比。除2.3.1节中导出的电接触数学模型外，本书另外利用 Holm 公式和 Y-K 模型分别给出了同样参数条件下的接触电阻估计结果。其中，Holm 公式的估计结果由式（2-120）结合式（2-93）给出，取式中接触情况经验系数 $\xi=0.6$，硬度 $H=2.8Y$，该式为工程领域最为常用的接触电阻估计方法之一。而 Y-K 模型为基于分形几何的电接触模型中最为典型的代表，其模型基于经典的微凸体尺寸分布函数式（2-8）导出，由最大尺度分量函数式（2-15）简化代替微

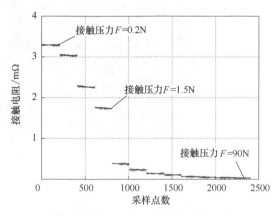

图2-48　QSn10 锡青铜实验样品接触
电阻测试原始数据

凸体的外形轮廓，并采用 Hertz 弹性接触理论及 AF 模型描述微凸体的弹塑性接触形变行为，以单一的由式（2-63）给出的临界截面积区分微凸体的完全弹性形变状态和完全塑性形变

状态。各模型计算所需的参数见表2-7。

由图2-49可见，在最大实验接触力的情况下，由Holm公式给出的估计结果大于本书模型计算结果约一个数量级。其原因可由两方面分析：一方面，利用Holm公式将粗糙表面间的接触现象等效为单个接触斑点的方式会高估实际的收缩电阻值；另一方面，从本质上来看，式（2-93）由解析计算给出，可认为其结果在本节所选取的尺寸范围内适用，但式（2-120）所示的Holm半径公式实质上来源于AF模型，其将接触斑点考虑为塑性形变状态，并认为斑点处的平均接触压强等于材料硬度值。由于AF模型在描述微凸体塑性形变方面的不足，在绝大部分材料属性组合下，AF模型会过高估计接触表面的平均压强，这将导致过低的真实接触面积值。尽管Holm在式（2-120）中引入了经验系数ξ以降低对于平均接触压强的估计，但仍不足以准确描述微凸体从弹性形变至完全塑性形变大范围内的平均接触压强变化。综合以上两点可知，Holm公式的计算结果必然高于本节所述模型的结果。而Y-K模型与本节的模型计算结果差距更大，在90N接触压力下，其计算值低于该模型接近两个数量级，原因之前已有叙述。具体来说，本节中的模型对于微凸体尺寸分布函数及其外形轮廓函数的修正均将增大模型对于接触电阻的估计；而微凸体弹塑性形变特性的引入会减小单个微凸体的真实接触面积值，同时增大总真实接触面积，降低了模型对于接触电阻的估计。综合各方面影响得到了如图2-49所示结果。

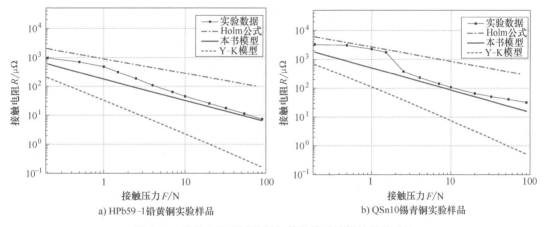

a) HPb59-1铅黄铜实验样品   b) QSn10锡青铜实验样品

图2-49 接触电阻测试数据与数学模型计算结果的对比

对比各模型的计算结果与实验数据发现，基于两组不同材料实验样品测得的接触电阻值均分布于Holm公式估计与本书模型结果之间。接触电阻的测量值在接触压力较小时随力的变化较为缓慢，在对数坐标系下呈现平台状。此时，测量值与Holm公式的估计更为接近，而数倍于本书模型的计算结果。但当接触压力超过约2N时，实测的接触电阻值出现了梯度变化，并在后续的测试过程中以指数值更大的幂函数规律随接触压力的增大而下降，其值与本书模型的计算结果逐渐接近，该现象在图2-49b所示的QSn10锡青铜实验样品测量中尤为明显。简单地计算可见，在90N接触压力下基于HPb59-1铅黄铜实验样品测得的接触电阻值与本书模型结果之间的相对误差在12%左右，而在接触压力大于2N的范围内，QSn10锡青铜实验样品的测量结果与本书模型之间的相对误差保持在18%~53%。

该结果可由Holm提出的承载接触面积的概念解释。实际金属导体表面都覆盖着氧化膜，在微凸体接触形变的过程中，只有当接触压力大于一定程度时才能刺穿绝缘的氧化膜形成真正的导电面积,而那些覆盖着氧化膜的接触微凸体只提供承载外部接触压力的作用。根据该表述,由于模型中忽略金属表面绝缘物而将所有接触微凸体统计为导电斑点的方法可能过高估计导电微凸体的真实数量,高估的程度视接触表面污染度与外加载荷大小而定。尽管在实验之前已对样品的接触表面做过清洁处理,但在安装调试与测试的过程中不可避免地会引入新的污染杂质与氧化物成分。这些覆盖于接触微凸体表面的绝缘物质在接触压力较小时会较大地提高宏观的接触电阻值,但随着总接触压力的增大,绝缘层的影响将越来越小,使接触电阻呈现出更快的下降趋势。从工程实际应用的角度来看,常规机电设备中的电接触表面污染程度通常远甚于本书实验条件,为提高基于分形几何电接触数学模型的适用性,有必要进一步引入表面膜等复杂影响因素的数学描述。而对于更为精密的电子器件而言,该电接触数学模型相比 Holm 公式将更有利于其电接触现象的准确描述以及接触过程内在微观机理的解释。

2.4 小结

本章介绍了用于构造多尺度理想分形粗糙表面的 Weierstrass-Mandelbrot 分形方程,并分析了目前基于分形几何的接触模型中描述微凸体尺寸分布的 Korcak 经验法则存在的问题,在此基础上建立了针对理想分形粗糙表面的形貌特征数值研究方法。通过对不同分形参数的粗糙表面微凸体截面积统计规律的数值研究,获得了修正的微凸体尺寸分布函数。同时也指出了现有接触模型中微凸体外形轮廓简化模型的不合理之处,并利用数值方法对二维分形几何中微凸体截面直径和其高度的统计规律进行了分析,根据数值结果导出了修正的微凸体轮廓函数,并通过对各向同性的真实粗糙表面形貌特征的实验研究,验证了本章数值结果的可靠性。

本章对粗糙表面微凸体的弹塑性接触形变特性进行了较为全面的讨论。介绍了目前粗糙表面接触模型中常用的 Hertz 弹性接触理论和 AF 模型,从原理出发阐述了其中可能存在的问题。建立了考虑多种材料属性组合的微凸体弹塑性接触问题有限元分析模型。利用该模型计算分析了不同外加载荷情况下微凸体弹塑性形变过程中的接触面积、接触压力和压缩位移三者之间的关系,明确了微凸体弹塑性形变各阶段的区分原则,指出了不同材料属性对于弹塑性形变过程的影响规律和作用机理,最终导出了考虑材料参数作用的微凸体弹塑性接触形变数学模型。

基于二维分形几何建立了考虑尺度效应的粗糙表面弹塑性电接触数学模型。模型引入了本书对于分形粗糙表面接触微凸体尺寸分布规律以及外形轮廓特征的量化修正,同时采用了本书通过有限元分析手段获得的粗糙表面微凸体弹塑性接触形变特性方程,结合基于电子云扩散机理的 Holm 电阻公式和基于电子弹道输运机理的 Sharvin 电阻公式,形成了对各尺度粗糙表面接触电阻统一完备的数学描述。利用本章建立的电接触数学模型,定性分析了粗糙形貌参数和接触材料属性等关键因素对于接触电阻的影响规律。搭建了压力-接触电阻测试平台,实验测量了粗糙表面接触电阻随接触压力的变化情况,并与多种数学模型的计算结果进行了对比分析。

第3章　电接触材料概论

由于各种应用场合的不同，对电接触材料的要求也各有侧重。因而，为适用不同的使用条件，人们在研究和应用过程中开发了种类繁多的电接触材料。在固定接触中，对电接触材料的主要要求是接触电阻低而稳定，特别是弱电技术中的电连接器用接触材料，必须具备抵抗各种环境应力的能力。对滑动电接触，则主要是提高材料的抵抗摩擦和磨损能力。对可分离电接触，由于触头间气体放电现象及分断接通电路操作过程中的机械效应，因此对电触头材料的要求非常苛刻，从而使得应用于可分离电接触中的电接触材料最为引人瞩目[99-103]。

3.1　电触头的用途

在开关电器中，电触头直接负责分断和接通电路，并承载正常工作电流，或在一定的时间内承载过载电流。各类电器的关键职能，如配电电器的通断能力，控制电器的电气寿命，继电器的可靠性，都主要取决于触头的工作性能和质量。同时触头也是开关电器中最薄弱的环节和容易出故障的部分。一旦触头系统不能正常工作，如当电力系统发生短路时，若高压断路器触头拒绝断开，将引起极为严重的后果。

对于可分离电接触元件而言，在触头闭合状态下承载电流时的工作状况，类似于固定接触的电接触情况。在这种情况下，电触头的主要作用是承载电流，起电能传递和信号输送的作用。这就要求必须具有低而稳定的电阻。因为接触电阻产生的焦耳热效应严重时会导致触头导电斑点区域的材料发生熔化而造成电触头焊接在一起，引起所谓的"静熔焊"现象。当熔焊力超过开关的机械分断力时，就会发生触头拒绝断开，使得分断电路失败，即使不出现这种不能断开的现象，也会延缓开关电器的分断动作。

开关电器中触头接触电阻的增值机制与弱电领域电接触材料接触电阻的增值机制有所不同，除了各种环境应力，如氧化、硫化、吸附等作用外，主要还存在因分断、接通电路过程中触头（电极）间产生的电弧放电作用。电弧放电造成的触头材料侵蚀、转移、材料的相变和高温下发生的化学反应，都会使接触电阻增加，同时会加剧某些环境应力的作用。当然，在这一过程中，电弧的高温也会破坏触头表面的某些薄膜。

接通电路是电触头执行的重要职能之一，除了触头闭合过程中因间隙气体击穿发生短时电弧放电外，主要问题是由于动静触头机械冲击或由于电触头机构机械冲击引起的动触头弹跳，尤其是感性负载电路，在触头闭合时会产生较大的冲击电流，造成电弧放电在较短的时间内对电极的连续、多次作用，形成所谓的"动熔焊"。一般来说，熔融金属的数量随着熔点和热导率的下降而增加。

分断电路是开关电器的另一主要职能，这也由电触头直接承担。分断电路时，由于触头之间会发生电弧放电，使问题变得更加棘手。电弧放电时触头不仅存在热的作用，还存在力的效应，最终会在触头表面发生复杂的物理化学过程，如材料相变、材料侵蚀、材料转移、熔融液池中的冶金学过程。这些过程既与由电气条件决定的电弧特性密切相关，也与触头材料本身的组分和特性乃至制造工艺有关。

因此，不仅不同电接触形式对电接触材料的要求不同，即使是同一种电接触形式，比如可分离电接触材料，在它执行不同职能时，也须具备不同的多方面的特性。在电接触的任何运行过程中，各种现象往往是相互重叠发生，所以必须考虑所发生的各种现象的相互关系，这正是电接触理论研究和开发新型电接触材料的难点所在。

3.2　对电接触材料基本特性的要求

概括而言，对电触头材料的基本特性的要求如下：

1. 物理性质

（1）一般物理性质　触头材料应具有合适的硬度。较小的硬度在一定接触压力下可增大接触面积，减小接触电阻，降低静态接触时的触头发热和静熔焊倾向，并且可降低闭合过程中的动触头弹跳。较大的硬度可降低熔焊面积并提高抗机械磨损能力。

触头材料应具有合适的弹性模数。较高的弹性模数则容易达到塑性变形的极限值，因此表面膜容易破坏，有利于降低表面膜电阻；较低的弹性模数则可增大弹性变形的接触面积。

（2）电性能　触头材料应具有较高的电导率以降低接触电阻，较低的二次发射和光发射以降低电弧电流和燃弧时间。

（3）热物理性质　触头材料应具有高的热传导性，以便电弧或焦耳热源产生的热量尽快输至触头底座；高的比热，高的熔化、气化和分解潜热；高的燃点和沸点以降低燃弧的趋势；低的蒸气压以限制电弧中的金属蒸气密度。

2. 化学性能

触头应具备高的化学稳定性，即具有较高的抗腐蚀气体对材料损耗的能力。即使产生表面薄膜，其挥发性也应高。

3. 电接触性能

触头电接触性能实质是物理化学性能的综合体现，并且各种特性相互交叉作用。概括地讲，触头的电接触性能主要包括：

（1）表面状况和接触电阻　接触电阻受到表面状况的显著影响，而表面状况又与触头的电弧侵蚀过程密切相关，因而要求触头的侵蚀基本均匀，以保证触头表面状况平整，接触电阻小而稳定。

（2）耐电弧侵蚀和抗材料转移能力　触头材料具有高的熔点、沸点、比热和熔化、汽化热及高的热传导性，固然对提高触头的耐电弧侵蚀能力有利。但上述物理参数只能改善触头间的电弧的熄灭条件，或大量地消耗电弧输入触头的热流，然而一旦触头表面熔融液池形成，触头的抗侵蚀性能则只能靠高温状态下触头材料所特有的冶金学特性来保证。这涉及液态银对触头表面的润湿性、熔融液池的黏性及材料第二与第三组分的热稳定性等。

触头材料转移同样与材料常规的热物理参数密切相关，但这些参数仅能降低液态金属桥折断引起的材料转移。由于电弧作用引起的材料转移与两配对触头的各种物理参数的不对称以及电弧特性的不对称相关，消除非对称因素或合理利用非对称因素均可降低触头材料转移。

（3）抗熔焊性　触头材料的抗熔焊性包括两个方面：一是尽量降低熔焊倾向。从触头材料角度来看，主要是提高其热物理性能。二是降低熔融金属焊接在一起后的熔焊力。熔焊力主要取决于熔焊截面和触头材料的抗拉程度，显然为了降低发生静熔焊的倾向可增大接触面积和导电面积，但一旦发生熔焊，反会使熔焊力增加。因此为降低熔焊力，或为提高触头材料的抗熔焊性，常在触头材料中加入与银亲合力小的组分。

（4）电弧特性

1）理想的触头材料，应具有良好的电弧运动特性以降低电弧对触头过于集中的热流输入。

2）理想的触头材料还应具有较高的最小起弧电压和最小起弧电流。最小起弧电压很大程度取决于电触头材料的功函数以及其蒸气的电离电压。而最小起弧电流与电极材料在变成散射的原子从接触面放出时所需要的结合能有关。

3）触头间电弧可具有金属蒸气态和气体态两种形式，不同形式的电弧对电极有不同的作用机制，触头材料应使触头间发生的电弧尽快地由金属蒸气态转换到气体态。

除上述要求外，触头材料应尽可能易于加工，而且具有较高的性能价比。

由此看来，对电触头材料的要求面广而苛刻，而且许多要求还存在着矛盾。电导率高的金属，其硬度和熔点、沸点都较低。因此，要得到电导率和硬度均高的触头材料是不可能的。同样，金属结晶点阵内的原子聚合力决定了材料的硬度、弹性模数、熔点、沸点，这些性能的高低总是基本统一的。为提高熔焊性，要求熔点、沸点等热物理参数高。但同时，为降低接触电阻要求硬度较低，这也是不可兼顾的。所以满足任何需求的电触头材料是不存在的。触头材料的研制、生产和选用只能根据具体使用条件满足那些最关键的要求。

3.3　电接触材料的分类与特性

目前广泛使用于低压开关装置的触头材料一般含两个组分。一个组分是可以提供高导电率的材料，如银。因为银具有良好的抗氧化、氮化及高的导电性，且价格较其他贵金属更低，因而被广泛采用。第二种组分决定电弧的分断性能。低压开关装置的发展历史证明，以下四种材料被认为是最具有实用价值，即 AgMeO 系，AgNi 系，AgC 系及 AgW 系（包括 AgWC）。目前国外对这四类材料电弧侵蚀机理及抗熔焊特性的研究现状如下[104]：

1. AgMeO 系触头

当今，AgMeO 材料发展主要重点放在微量添加剂上。在 AgMeO 中增加添加剂的目的是：①改善 MeO 的颗粒尺寸、形状及在银基体中的分布；②强化 AgMeO 材料基体，即增加液态银在触头表面的润湿效应；③AgMeO 材料制造工艺要求。前两类对 AgCdO 研究较多，最后一类对 AgSnO$_2$ 研究较多，下面分别进行介绍[105-108]。

可改善 MeO 的颗粒、形状及在银基体中的分布的添加剂有：Mg、Li、Sn、Co、Al、K、Ca、Hg、Ru、Be、Ce、Ga、Ni 等。在所有这些添加剂中，关于碱金属最有争议。以 Brugner 为代表的学者认为碱金属能改善电触头的运行性能，因为它增加了电子发射源，从而使触头的电弧侵蚀均匀化。而 Lindmayer 等则认为，碱金属作为第三组分加入 AgCdO 中其改性效果并不显著，反而使得触头易发生重燃。Witter 则认为，碱金属加入 AgCdO 中，对 CdO 颗粒尺寸、形状及分布均无影响，但是可以降低触头接通时因弹跳而产生的电弧侵蚀，这一机理尚不清楚。Witter 认为是碱金属改变了液态熔融桥的润湿性。Witter 的试验还表明：碱金属 Li 的加入，使得 AgCdO 焊接力增加，电弧停滞时间却未改变。关于 Brugner 提出碱金属能增加 AgCdO 的耐电弧侵蚀性，Witter 认为仅仅是因为碱金属的加入增加了 AgMeO 材料的致密度，并非是电弧弧根扩散的结果。

自 1982 年美国学者 H.J.Kim 在第十一届国际电接触会议上首先提出强化 AgMeO 材料的基本设想之后，近年来，许多学者进行了大量的工作。他们认为，在 AgCdO 中加入与液态银有较低界面能的组分可增加液态银与触头表面的润湿性，从而降低因喷溅引起的材料损耗，同时削弱触头材料基体裂缝的扩展。此类添加剂的选择原则是，可降低熔融银与触头表面之间的界面能而不降低触头的物理机械性能；无论在液态还是固态，添加剂的氧化物必须是稳定的，并且与银不发生化学反应。

从 20 世纪 70 年代开始，许多人为开发 AgCdO 的替代材料进行了大量工作，并且一直延续至今。研究表明，$AgSnO_2$ 是其中最有希望的，尽管已经通过添加 In 和 Bi 解决了 $AgSnO_2$ 的抗氧化问题，但 $AgSnO_2$ 材料仍存在温升太高的现象。Bohm 提出在 $AgSnO_2$ 中添加 WO_3；Gengenbach 提出添加 MoO_3，以限制触头的温升。

关于 AgMeO 材料的电弧侵蚀过程，存在两种机制，一种是氧化物的分解和升华消耗了大量电弧输入触头的能量，使得触头冷却；另一种是 MeO 在触头表面熔池中以颗粒形式存在，增加了熔融态金属的粘性，有助于降低因液态喷溅发生的材料损耗。

对于 AgCdO 和 $AgSnO_2$ 材料，其抗熔焊性能已有定论。$AgSnO_2$ 材料中 SnO_2 组分的高热稳定性，使得 $AgSnO_2$ 材料表面不出现 SnO_2 的低密度层，无 AgSn 合金形成。而 AgCdO 则最终将在工作表面形成 AgCd 合金，因此在工作后期 $AgSnO_2$ 比 AgCdO 的抗熔焊性能好。MeO 组分体积含量越高，触头熔焊力越小，而当 AgCdO 和 $AgSnO_2$ 含有相同的质量百分比时，由于 SnO_2 的密度（$6.95g/cm^3$）比 CdO 的密度（$8.15g/cm^3$）低，因而，SnO_2 的体积百分比大，所以在工作前期 $AgSnO_2$ 比 AgCdO 的抗熔焊性能好。

2. AgNi 系触头

从冶金学观点出发，AgNi 系材料与 AgMeO 材料的不同之处在于，当温度极高时，两种共存熔体的相互溶解度增加。正是 AgNi 合金的这一特性，使 AgNi 触头材料的镍颗粒形成均匀弥散分布。形成的原因在于，在高于镍熔点（1453℃）的温度下，镍可以大量溶解于电弧弧根处产生的银熔体中，冷却后镍重新沉积于银基体中。当这种明显结构的材料形成后，将导致材料侵蚀率的降低，在试验得到的材料侵蚀曲线上呈现所谓"稳定态"，在稳定态之前的阶段称为"调整态"，如图 3-1 所示。由此可知，在 AgNi 的电弧侵蚀过程中，溶解沉淀效应起着决定性作用。

据溶解沉淀效应分析，可以理解当

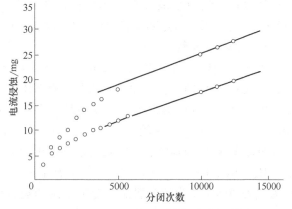

图 3-1　AgNi90/10 触头材料电弧侵蚀特性

AgNi 材料中颗粒取向（纤维方向）与接触表面平行时，与垂直时的情况相比，材料侵蚀程度更小。当颗粒取向垂直于接触表面时，镍颗粒趋向于保留在固态基体中，因此，仅仅在镍颗粒突出于溶池较热的部分才会溶解。然而，当颗粒取向与接触平面平行时，镍颗粒很容易被扩散输送到熔体的较热部分，并迅速熔化和溶解。

当 AgNi 含量增加时，需要更高的温度和更长的时间方可使 Ni 溶解于银基体中，当冷凝时，会在触头表面形成 Ni 的富集及部分 Ni 的氧化物组分，因而 Ni 含量增加，使接触电阻增加。

3. AgC 系触头

AgC 系触头的主要机制在于碳粒和大气中氧的作用，在被电弧加热的高温弧柱区域，碳粒发生显著的燃烧，形成 CO 气体并逸出触头基体，从而在触头表面形成多孔疏松的富银层。由于实际接触面为富银层，故 AgC 材料在其工作过程中始终保持着低的接触电阻。又由于触头表面的疏松多孔，因而无论纤维方向与接触面平行还是垂直，都有良好的抗熔焊性，并且对纤维方向与接触面平行的 AgC 材料，有更强的抗熔焊性和更大的材料侵蚀率。这一特性与 AgNi 材料正好相反。

4. AgW（AgWC）系触头

在 AgW 系触头中，难熔材料的质量比例在 20% ~ 60% 之间。通常所指的 W 的骨架作用并不是在粉末冶金法制造材料的过程中产生，而是在大电流负荷下出现的。当电弧高温作用于触头时，银首先熔化蒸发，银的蒸发有助于降低弧根处的温升，从而降低材料的飞溅侵蚀。大量银的蒸发，难熔材料被烧结在一起，使 AgW 具有较高的抗熔焊特性。除此之外，由于 AgW 与大气中氧的作用，在触头表面形成不导电的氧化物，如 Ag_2WO_4 及 WO_3，这些薄膜接触电阻升高，反过来使触头产生高温过热，这种情况下也有骨架作用出现。

5. 无镉 AgMeO 材料的开发及论证

通过改善 AgCdO 中 CdO 的颗粒尺寸、形状及在 Ag 基体中的分布，以及 AgCdO 基体强化等研究工作，AgCdO 材料的电接触性能有了明显的提高。然而，由于 CdO 分解物的有毒性，目前在国际上形成了开发无镉 AgMeO 材料取代 AgCdO 材料的趋势。然而，想要在几十到几百安的电流范围内由 $AgSnO_2$ 全部取代 AgCdO 材料仍有大量工作要做，除了要解决 Ag-SnO_2 材料温升太高的问题之外，在几十安电流条件下 $AgSnO_2$ 材料的抗电弧侵蚀性能仍较 AgCdO 的低。其他无镉 AgMeO 材料如 AgZnO 等也尚未进入全面推广应用阶段。

6. 非晶态触头材料

所谓非晶态材料是对晶态而言，是物质的另一种结构状态，它不像晶态那样是原子的有序结构，而是一种长程无序、短程有序的结构。非晶态材料的物理、化学性能比相应的晶态材料更优越。

非晶态合金的形成除与材料本身的非晶态能力密切相关外，金属熔体到非晶态合金还要有足够快的冷却速度，以致使熔体在达到凝固温度时，其内部原子还未来得及结晶就被冻结在液态时所处的位置附近，从而形成无定形结构的固体。继气相速凝法、熔体气冷却之后，离子注入法被公认为是又一种新型的获取非晶态材料的方法，当将选定元素注入金属或合金并达到一定剂量时，可使基体金属表面非晶化。如，含 8% ~ 23%Si 的非晶态 PdSi 系合金具有弹性和韧性，这种合金耐电弧侵蚀性能优良、电弧放电在触头上的痕迹呈平面。用非晶态 PdSi 系合金在 N_2 气体中进行电弧放电试验，经 200 万次通断，接触电阻呈现出低而稳定的性能。

非晶态 PdCuSi 合金兼备接点和簧片的功能，该合金强度高，硬度大；弹性极限在 $90kgf/mm^2$ 以上；耐电弧侵蚀性为纯钯的 10 倍。用于继电器上，有助于通信设备的小型化，且可提高其寿命。

然而，非晶态材料尚存在如下问题，阻碍其作为电接触材料在低压电器中广泛应用：

1）非晶态合金带材厚度仅为 0.1mm，宽度仅 50mm，产品尺寸受到限制。

2）许多非晶态合金属于亚稳定材料，工作温度不能太高，否则材料发生晶化，将失去非晶态材料的所有优点。

3）生产成本有待降低。

7．超导触头材料

1911 年，在低于 4K 的温度下发现了 Hg 的超导性，在这之后，人类一直追求在更高温度下材料的超导特性，迄今为止，在一元材料上最高转变温度 92K 是在 Nb 上获得的。而在复合物中，则从 Ti-Ba-Ca-Cu-O 系材料上得到了 125K 的最高转变温度。毫无疑问，超导材料光明的发展前景必将使低压电器电触头材料产生革命性变化。然而，低压电器触头材料的超导化需要详细分析具有超导材料界面（如超导材料与一般金属组成的界面，超导材料与绝缘体组成的界面，超导材料与半导体组成的界面，超导材料与另一种超导材料组成的界面）的物理特性和发生于界面的物理过程。研究表明，"邻近效应"是一般金属和超导体之间界面的主要物理特性；通过势垒的"隧道效应"现象是绝缘薄层和超导体之间界面的物理特性；而"肖特基势垒"的形成则是半导体和超导体之间的界面的主要物理特性。目前，以 $YBa_2Cu_3O_7$ 为代表的高转变温度氧化物超导体已通过特定的工艺附着于触头基体的表面，在低于临界电流密度下，这类触头的接触电阻为零。以 $YBa_2Cu_3O_7$ 为例，其临界电流密度高达 $10^6 \sim 10^8 A/cm^2$。

3.4　小结

本章所介绍的电接触材料的特性研究是电接触理论中的重要组成部分。电触头材料的主要用途是在各种不同的工况下，接通电路以及分断电路，由于用途的需求使得电触头材料必须具备合适的机械性能，良好的导电性能和导热性能，同时具有稳定的化学性能。人们可以通过接触电阻、耐电弧侵蚀和抗材料转移能力、抗熔焊性能、电弧调控性能以及易加工性能和制造成本等方面对电触头材料进行综合性能的评估。

第4章 电弧能量作用及电接触材料的响应

可分离的电触头是开关电器中的核心部分，用于承载电流及断开电路。可分离电接触在分离之后会产生电弧现象，电弧的发展变化是相关研究人员最为关注的问题[109-121]。本章针对可分离电接触中电弧与电接触材料相互作用的各种特殊问题，在各个小节进行分类讨论。

1. 电触头间发生的电弧放电及其特性[66,122-124]。

触头断开电路时，如果供给触头的电压和电流超过某一最小值时将引燃电弧。电弧引燃的过程如下：触头从正常闭合位置开始向断开的方向运动，因接触力逐渐减小，实际接触面和导电面的面积减小，接触电阻相应增大。在接触面最后分离前的一瞬间，I^2R 能量集中加热最后离开点的一个极小的金属体积，使其温度迅速上升到金属的沸点而引起爆炸式气化。在间隙充满高温金属蒸气的条件下，触头间形成电弧。触头接通电路时，借助高速摄影机，通过对燃弧情况的观察得出，在闭合过程中，有三种现象存在：①随着触头间隙缩短，由于间隙的预击穿而产生放电继而固态接触；②触头闭合初期，先产生预击穿放电，并使材料蒸发，靠金属蒸气形成稳定的液态接触并熄弧；③既无金属气化又无预击穿的单纯机械闭合。这些现象是在触头闭合过程无弹跳的情况下观察到的，如存在触头弹跳，则现象会更加复杂。由上可知，无论是触头分断电路还是接通电路，均在触头之间发生电弧。毫无疑问，触头间电弧使触头工作条件劣化，严重降低触头工作可靠性和工作寿命。有必要研究不同条件下的极间电弧特性，以深入探讨电弧对触头的作用机理。

2. 电触头材料的温升特性

本书第1章曾讨论了接触电阻及由此引起的触头体内的温度分布。4.2节将从触头所服役过程中接触表面状况不断恶化这一事实入手，研究电触头的接触电阻、接触电阻的稳定性和温升过程。

3. 触头材料的侵蚀和转移[125]

一般认为，电触头的侵蚀主要包括机械磨损、环境腐蚀及电弧侵蚀三个部分。所谓机械磨损是指闭合过程中因动静触头的刚性碰撞而引起的材料磨损；环境腐蚀是指由于触头表面的电化学作用及触头所处介质中的有机气体对触头产生有机污染而引起的材料损耗；电弧侵蚀则是指触头材料在电弧作用下因局部过热导致材料的蒸发和喷溅所带来的材料损耗。对开关电器而言，电弧侵蚀被认为是影响触头寿命最重要的因素。触头材料的侵蚀和转移受到诸如触头材料本身特性、电弧特性及其机械参数的多方制约，4.3节和4.4节将分别讨论触头材料的转移和侵蚀机理。

4. 电触头熔焊

电触头熔焊分为静熔焊和动熔焊两种，其中动熔焊是可分离电接触中的特有现象，4.5

节将较系统地论述电触头的熔焊现象。

5. 触头闭合过程中的电接触现象具有特殊性，将在 4.6 节进行说明。

事实上，各种电接触现象相互重叠，比如触头温升与静熔焊之间，电弧侵蚀、转移与接触电阻之间，因此研究工作具有较大的难度。

4.1　电极间发生的电弧放电及其特性

随着电气参数（分断电流、电路电压、负载特性等）和机械参数（接触压力、分断速度、电极开距、外加磁场等）的改变，极间电弧特性也不相同。有关电弧理论的详细叙述可参阅文献［127-136］。本书研究与电接触现象联系紧密的电弧放电的一些特性，它们是：

1）阳极型电弧、阴极型电弧。

2）电弧的状态及其转换。

3）电弧停滞时间及电弧运动特性。

4）电弧等离子体喷流及其特性。

5）电弧对电极的热流输入和电弧力效应。

4.1.1　阳极型、阴极型电弧

直流情况下，根据电弧对触头的侵蚀效应，可将电弧分成阳极型电弧和阴极型电弧。

在电流较大并超过某一值时（该值与触头材料、电路电压相关），电弧输入阳极能量增大使阳极表面出现显著的熔化，阳极电弧向该点集中并形成阳极斑点，阳极材料蒸发得到加强从而成为电极蒸气的主要源泉。

当触头开距较小并在极间电子平均自由行程的数量级时，尤其对于接通电路时触头间产生的电弧，也属于阳极型电弧。由于阴极表面高的电场强度足以产生大量的场电子发射，电子直接轰击阳极使阳极发热，从而形成阳极材料侵蚀大于阴极。这种情况的电弧也被形象地称为"短弧"[137]。

阴极型电弧以其弧柱中正离子高速轰击较小的阴极弧根区域，使阴极材料蒸发，而此时由于触头间隙长度数倍于电子平均自由行程，因而电弧输入阳极的热流密度低，输入能量小，在阳极没有明显的材料熔化和蒸发损耗。这种情况的电弧也被形象地称为"长弧"。

阳极型电弧常使阳极触头表面形成一明显凹坑，而阴极触头表面则存在相应的粗糙微凹陷。阴极型电弧常使阴极触头表面形成分散的多个凹坑，大部分情况下，阳极触头表面没有明显痕迹，少数情况下形成单个的微小凹陷。图 4-1a 和图 4-1b 分别给出了阳极型电弧阴极和阳极的表面情况。而图 4-2a、b、c 则给出了阴极型电弧触头表面的情况。

Germer 研究了接通电路过程中的电弧特性[138]，表明电弧特性仅取决于触头材料和电路电压。Germer 采用不同阻抗的电缆放电，在 400V、200A 以下，研究了钯触头上发生的电弧放电，得出了如图 4-3 所示的特性。当电压高于 400V 时，发生的电弧放电全部为阴极型电弧。

通常情况下，阴极型电弧的电压比阳极型电弧的电压高。图 4-4 示出了电路电压为 300V 和 400V 时 Pd 作触头的电弧电压为 11.5V，阴极电弧的电压为 16V。对电路电压 400V 的情况，全部为阴极型电弧，电弧电压较 300V 时的阴极型电弧电压高。

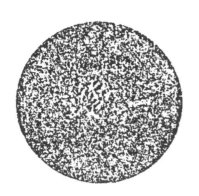 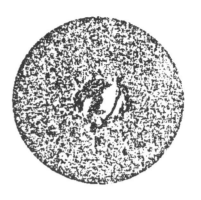

a) 阴极表面　　　　　　　　　　b) 阳极表面

图 4-1　单次阳极型电弧作用后的触头表面（×1200）

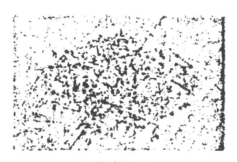

a) 阴极表面×600

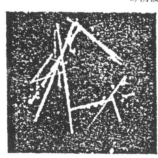 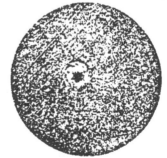

b) 另一阴极表面×450　　　　　　　　c) 阳极表面×1000

图 4-2　单次阴极型电弧作用后的触头表面

分断电路过程中电弧的特性不仅与电路电压和触头材料相关，还与电路电流相关。在其他参数恒定的情况下，直流电路过程中电流由低到高的增加，导致阳极型电弧和阴极型电弧的相互转换。4.4 节将叙述其转换机理。

4.1.2　电弧的状态及其转换

1971 年，Boddy 和 Utsumi 在高气压（1 个大气压数以上）条件下发现，在电阻电路中，触头间隙的电弧发展分为两个阶段[139]。第一，金属蒸气态电弧，即电弧在金属蒸气中燃烧，金属蒸气由两电极间最初分离时刻形成的液态金属桥折断而产生；第二，气体态电弧，这一阶段，由于内部扩散过程，金属离子密度降低，周围气体分子的电离对电弧内部传输机

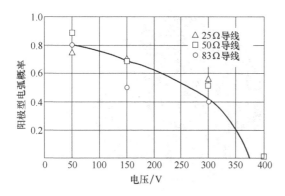

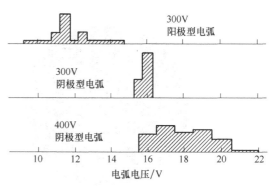

图 4-3 Pd 电极间发生的阳极型电弧概率
与电压间关系

图 4-4 300V 电路中阳极型电弧和阴极型电弧及
400V 电路中阴极型电弧电压的分布

理产生重大作用。1973 年，Gray 利用光谱方法测试证实了在电阻电路中金属蒸气态电弧和气体态电弧的存在[140]。1986 年，Takahashi 在电感电路中证实了触头间电弧的发展同样经历金属蒸气态和气体态两个阶段[141]。

研究表明，电弧状态的转换存在一个临界间隙距离 r_c，对应着时间 t_c，当触头间隙达到这一值时，金属蒸气密度连续下降，电弧由金属蒸气态向气体态过渡，而电弧电压出现突跳，如图 4-5 所示。

临界距离 r_c 受到分断电流和周围环境气体压力 P 的显著影响，二者存在如下近似的数值关系 $r_c = KI^\alpha P^{-\beta}$，$\alpha = 1.0 \sim 1.1$，$\beta = 0.4 \sim 0.5$，$K$ 值与电源电压、负载特性、分断速度及气体种类相关。上述关系如图 4-6 所示。

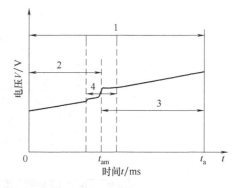

图 4-5 电弧电压随时间的变化
1—电弧持续时间 2—金属蒸气电弧持续时间
3—气体电弧持续时间 4—电弧状态转换过程

如果环境气压在一定范围内由低变高，电弧电流恒定，则电弧总的持续时间变大，而金属蒸气态电弧的持续时间缩短，如图 4-7 所示。文献 [142] 表明，由于环境气压升高，气体分子密度增大，气体分子的电离较早地参与了电弧内部传输过程，从而缩短了金属蒸气态电弧的持续时间。

然而并非所有的情况都会经历金属蒸气态电弧和气体态电弧两个阶段。对于电流很小的情况，向气体电弧的转换几乎不可能发生，电弧仅存在金属蒸气态，燃弧时间极短。如果分断电路电压提高，向气体态电弧转换所要求的最小电流值则会降低[142]。

电弧电压发生突跳仅是电弧状态发生转换的外部表现，从宏观方面看，则反映了电弧区域传导电流的带电粒子的来源和成分发生了变化。金属蒸气电弧内部传输电流的带电粒子主要是由触头材料金属蒸气电离而产生，而气体态电弧内部传输电流的带电粒子则主要由周围环境气体分子电离而产生。因此，电弧状态的转换与周围环境气压和触头间隙距离相关，与负载、电路电流、电压也相关，主要是上述参数对金属蒸气量的产生有重大影响。文献 [143] 研究了金属蒸气产生的原因和扩散的过程。

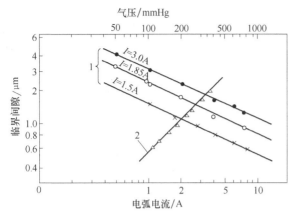

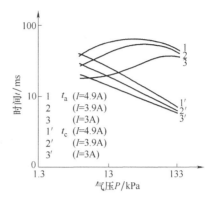

图 4-6　电弧电流、大气压力与临界间隙的关系

1—临界间隙和气压的关系　2—临界间隙和电弧

电流的关系（1mmHg = 133.322Pa）

图 4-7　不同电流情况下电弧持续时间 t_a、

临界时间 t_c 与气压的关系曲线

1. 金属蒸气的形成

众所周知，电极间形成的液态金属桥当其最高温达到材料的沸点时，液桥折断。对于绝大多数金属电极，液桥的最高温点常常靠近阳极一侧[3]。因此，由于液桥折断形成的金属蒸气则主要由阳极材料提供。

因液桥折断所形成的金属蒸气量的多少与多种因素相关。液桥的能量可定义为 $\int_0^{t_L} U_L(t)i_L(t)dt$，其中 t_L 为液桥的持续时间，$U_L(t)$ 为液桥两端的电压，$i_L(t)$ 为通过液桥的电流。这一能量直接决定着由液桥所产生的金属蒸气量。文献 [144] 的研究表明，电极的接触电阻 R_C 对 $U_L(t)$ 有重要作用，R_C 增大时 $U_L(t)$ 增加。事实上，液桥两端的最大电压发生在液桥折断瞬间，这一电压使液桥最高温点发生气化，此电压值的大小近似等于电弧发生时刻的电弧电压。t_L 的大小与电极的初始温度密切相关，电极的初始温度升高，t_L 变小，总的液桥能量也随之变小。如图 4-8 所示。

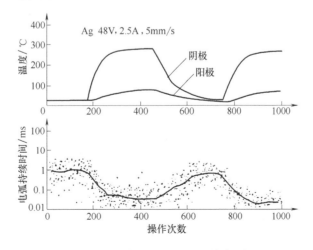

图 4-8　阴极被加热时的电弧持续时间

除上述液桥折断可产生金属蒸气外，电弧对电极的侵蚀是形成金属蒸气的主要途径。图 4-9 给出了 Ag 与 $AgNi_{10}$ 分别对称配对的阴极和阳极的损耗或增重量与分断电流的关系曲线[144]。这表明，由于电流值大小不同，电弧对电极的侵蚀特性是不同的。当材料损耗以阴极为主时，金属蒸气主要来源于阴极；当材料损耗以阳极为主时，金属蒸气主要来源于阳极。

当电流达几安培时，液桥折断形成的金属蒸气量比电弧侵蚀形成的金属蒸气量要小得多。

2. 金属蒸气的扩散——气体态电弧的形成

随着触头间隙的增加，当达到临界间隙 r_c 时，电弧由金属蒸气态转换到气体态。由于电流达几安培及其以上时，电极侵蚀产生的金属蒸气量比液桥折断产生的金属蒸气量要大得多，并且正如图 4-9 所示，电流及材料不同，电弧对电极的侵蚀各有侧重。因此，我们仅分析电流较大时，金属蒸气由阳极产生的情况。电流较小时，金属蒸气由阴极产生的情况与此相同。

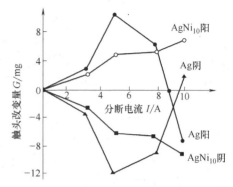

图 4-9 Ag、$AgNi_{10}$ 分别对称配对时触头改变量与分断直流电流的关系曲线（分断次数 2 万次，电压 100V，阻性负载）

认为金属蒸气从电弧阳极斑点以半圆形向周围扩散，如图 4-10 所示。当间隙达临界距离时，近阴极区金属蒸气密度降低到维持电弧燃烧所需的最小值以下，从而周围气体分子开始强烈电离。假定这一内部扩散过程在理想气体中进行，并且其规律遵循 Stefen-Maxwell 公式，因此，电极间任一点金属蒸气的压力 $P_{metal}(\gamma) = (\gamma_0 / \gamma) P_{metal}(\gamma_0)$。式中 γ_0 为阳极斑点半径，γ 为间隙中任一点距阳极斑点中心的距离，$P_{metal}(\gamma_0)$ 为阳极斑点区域的金属蒸气压力。文献 [144] 指出，金属蒸气电弧的金属蒸气压力不低于 2838Pa，因而，当 $P_{metal}(\gamma) = 2838Pa$ 时，$\gamma = \gamma_c$，即 $\gamma_c = \gamma_0 \dfrac{P_{metal}(\gamma_0)}{2838}$。式中 $P_{metal}(\gamma_0)$ 可较粗略地由弧根斑点半径 R 和电极材料蒸发量获得。

通过以上研究，即可简单地确定各种不同条件下金属蒸气电弧向气体态电弧转换所对应的临界间隙及临界时间。从而为进一步研究金属蒸气电弧和气体态电弧的特性与电路参数之间的关系奠定基础。

由于电弧内部传输机制不同，不同阶段的电弧对电极的侵蚀作用也不尽相同。文献 [146] 研究了 Ag 阳极触头材料损耗、阴极触头质量增加与累积燃弧时间的关系，如图 4-11 所示。在所采取的试验条件下，Ag 触头之间发生的电弧电流在 3A 以下，为金属蒸气态。当电流超过 3A 时，极间电弧发生由金属蒸气态向气体态的转换。因而，假定累积燃弧时间恒定为

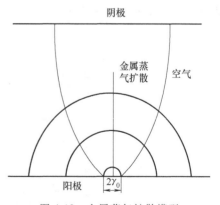

图 4-10 金属蒸气扩散模型

200s，则对电流小于 3A 的电弧，全部累积燃弧时间均为金属蒸气态的燃弧时间。对电流超过 3A 的电弧，全部累积燃弧时间中金属蒸气态电弧所占比例降低。根据图 4-11 所示结果，

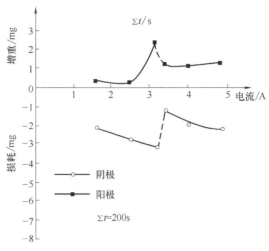

图 4-11　电弧电流对触头材料侵蚀的影响

在电弧的整个持续阶段，金属蒸气电弧比气体电弧对电触头材料的侵蚀和转移有更加强烈的作用。结合上述关于金属蒸气来源的分析可知，采取预热电极的方法可降低液桥存在的时间，从而缩短金属蒸气电弧的持续时间，达到降低触头材料损耗的目的。

金属蒸气电弧比气体态电弧对电极触头有更强烈的侵蚀作用，这一物理现象已被验证和广泛接受，但其机理尚待进一步深入研究。

文献［146］从电弧停滞时间及移动性方面讨论了电弧停滞时间与电弧状态转换之间的相互关系。采用光谱分析方法，分别对 Ag 和 W 触头电弧区域的带电粒子成分进行了对比研究。发现对于具有外加磁场和高分断速度的电弧区域，其周围气体分子的电离及参与电弧内部电流的传输过程较早，而那些无外加磁场和低分断速度的电弧区域，其周围气体分子的电离及参与电弧内部电流的传输过程较晚，如图 4-12 所示。图 4-12a 表明，电弧停滞时间短，仅有 0.4ms，氮分子电离过程开始较早；图 4-12b 表明，电弧停滞时间较长，为 0.8ms，N_2 光谱逐渐增强；图 4-12c 表明，电弧在整个持续时间内一直静止不动，未发现 N_2 光谱存在。

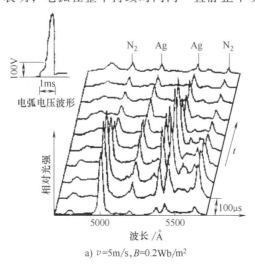

a) v=5m/s，B=0.2Wb/m^2

图 4-12　Ag 触头间分断电弧的光谱特性

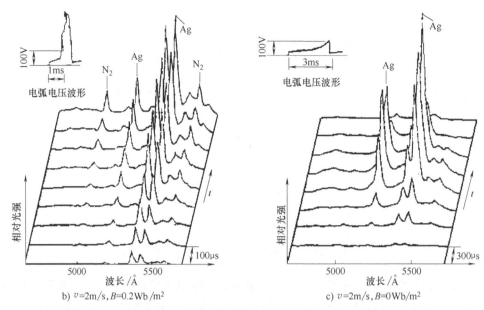

b) $v=2m/s, B=0.2Wb/m^2$ c) $v=2m/s, B=0Wb/m^2$

图 4-12　Ag 触头间分断电弧的光谱特性（续）

　　此外，对 W 触头电弧的光谱分析表明，W 触头表面的电弧运动特性优良。在 W 触头之间发生的电弧，电弧停滞时间几乎为零，并且，N_2 光谱几乎与电弧同时发生，如图 4-13 所示。

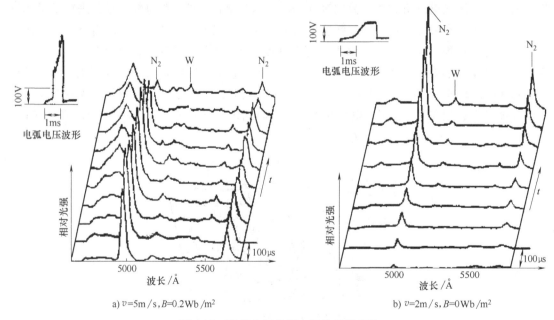

a) $v=5m/s, B=0.2Wb/m^2$ b) $v=2m/s, B=0Wb/m^2$

图 4-13　W 触头间分断电弧的光谱特性

　　因为周围环境介质分子的电离以及介入电弧区域并传输电流，实质是金属蒸气态电弧向气体态电弧转换的过程，当电弧区域传输电流的导电粒子大部分来源于周围环境介质的电离时，电弧就成为气体态电弧。所以，上述试验表明，与气体态电弧相比，金属蒸气电弧的运动性较差。

触头分离速度的增加和外加磁场能够促进电弧运动，实质是促进了周围环境介质分子的电离过程，同时促进了这些电离形成的离子和电子参与电弧电流的传输过程，缩短了金属蒸气态电弧的持续时间。简言之，运动速度增加使触头间隙达到临界间隙 r_c 所需的时间缩短，而外加磁场则首先使触头间的电弧弯曲成为 U 形。这实际上加速了环境介质分子进入弧柱使弧柱膨胀的进程。此外，由于电极材料不同，即使没有外加磁场，且分断速度较低，触头间电弧也是气体态电弧，如图 4-13b 所示，显示了 W 触头良好的电弧移动特性以及触头材料熔点对电弧放电特性的显著作用。

结合金属蒸气态电弧和气体态电弧的不同运动特性，不难理解金属蒸气电弧对电极（触头）的侵蚀更为严重这一事实。由于金属蒸气电弧对电极的热流输入十分集中，所以造成触头材料局部区域严重的蒸发甚至喷溅。而气体态电弧对电极热流输入较为分散均匀，故造成的材料侵蚀就小得多。因此，考察触头材料的耐侵蚀性，无论是按一定电流下单位电弧持续时间，还是按单位电弧能量造成的材料损耗都是不很全面的，必须考虑电弧的移动情况。

4.1.3　电弧停滞时间及电弧移动特性

1. 电弧运动现象及电弧停滞时间

为了降低触头材料的电弧侵蚀，对于所有的电触头材料无一例外地希望电弧弧根在触头表面快速移动。根据电弧运动的平均速度，可对电弧运动现象进行分类：速度在每秒几十米以下的缓慢运动，速度在每秒几十米到几百米的快速运动及速度在每秒几千米的极快运动。另外，可根据电弧运动形式进行分类，分为连续的与不连续的电弧运动，不连续的运动是指电弧弧根不连续地沿着电极表面发生停顿与向前跃进交替进行的迁移运动。

研究指出，从触头分离到电弧电压开始急剧上升期间，电弧弧根静止于触头表面某一点，这段时间称为电弧的停滞时间，大量试验结果表明，电极电弧侵蚀极大地取决于电弧的停滞时间，这一时间取决于触头分离速度、横向磁场数值、分断电流、触头表面状况及触头材料本身。

在触头分离之后，电弧的移动性至少有如下四种性态：①绝对静止状态，即电弧弧根静止于触头表面某一点；②爬行态，即电弧以某一较低的速度值在触头表面滑过，在触头表面有明显的爬行痕迹；③电弧的爬行速度逐步增大，直至达到快速移动的速度；④触头一分离，电弧即做高速移动，这种情况只在外界加有横向磁场时才可能发生。

研究电弧的移动特性，一方面是影响电弧停滞时间的因素分析，另一方面是影响电弧移动速度的因素分析，二者构成不可分割的整体。

2. 影响电弧停滞时间 t_i 的因素分析

（1）触头分离速度对电弧停滞时间的影响　触头分离速度是影响电弧停滞时间的重要参数之一。图 4-14 给出了电弧停滞时间 t_i 随分离速度的变化关系[148]。试验表明，当触头分离速度在低于 3m/s 之内变化时，电弧停滞时间随分离速度的增加而急剧下降；而当分离速度超过 6m/s 时，t_i 值随着分断速度的增加仅有微小的降低，且几乎与材料无关。因此，6m/s 的触头分离速度似乎是一个临界速度值，当分离速度高于此值时，触头材料、电弧电流、分断速度值都不再对 t_i 值发生作用，电弧停滞时间趋于恒值。这一论点尚待更多的试验进一步论证。

（2）电弧电流对电弧停滞时间的影响[148,149] 电弧电流是影响 t_i 值的另一重要因素，其试验结果如图 4-15 所示。值得指出的是，随着电流的增加，t_i 值并非一直下降，而是在达到某一电流值后重新转为上升，对这一现象的机理尚待研究。

（3）外加磁场对电弧停滞时间的影响[150] 外加磁场 B 对 t_i 值有显著的影响，在交流电流峰值为 1kA 时，t_i 值随 B 增加而下降，如图 4-16 所示。

（4）触头材料对电弧停滞时间的影响 触头材料不同，t_i 值有明显差异。同等条件下，AgCdO 的 t_i 值大大高于 $AgSnO_2$ 的 t_i 值，如图 4-17 所示。

（5）触头表面状况对电弧停滞时间的影响 为观察触头表面变化对电弧停滞时间的影响，用已进行

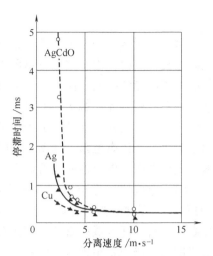

图 4-14 电弧停滞时间 t_i 随分离速度的变化关系曲线

AC3、AC4 条件下 20%、50%、70% 电寿命试验的触头进行对比试验，得到结果如图 4-18 所

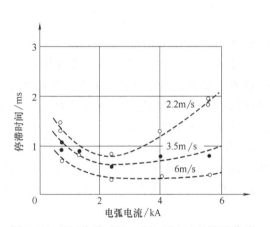

图 4-15 电弧停滞时间 t_i 与电弧电流的关系曲线

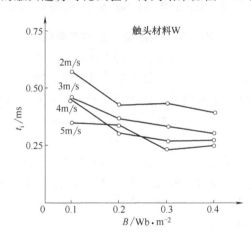

图 4-16 外加磁场 B 对 t_i 值的影响

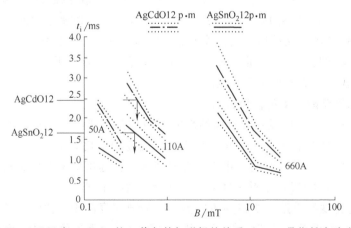

图 4-17 AgCdO 与 $AgSnO_2$ 的 t_i 值与外加磁场的关系（p.m. 是指粉末冶金法）

示[149]。可以看出，AC3 条件下，AgSnO₂ 材料的电弧停滞时间已接近于 AgCdO 材料的电弧停滞时间。在 AC4 条件下，AgSnO₂ 材料的电弧停滞时间就更长。反映了触头表面状况劣化后，电弧停滞时间延长。

3. 影响电弧运动速度的因素分析

（1）间隙长度　间隙长度对电弧运动速度的影响如图 4-19 所示。但在 AgC 触头材料上观察到了与间隙长度无关的电弧运动速度，且其速度值为最小。各种银基材料的电弧运动特性基本接近，图 4-20 为 400A、间隙长度为 1mm 时银基材料的电弧运动特性。

（2）触头材料的制造工艺　触头材料的制造工艺对电弧移动性有明显影响，如内氧化法生产的触头比烧结法生产的触头有更良好的电弧移动性。

（3）电触头表面及粗糙度　电触头表面氧化物及粗糙度对电弧移动也有影响。研究表明，电弧弧根选择氧化膜轨迹运动，粗糙的表面将为电弧快速运动提供有利条件[151]，如图 4-21 所示。

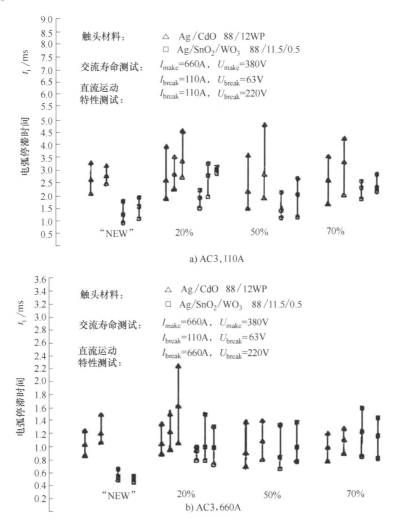

图 4-18　未经运行的触头材料和经过运行的触头材料电弧停滞时间的比较

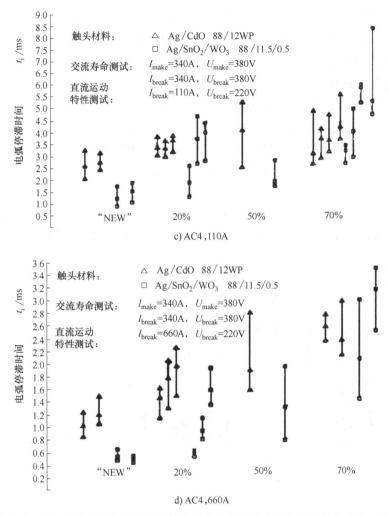

c) AC4，110A

d) AC4，660A

图 4-18　未经运行的触头材料和经过运行的触头材料电弧停滞时间的比较（续）

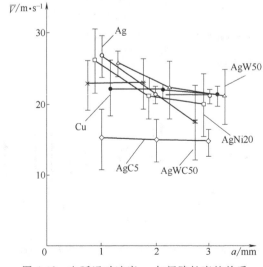

图 4-19　电弧运动速度 v_L 与间隙长度的关系

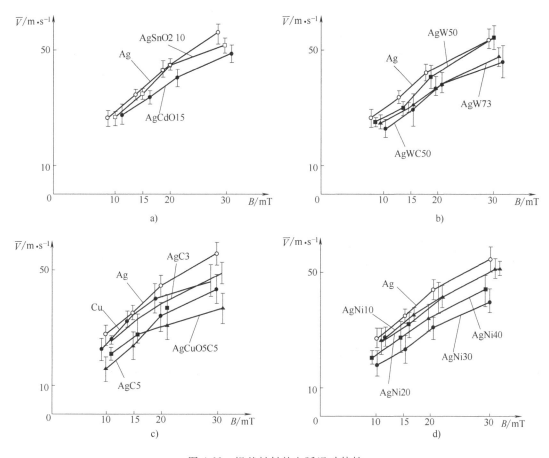

图 4-20　银基材料的电弧运动特性

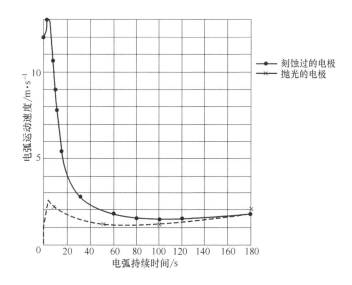

图 4-21　不同触头表面状况时电弧运动速度与电弧持续时间的关系（电流 2A，横向磁场
强度 0.015Wb/m^2，氮气压力 25Torr，电极间距 2.2mm）

（4）自磁场和外加磁场 自磁场和外加磁场对电弧运动速度的影响也不相同，图 4-22 为间隙长度 1mm、外加磁场 50mT/kA 时[152]，电弧的运动速度。在自磁场作用下，随着电流的增加，电弧运动速度不如外加磁场增加得快，这是因为电弧弧根斑点直径也在增加。另外，对铁磁性材料，在磁场作用下，恒有最高的电弧移动速度。

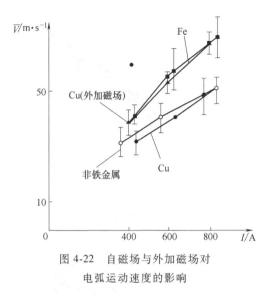

图 4-22 自磁场与外加磁场对
电弧运动速度的影响

4.1.4 电弧等离子体喷流及其特性

采用对电弧通道高速摄影的方法，当电流大于 30~50A 时，可以发现存在加热到很高温度的气体粒子和金属蒸气的定向流，通常这个粒子流是从电极附近的电弧通道的截面收缩部分流出的。

等离子体喷流的长度、直径和粒子前沿的分布速度取决于电流和电极材料的性能，如图 4-23 所示。图 4-24 则给出了在开断 100A 的直流电路时电流与时间的关系，图中也表示出等离子体喷流的长度 l_n 随时间的变化曲线，交流电流在一个周期内与直流相类似的曲线在图 4-25 中给出[153]。

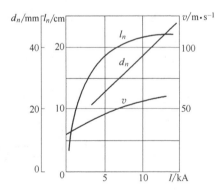

图 4-23 等离子体喷流的长度 l_n、直径 d_n 和其前沿分布速度 v
与电流的函数关系

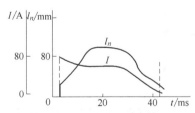

图 4-24 在直流 100A 时等离子体喷流
长度随时间的变化

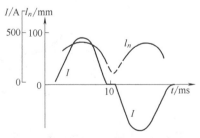

图 4-25 在交流 500A 时等离子体喷流
长度随时间的变化

通常等离子体喷流具有锥状发射的特点，这可以证明其电磁现象的存在。由电弧电流产生的电磁力使等离子体的运动粒子向等离子体喷流的轴线集中，并使得等离子体喷流成为具有明显轮廓的光束。随着电流的增长，等离子体喷流的轮廓变成不明显了。这一现象是由于热现象的相对作用的增强而引起的，特别是弧柱的热膨胀，结果使等离子体的粒子由轴向向径向方向扩散。

等离子体喷流的扩展速度和高的压力使其遇到的障碍首先是对面的电极遭到破坏。一种观点认为，这种破坏是电极侵蚀的主要原因。也就是说，侵蚀和放电没有直接的联系，而是由放电引起的金属蒸气流的机械作用所派生的过程。这种说法不够全面，但从一个侧面反映出电极喷流的出现不仅使电极本身材料侵蚀加剧，更使对面电极受到了严重的烧损。另一种观点认为，达到对面电极上的喷流不会产生电极的机械破坏，而是改变了电弧斑点所形成的显微液池中的表面张力系数，随表面张力系数的减小液相喷溅的可能性变得更大[154]。

4.1.5 电弧对电极的热流输入和电弧力效应

1. 电弧对电极的热流输入

电弧对电极的热流输入与电弧近极区过程相关[155]。根据阴极区和阳极区电弧放电过程中所发生的各种物理现象，可宏观地列出两电极区的能量平衡方程式。

阴极能量平衡方程式为

$$p_i+p_\varphi+p_F+p_c+p_s = p_e+p_z+p_{F1}+p_{c1}+p_p \tag{4-1}$$

式中 p_i 为离子流经过阴极位降区加速后碰撞阴极的动能，$p_i=U_kI_i+U_TI_i$；U_k 为阴极位降，$U_T=\frac{5}{2}kT_i$；p_φ 为离子流在阴极表面和电子复合时放出的位能，$p_\varphi=U_iI_i$；I_i 为电流中离子分量；p_F 为弧柱辐射而传至阴极表面的能量；p_c 为弧柱传导而传至阴极表面的能量；p_e 为阴极发射电子消耗的功率，$p_e=U_wI_e$；I_e 为电流中电子分量；U_w 为功函数；p_z 为触头材料蒸发吸收的潜热；p_{F1} 为电极表面向外辐射的功率；p_{c1} 为电极表面向内部传导的功率；p_s 为阴极体内因电流收缩产生的热量；p_p 为阴极触头材料液态喷溅消耗的能量。

同样，阳极能量平衡方程式为

$$p_e'+p_F'+p_c'+p_s' = p_{F1}'+p_{c1}'+p_z'+p_p' \tag{4-2}$$

式中，p_e' 为电子碰撞阳极的能量；p_F' 为电弧辐射至阳极表面的功率；p_c' 为电弧传导至阳极表面的功率；p_s' 为阳极体内因电流收缩产生的热量；p_{F1}' 为触头表面辐射散失的功率；p_{c1}' 为触头表面传导至触头内部的功率；p_z' 为阳极蒸发所耗散的功率；p_p' 为阳极触头材料液态喷溅消耗的能量。

上述能量平衡过程的分析，仅可从宏观上了解电弧对电极能量输入的大小。实际上，这些能量输入在电极表面的分布更为重要。精确的研究电弧对电极的热流输入应当通过实验测试，获取各量在触头表面及体内随时间和空间的变化。但由于电弧高温区测试技术所限，完成上述的测定很难实现。另外，在一定的具体情况下，某些量的相对值差别很大，因而可以忽略不计。即针对不同的条件，问题常常能得以简化。

2. 电弧力效应

电弧除以热的形式对触头作用外，尚有力的作用存在。电弧对电极力的作用有两个方面，第一，由于热作用而引起触头材料内部巨大的温度梯度因而有热应力存在；第二，电弧对触头材料表面弧根区域力的作用[156]，其中包括电子力、静电力、电磁力、物质运动的反作用力、等离子流力。

（1）电子力 P_1　电子力包括：①离子（或电子）轰击阴极（或阳极）的冲击力；②弧柱区电子热运动受到阴极排斥而产生的反作用力。

1）离子（或电子）轰击阴极（或阳极）的冲击力。

对阴极而言，设阴极压降为 V_c，阳离子质量为 m_i，电荷为 e，在电弧稳定燃烧时，阳离子中和后要回跳到压力低的弧柱区，且回跳的中性粒子数等于流入的阳离子数，这样，阴极单位面积所受冲击力为[157]

$$p_{1c} = fj\sqrt{2m_i V_c/e} \tag{4-3}$$

式中，f 为阴极表面总电流中离子电流所占比例；j 为阳极电流密度。

$$p_{1a} = (1-f)j\sqrt{2m_e V_a/e} \tag{4-4}$$

式中，m_e、V_a 分别为电子质量和阳极压降。

2）弧柱电子对阴极的反作用力[158]。

在与阴极区相连接的弧柱中，同时存在着电子和阳离子，其中的电子即使因作不规则运动而飞向阴极，也将被阴极表面的负电荷斥回，电子受到排斥，即它向阴极接近的速度方向发生逆转，也就意味着它在力的作用下动量发生了变化，阴极当然也受到该力的反作用力的排斥。设弧柱中的电子密度为 n_e，电子温度为 T，则阴极表面单位面积受到的压力是

$$P_{1c}^2 = n_e kT \tag{4-5}$$

式中，k 为玻耳兹曼常数。

（2）静电力 P_2　忽略电子的初始能量和离子进入阴极区的初始速度，则阴极表面电场强度对阴极表面单位面积的引力为

$$P_{c2} = fj\sqrt{2m_i V_c/e} - fj\sqrt{2m_e V_c/e} \tag{4-6}$$

可见，静电力抵消了大部分的电子力。

而对阳极，阳极前电场强度是 $E_a = \dfrac{4}{3}\dfrac{V_a}{d}$，这里 d 为阳极压降区长度。则按照电磁学公式，阳极单位表面正电荷受到阳极前电场吸引力的大小为 $2V_a^2/9\pi d^2$。由于阳极电流密度 $j = \dfrac{\sqrt{2}}{9\pi}\sqrt{\dfrac{e}{m_e}}\dfrac{V_a^{3/2}}{d^2}$，则对阳极其静电力恰好等于电子力[159]。

（3）电磁力 P_3　P_3 是由传导电流的自身磁场产生的磁收缩压力差和轴向电磁力 f 构成。前者的基本观点是当两根平行导体流过同向电流时，导体之间由于电磁作用将产生一种吸引力，当导体是熔化金属一类液体时，吸引力起着压力的作用，使得中心区的压力高于外围内压力，中心区压力与 I^2 成正比。但对截面较小的区域，其平均压力要较截面较大区域的平均压力高，因而存在轴向压力差。后者是由于变截面导体存在径向电流分量，因而产生了轴向压力分量。文献 [160] 对这两类电磁收缩力进行了具体推算。

在此，简单地设电极中的固液分界面是半球面，而因体积膨胀而凸起的部分为一球冠，如图 4-26 所示。

由球冠和半球体的体积公式，可得到体积比 S_V 为

$$S_V = \frac{1}{4} \tan\left(\frac{\theta}{2}\right)\left[3 + \tan^2\left(\frac{\theta}{2}\right)\right] \qquad (4-7)$$

当 $S_V = 0.12 \sim 0.28$ 时，则有 $\theta = 18° \sim 40°$。

电流线垂直液态金属表面流出，向弧柱扩展。电流密度不是均匀分布的，而是中心密度大，边缘密度低。若全部电流从液态金属表面流出，取锥顶 O 处为原点，可设电流密度分布为

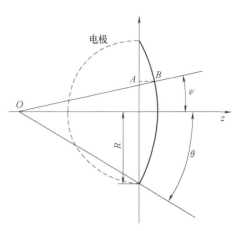

图 4-26　电极表面受热膨胀

$$j = j_m\left(1 - \frac{1-\cos\psi}{1-\cos\theta}\right) = \frac{I\cos^2\psi}{\pi z^2(1-\cos\theta)^2}(\cos\psi - \cos\theta) \qquad (4-8)$$

其中 ψ 是 O 点到考察点的矢径与对称轴的夹角。若近似认为液态金属凸起部分中的电流线形状等同于从 O 点向外直线发散时的情况，则可推导其中的电磁力计算公式。

将电流密度分解为轴向和径向

$$j_z = j\cos\psi ;\ j_r = j\sin\psi$$

由 $\dfrac{1}{r}\dfrac{\partial}{\partial r}(rB) = \mu_0 j_z$，可得

$$
\begin{aligned}
B &= \frac{1}{r}\int_0^r \mu_0 j_z r\,\mathrm{d}r \\
&= \frac{1}{r}\int_0^\psi \frac{\mu_0 I\sin\psi}{\pi(1-\cos\theta)^2}(\cos\psi - \cos\theta)\,\mathrm{d}\psi \\
&= \frac{\mu_0 I\cos\psi\tan\left(\dfrac{\psi}{2}\right)}{2\pi z(1-\cos\theta)^2}(1+\cos\psi-2\cos\theta)
\end{aligned}
\qquad (4-9)
$$

式（4-9）即是在轴向距离 z、夹角 ψ 处，由传导电流产生的角向磁感应强度。

再由 $\dfrac{\partial P}{\partial r} = -j_z B$，通过积分可得到液态金属凸起部分中的自磁收缩压力为

$$
\begin{aligned}
P &= \int_r^{r'} \frac{\mu_0 I(1-\cos\psi)}{2\pi(1-\cos\theta)^2 r}(1+\cos\psi-2\cos\theta)j\cos\psi\,\mathrm{d}r \\
&= \frac{\mu_0}{2\pi^2 z^2}\int_\psi^\theta \frac{I^2(1-\cos\psi)}{(1-\cos\theta)^4}(1+\cos\psi-2\cos\theta)(\cos\psi-\cos\theta)\frac{\cos^2\psi}{\sin\psi}\,\mathrm{d}\psi \\
&= \frac{\mu_0 I^2}{2\pi^2 z^2}\frac{\cos^2\theta}{(1-\cos\theta)^4}F_1(\theta,\psi)
\end{aligned}
\qquad (4-10)
$$

而

$$
\begin{aligned}
\Delta P = {}& \frac{\mu_0 I^2\sin^2\theta}{2\pi^2 R^2(1-\cos\theta)^4}\left\{F_1(\theta,\psi_0) - \frac{\cos^2\theta}{\cos^2\psi}F_1(\theta,\psi) + \frac{1}{4\sin^2\psi}\left[F_2(\theta,\psi_0) - F_2(\theta,\psi)\right]\right\} - \\
& f\frac{\sqrt{2m_e u_c}}{e}\frac{I\sin^2\theta\cos\psi}{\pi R^2(1-\cos\theta)^2}(\cos\psi-\cos\theta) - \frac{w_0^2}{\rho}\cos\psi
\end{aligned}
$$

$$(4-11)$$

式中

$$F_1(\theta,\psi) = \frac{\cos^2\theta}{4}\left[\left(\frac{\cos\psi}{\cos\theta}\right)^4 - 1\right] - \cos^2\theta\left[\left(\frac{\cos\psi}{\cos\theta}\right)^3 - 1\right] + \cos\theta(1+\cos\theta)\left[\left(\frac{\cos\psi}{\cos\theta}\right)^2 - 1\right] - 2(1+\cos\theta)$$
$$\left(\frac{\cos\psi}{\cos\theta} - 1\right) + 2\frac{1+\cos\theta}{\cos\theta}\ln\frac{1+\cos\psi}{1+\cos\theta}$$

r' 是电流通道半径,ω_0 是触头材料表面蒸发率,单位为 $\mathrm{kg\cdot s^{-1}\cdot m^{-2}}$。

因此在图 4-26 中 A 点和 B 点之间的磁压力差为

$$\Delta P_m = \frac{\mu_0 I^2\sin^2\theta}{2\pi^2 R^2(1-\cos\theta)^4}\left[F_1(\theta,\psi_0) - \frac{\cos^2\theta}{\cos^2\psi}F_1(\theta,\psi)\right] \tag{4-12}$$

式中,ψ_0 为 A 点对轴线的夹角,可有

$$\cos\psi_0 = \cos\theta / \sqrt{\cos^2\theta + \sin^2\psi} \tag{4-13}$$

由式 (4-13) 可得到,θ 越大则 ΔP_m 越大,但当液池表面是凹陷时,作用于液体金属上的压力梯度将反向。

同时,由于有径向电流分量,还有轴向电磁力,从 A 点到 B 点间作用于液体金属上的轴向电磁力密度为

$$f_z = \int_A^B j_r B\,\mathrm{d}z = \frac{\mu_0 I^2\sin^2\theta}{8\pi^2(1-\cos\theta)^4 R^2\sin^2\psi}\left[F_2(\theta,\psi_0) - F_2(\theta,\psi)\right] \tag{4-14}$$

式中

$$F_2(\theta,\psi) = (1-\cos\psi)^2(1+\cos\psi-2\cos\theta)^2$$

因此,作用于凸起部分液态金属上的总的电磁力为

$$P_3 = \Delta P_m + f_z \tag{4-15}$$

(4) 物质运动的反作用力 P_4 当电极物质高速蒸发时,按照动量守恒定律,将对电极产生反作用力,这种反作用力随着电流的增大而加强,并且在弧根区域中心最为强烈。

(5) 等离子流力 P_5 当触头分断电流大于 30A 时,在分断过程中可以探测到从电极附近流出的较强的等离子体喷流[161]。

一方面,电极喷流使产生喷流的电极材料侵蚀增大;另一方面,对另一电极输入热流及施加机械压力。小直径电极的喷流较强,使得对面电极的侵蚀率增加,同时可能存在一个临界电流值,当电流大于此值时,对称直径电极的情况会有阳极喷流比阴极喷流更强,两喷流相遇形成的等离子体盘接近阴极,使阴极侵蚀率大于阳极,而如果增大间隙,由于减弱了阳极喷流对阴极的作用,则出现阳极侵蚀大于阴极侵蚀。

另外,电极喷流对材料侵蚀作用大小还与电极材料相关[146]。以不同的触头材料非对称配对,试验结果表明,两电极产生的喷流在接近低沸点材料的区域相遇而形成等离子体盘,从而对低沸点材料有更大的作用力。

强烈的喷流对开关电器的灭弧和触头、电极材料侵蚀等都有很大影响。对喷流现象的试验研究和理论分析,早在 20 世纪 30 年代就开始了。虽已有不少论述,但仍没有足够可靠的理论模型能够定量地描述已有的实验数据。解释喷流现象的最普遍的理论有:磁收缩理论 (Maecker,1955),蒸气等压膨胀理论 (Finkelnburg,1948) 和液态金属爆炸式蒸发膨胀理论 (Schöbach,1971)[162-164]。

Maecker 指出[165]，在电弧弧根处与弧柱间，由于自磁收缩程度不同，可产生轴向压力梯度，从而引起电极喷流。由此得出自磁收缩可产生的最大轴向运动速度为

$$v_{max} = \left(\frac{Ij\mu_0}{\bar{\rho} 2\pi} \right)^{1/2} \tag{4-16}$$

式中，$\bar{\rho}$ 为平均等离子体质量密度。

文献［166］则由电极蒸气的膨胀得出在电极表面处喷流的速度为

$$v_0 = \frac{W_0(T)}{\rho_0} \tag{4-17}$$

Ecker 结合以上两种理论[167]，并考虑了阴极溅射原子，在阴极表面中和后反射粒子，阴极发射的电子等传给收缩区等离子体动量，从而得出阴极喷流速度一般计算式为

$$\bar{\rho} \frac{v_{max}^2}{2} = j \left\{ \frac{\mu_0 I}{4\pi} + \frac{(\alpha_r W_0)^2}{2\bar{\rho}j} + \gamma_{sp}(1-f) \left(\frac{2E_{sp}m_i}{e^2} \right)^{1/2} (1-f) \left[\frac{2m_i(1-\alpha_n)(u_i-\psi)}{e} \right]^{1/2} + \right.$$
$$\left. (1-f) \left[\frac{2m_i(1-\alpha_i)u_c}{e} \right]^{1/2} + f \left[\frac{2m_e(u_c+u_{th})}{e} \right]^{1/2} \right\} \tag{4-18}$$

式中，α_r 为考虑径向扩散的轴向蒸气膨胀减少系数；γ_{sp}、E_{sp} 分别为溅射率和溅射原子的能量；α_n、α_i 分别为离子中和能转变为反射离子动能部分的比例系数和反射离子带有的从空间电荷区得到的能量部分的比例系数；φ 为阴极材料的逸出电位；u_{th} 为电子离开阴极时的初始能量。

阳极喷流则仅有自磁收缩和材料蒸发两项，即

$$\bar{\rho} \frac{v_{max}^2}{2} = j \left[\frac{\mu_0 I}{4\pi} + \frac{(\alpha_r W_0)^2}{2\bar{\rho}j} \right] \tag{4-19}$$

其他计算模型大多只考虑自磁收缩效应。例如，Cowley 假定电流密度均匀分布，在电极表面处速度为 0，忽略黏性，最后得到计算速度与电弧半径乘积的近似解[166]。而 Strachan 和 Barrault 则设电导率在电弧半径内为常数[168]，喷流速度在电弧半径内有一平均值，而在半径之外速度为 0，电流密度均匀分布，忽略黏性等，得到计算平均速度的公式。在测试电弧半径 $R(z)$，电弧辐射损耗 $Q(z)$ 和轴向电场强度 $E(z)$ 后，便可计算出平均轴向速度 $\bar{v}_z(z)$。所有上述模型都是稳态的。

由于上述各模型都不易估算各因素的影响，而且对于低压电器中的短间隙电弧，主要考虑近极区的作用，应用时考虑电极材料的蒸发、自磁收缩以及输入等离子体的电能。下面从磁流体动力学方程组出发，在一定的假设条件下，推导计算喷流参数的近似公式。

只考虑流场特征长度极大于粒子平均自由程的情况，这时可有速度为 v 的宏观气流。根据 Knudsen 准则[169] 当有下式成立（连续介质近似才是有效的）

$$K_n < 0.01 \tag{4-20}$$

式中，K_n 是 Knudsen 数。$K_n \equiv \frac{\lambda_0}{L}$，$\lambda_0$ 是重粒子的平均自由行程，L 为流场的特征长度。因此把从电极表面到距电极约 100 倍重粒子平均自由行程 L 处的区域看作是电极喷流的形成初始区段。大气压下的电弧中，可取 $L = 0.1$mm。

首先列出磁流体动力学方程组：

能量方程
$$\rho \frac{dh}{dt} = \frac{dP}{dt} + \phi + q + \nabla\lambda\,\nabla T - q_r \tag{4-21}$$

动量方程
$$\rho \frac{d\boldsymbol{v}}{dt} = -\nabla P + \boldsymbol{j}\times\boldsymbol{B} + 2\,\nabla(\eta\dot{S}) + \frac{2}{3}\,\nabla(\eta\,\nabla\boldsymbol{v}) \tag{4-22}$$

安培定律
$$\nabla\times\vec{B} = \mu_0\vec{j} \tag{4-23}$$

连续性方程
$$\frac{\partial\rho}{\partial t} + \nabla(\rho\boldsymbol{v}) = 0 \tag{4-24}$$

式中，h 为电弧气体的比焓；ϕ 为黏性力引起的耗散功；q 为输入单位体积电弧气体的电功率；η 为黏性系数；$\dot{S}$ 为速度变形张量；λ 为热传导系数；q_r 为辐射散失的功率。

动量方程中忽略了重力的作用，因为，即使在轴线为垂直放置的情况，重力的影响也是微弱的。对于稳定状态，参数时变率为 0。同时利用喷流流动有 $v_z \geqslant v_r$，$\frac{\partial v_r}{\partial r} \geqslant \frac{\partial v_z}{\partial z}$ 等，可简化动量方程中的黏性项[126,163]。式（4-21）~式（4-24）可改写为

能量方程
$$\rho\boldsymbol{v}\,\nabla h = \boldsymbol{v}\,\nabla P + \phi + q + \nabla\lambda\nabla T - q_r \tag{4-25}$$

动量方程

轴向
$$\rho\boldsymbol{v}\,\nabla v_z = -\frac{\partial P}{\partial z} + j_r B + \frac{1}{r}\,\frac{\partial}{\partial r}\left(\eta r\,\frac{\partial}{\partial r}v_z\right) \tag{4-26}$$

径向
$$0 = -\frac{\partial P}{\partial r} - j_z B \tag{4-27}$$

安培定律

轴向
$$\frac{1}{r}\,\frac{\partial}{\partial r}(rB) = \mu_0 j_z \tag{4-28}$$

径向
$$\frac{\partial B}{\partial z} = -\mu_0 j_r \tag{4-29}$$

连续性方程
$$\frac{\partial}{\partial r}(\rho v_r) = \frac{\partial}{\partial z}(\rho v_z) \tag{4-30}$$

另外再附加：

状态方程
$$P = nkT \tag{4-31}$$

过程关系式
$$\frac{P}{\rho^\gamma} = 常数 \text{ 或 } \frac{P^{\gamma-1}}{T^\gamma} = 常数 \tag{4-32}$$

式中，n 为喷流气体粒子数密度；γ 为多方指数。

在推导轴心处（$r=0$）喷流速度时，忽略黏性、热传导和辐射散热，则式（4-25）和式（4-26）变为

$$\rho v_z \frac{\partial h}{\partial z} = v_z \frac{\partial P}{\partial z} + q \tag{4-33}$$

$$\rho v_z \frac{\partial v_z}{\partial z} = -\frac{\partial P}{\partial z} \tag{4-34}$$

将式（4-34）代入式（4-33），并沿 z 轴从 0 到 L 积分，得到

$$h_L - h_0 + \frac{1}{2}v_L^2 - \frac{1}{2}v_0^2 = Q \tag{4-35}$$

式中，下标 0 和 L 分别表示在电极表面中心（0, 0）处和在（0, L）处的值；Q 相当于在初始段中输入从（0, L）处流出的单位质量喷流气体的电能。对于阴极喷流，其中主要是阴极发射的电子所输入的能量，因此近似有

$$Q = \frac{f u_c j_L}{\rho_L v_L} \tag{4-36}$$

由此可得在（0, L）处的轴向速度 v_L 的计算公式为

$$v_L^3 + \left[2(h_L - h_0) - v_0^2 \right] v_L - \frac{2 f u_c j_L}{\rho_L} = 0 \tag{4-37}$$

当电极的蒸发不可忽略时，设 W_{00} 是电极弧根中心处表面的蒸发率，单位为 $kg/(s \cdot m^2)$。ρ_{0v} 为该处的蒸气密度，可认为该处气体完全是电极材料的蒸气，因此由式（4-17）得

$$v_0 = \frac{W_{00}}{\rho_{0v}} = \frac{W_{00}}{\rho_0} \tag{4-38}$$

同时将式（4-32）中的 $\dfrac{P}{\rho^\gamma}$＝常数代入轴向动量方程，令 $r = 0$，忽略黏性，积分可得

$$\frac{1}{2}v_L^2 - \frac{1}{2}v_0^2 = \frac{\gamma}{\gamma-1}\left(\frac{P_0}{\rho_0} - \frac{P_L}{\rho_L} \right) \tag{4-39}$$

而由式（4-32）中的 $\dfrac{P^{\gamma-1}}{T^\gamma}$＝常数，可得

$$\frac{T_L}{T_0} = \left(\frac{P_L}{P_0} \right)^{\frac{\gamma-1}{\gamma}} \tag{4-40}$$

因此

$$\frac{\gamma}{\gamma-1} = \ln(P_L/P_0)/\ln(T_L/T_0) \tag{4-41}$$

代入式（4-39）得

$$v_L^2 = v_0^2 + 2(P_0/\rho_0 - P_L/\rho_L)\frac{\ln(P_L/P_0)}{\ln(T_L/T_0)} \tag{4-42}$$

由状态方程式（4-31），式（4-42）可写为

$$v_L^2 = v_0^2 + 2k(T_0/\overline{m}_0 - T_L/\overline{m}_L)\frac{\ln(P_L/P_0)}{\ln(T_L/T_0)} \tag{4-43}$$

式中，$\overline{m}_0$、$\overline{m}_L$ 分别为在（0, 0）和（0, L）处粒子的平均质量。

另外，考虑到电弧通道中电流密度径向的高斯分布

$$j_z(r,z) = j_z(0,z)\exp(-Kr^2) \tag{4-44}$$

式中，K 为电流密度分布的集中系数，单位为 m^{-2}。

将式（4-44）代入式（4-28）并积分，得到电弧电流产生的角向磁感应强度为

$$B = \frac{\mu_0 I}{2\pi r}(1 - e^{-Kr^2}) \tag{4-45}$$

再将式（4-45）代入式（4-27）中并积分，可得到磁收缩压力为

$$\Delta P(r,z) = \frac{\mu_0 I j_z(0,z)}{4\pi} \int_{Kr^2}^{\infty} \frac{e^{-x} - e^{-2x}}{x} \mathrm{d}x \tag{4-46}$$

因此，在 $r=0$ 处的气压为

$$P(0,z) = \frac{\mu_0 I j_z(0,z)}{4\pi} \ln 2 + P_\infty \tag{4-47}$$

式中，P_∞ 为环境气压。

考虑到黏性等的作用，喷流速度在径向也非均匀分布，因此按照文献 [166]，设其为高斯型分布

$$v_z(r,z) = v_z(0,z) \exp(-Ar^2) \tag{4-48}$$

式中，A 为轴向速度 v_z 在径向分布的集中系数，$A=A(z)$。

为求出 A，首先将式（4-29）代入式（4-26）得到

$$\rho \frac{\partial v_z^2}{\partial z} = -\frac{\partial P}{\partial z} + \frac{B}{\mu_0} \frac{\partial B}{\partial z} + \eta \frac{1}{r} \frac{\partial}{\partial r}\left(r \frac{\partial}{\partial r} v_z\right) - \rho v_r \frac{\partial v_z}{\partial r} \tag{4-49}$$

利用连续性方程式（4-30），整理并对 r 从 0 到 ∞ 积分得

$$\frac{\partial}{\partial z} \int_0^{\infty} \rho v_z^2 2\pi r \mathrm{d}r = -2\pi \int_0^{\infty} \frac{\partial}{\partial z}\left(P + \frac{B^2}{2\mu_0}\right) r \mathrm{d}r \tag{4-50}$$

再对 z 积分，得动量流方程为

$$F(L) = \int_0^{\infty} \rho_L v_L^2(r,L) 2\pi r \mathrm{d}r = F(0) + \frac{\mu_0 I^2}{8\pi} \ln \frac{j_0}{j_L} \tag{4-51}$$

将式（4-48）代入，设密度 ρ 在通道中径向变化不大，这对于大气压下燃烧的电弧总可成立。因此式（4-51）变为

$$4\pi^2 \rho_L v_L^2 / A_L - 4\pi^2 \rho_0 v_0^2 / A_0 - \mu_0 I^2 \ln(j_0/j_L) = 0 \tag{4-52}$$

电极表面处的速度分布集中系数 A_0，可由电极表面蒸发率的分布计算出来。由式（4-52）得出 A_L 后，便可得到 (r, L) 处的喷流速度为

$$v_z(r,L) = v_L e^{-A_L r^2} \tag{4-53}$$

对于阳极喷流也可有相同的推导。与阴极区不同的是，阳极弧根收缩程度低，输入的能量较小。但同时，阳极无发射带电粒子的冷却作用，电极温升高，蒸发率大。这些特点决定了阳极喷流通常只在较大电流，蒸发量很大时才出现。所以，当触头系统在材料、尺寸、几何形状等都对称时，总是阴极喷流在较小电流就首先出现。

人为压缩弧柱也可产生喷流，这时不同于电极喷流的是，收缩区内不仅气压高，而且温度也高于未收缩的区域，并且有 $v_0 = 0$。

以上的一些公式中，用 T_0 和 T_L 表示喷流气体的平动温度，设在电极表面处各粒子都具有相同的初始平动温度 T_0；而在 L 处，气体已达到局部热力学平衡，即认为喷流是平衡流动的。按照 Damköhler 准则[170]，平衡流动必须有

$$D_{am} \gg 1 \tag{4-54}$$

式中，D_{am} 为 Damköhler 数，$D_{am} \equiv \frac{\tau_t}{\tau}$，其中 $\tau_t = \frac{L}{v}$ 为流动时间，τ 为弛豫时间。

当流速为 $10^4 \mathrm{m/s}$ 数量级时，τ_t 约为 $10^{-8}\mathrm{s}$。而等离子体的弛豫时间 τ 可按下式计算

$$\frac{1}{\tau} = \frac{1}{\tau_{ei}} - \frac{1}{\tau_{en}} \tag{4-55}$$

式中，τ_{ei} 是电子对离子的弛豫时间；τ_{en} 是电子对中性原子的弛豫时间。

$$\tau_{ei} = \frac{250 M T_e^{3/2}}{n_i \ln \Lambda} \tag{4-56}$$

$$\tau_{en} = \frac{1.1 \times 10^{-6} M \lambda_{en}}{T_e^{1/2}} \tag{4-57}$$

式中，M 为离子的原子量；T_e 为电子温度；$\ln \Lambda$ 为库仑对数，$\ln \Lambda = 10$；λ_{en} 为由电子与中性粒子碰撞决定的电子平均自由行程。

式（4-56）和式（4-57）中使用 CGS-ESU 单位（即厘米-克-秒制和高斯单位）。可以得出在大气压情况下，总式（4-54）成立。

我们知道，电极上温度场的建立和流体中流场的建立，分别与以下的两扩散系数有关[76]。

$$a = \frac{\lambda}{c\rho}, \quad v = \frac{\eta}{\rho} \tag{4-58}$$

式中，a 是热扩散系数，单位为 $\mathrm{m^2/s}$；v 是动力黏性系数，单位为 $\mathrm{m^2/s}$。对于 Ag 电极上的熔化区，$a = 1.6 \times 10^{-4}$；对于 Ag 蒸气在 1 个大气压、5000K 时，$v = 1.9 \times 10^{-3}$。

已知流场的特征长度 $L = 10^{-4}\mathrm{m}$，因此喷流的特征时间为

$$\tau_j = \frac{L^2}{v} = 5 \mu\mathrm{s} \tag{4-59}$$

由此可知，喷流通常是滞后电弧的点燃约几微秒。当电极上熔化区与 L 同数量级时，由于 $v > a$，速度场完全能够足够快地反映电极上温度场的变化。

简单地计算得出（见表 4-1），电流、阴极表面的电流密度、阴极电压降和阴极表面温度等的升高，环境气压和阴极材料原子质量的降低等都能使喷流速度和动压增大。关于原子量的影响，计算结果与文献 [162] 从实验总结出的规律相符。而电极温度的影响，文献 [171] 的试验表明高沸点材料电极上发出的喷流比低沸点材料电极的强。由于弧根收缩程度越高，即 j_0 越大，喷流速度等也越大，AgMeO 与纯银相比，弧根的收缩程度低，在蒸发率不是很大时，喷流速度也较低。所有这些因素对喷流的影响也会反映在有较强喷流时的触头侵蚀特性中。

表 4-1　喷流参数的相对变化率（%）

x	$\dfrac{\Delta x}{x}$	v_L	T_L	A_L	j_L	P_j
I	10	11.02	4.17	-4.63	12.02	9.38
	-10	-10.62	-3.48	3.60	-12.98	-12.07

（续）

x	$\dfrac{\Delta x}{x}$	v_{L}	T_{L}	A_{L}	j_{L}	P_{j}
A_0	10	3.06	2.09	0.66	3.38	-2.32
	-10	-2.21	-1.39	-1.16	-2.70	1.54
fu_c	10	1.71	-0.70	-0.87	-6.51	1.74
	-10	-1.86	0.70	1.08	8.04	-1.12
j_0	10	1.22	0.47	5.66	0.84	7.53
	-10	-2.91	-1.07	-6.13	-3.57	-8.56
T_0	10	1.78	-0.70	8.05	0.84	8.73
	-10	-1.89	0.70	-7.60	-1.21	-8.31
P_∞	10	-1.79	2.09	3.01	7.93	-8.24
	-10	3.18	-1.39	-3.59	-7.04	8.59
E	40	-1.12	-5.57	4.60	-1.08	3.79
	-40	3.58	12.52	-8.48	0.46	-7.85
m_v	10	-0.90	1.61	0.04	-0.76	-1.64
	-10	1.48	-1.25	-0.33	1.29	1.61
	-50	13.18	-6.26	-4.83	5.02	9.30
W_{00}	500	14.10	-13.62	-20.89	-21.25	222.00
	10	-1.99	-1.39	-1.54	-2.70	0.71
	-10	4.19	2.78	1.31	5.63	-1.85
T_0	15	21.23	-13.22	-8.55	-19.21	264.40
	10	-4.95	-12.52	-12.98	-26.32	85.22
	-5	19.28	23.66	-6.45	15.72	-17.81

因而，作用于电极的轴向压力差，即使熔池液滴脱离触头的力 P_t 为

$$P_t = P_2 + P_3 - P_1 - P_4 - P_5 \qquad (4\text{-}60)$$

从 1988 年开始，Chabrerie 等人对电弧施加于电极的力进行了一系列实验观察[156]。图 4-27 为测试电弧力大小所用的装置，其中 1 为压电传感器；2 为陶瓷绝缘体，用以对传感器实行电和热的隔离；3 为 HgIn 液体膜，用以传导电流，并减小对传感器可能形成的振动；4 为电极；5 为电弧；6 为电流线，给出了电流的走向。当电极受到电弧所施加的力作用时，可用压电传感器送出相应大小的电信号；7 为绝缘面；8 为电极支架，并可传导电流；9 为 HgIn 环形槽。

文献［156］曾对大气中 W 材料对称配对和 Cu 材料对称配对，电极开距 5mm，电流 6kA 以下的直流电弧作用于电极的力进行了测试，结果是电流为 5580A 时，W 阳极受压力 6.66N、W 阴极受压力 7.60N。电流为 5396A 时，Cu

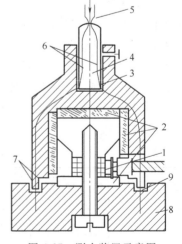

图 4-27 测力装置示意图

阳极受压力 6.86N，Cu 阴极受压力 5.75N。这些数据的精度或许会受到测试条件所限，但却能说明电弧对电极的作用力是宏观存在的。

4.2 电触头材料的温升特性

触头接触电阻引起的焦耳热源常常使触头局部区域温度升高，甚至发生材料熔化，触头的高温现象不仅是导致触头发生熔焊的原因之一，而且还致使触头分离初期液态金属桥体积增加，液桥转移量增大。因此，作为开发新型优良触头材料的基础研究，触头材料的温升特性为各国研究人员所瞩目。

对于未经运行的新触头材料，几乎所有的 AgMeO 材料的接触电阻以及温升都相同。AgMeO 的温升比 Ag 稍高，与 AgNi10 接近，比其他所有触头材料均低[172]。然而，触头材料的温升特性与随着通断次数增加而变化的触头表面特性关系密切。触头表面低导电薄膜的形成将使触头温升增高，由于电弧的作用，使触头表面产生氧化物集聚，导致温度升高。AgCdO 材料不存在表面氧化镉的集聚，因 CdO 的分解温度为 1360℃，形成的氧化物不可能沉积于触头表面，故 AgCdO 材料温升最低。图 4-28 给出了多种 AgMeO 触头材料的温升。这里看到，由于微量元素 W、Mo 的加入，有效地抑制了 SnO_2 在触头表面的集聚，降低了触头温升。

除电弧作用改变了触头材料表面特性使得接触电阻增加、触头温升增大外，环境中灰尘及有机分解物在触头表面的沉积也会使触头表面状态恶化，接触电阻升高，从而使材料侵蚀加剧。图 4-29 给出了在 AC4 条件下，烧结挤压工艺制造的 $AgSnO_2$12 触头材料损耗与通断次数的关系曲线[173]。其中曲线 1、2 为动触头，曲线 3、4 为静触头，曲线 1、3 为被污染的触头，曲线 2、4 为洁净的触头。

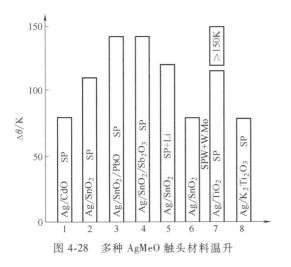

图 4-28 多种 AgMeO 触头材料温升

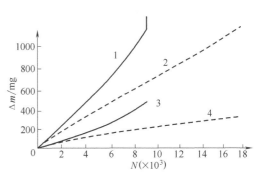

图 4-29 触头表面状况对材料侵蚀的影响

触头材料制造中的氧化过程，材料的成分等也显著影响触头的导电性，因而影响静态接触时触头的温升。对由内氧化法生产的触头材料，高的氧化速度将有助于 Ag 的含量增加，从而提高导电性。事实上，对 AgMeO 材料而言，不同深度截面导电率的差异主要是由于各截面 Ag 含量不同。

与氧化过程及材料成分相比，触头材料制造过程中粉末颗粒大小对触头材料温升影响极不明显[102]。对 AgZnO 及 AgSnO$_2$ 材料研究表明，当颗粒直径由 $1\mu m$ 至十几 μm 变化时，对称配对触头的接触电阻几乎无变化。

4.3 电触头材料转移

4.3.1 触头材料转移现象

开闭电路的一对触头，通常不是只有一个触头产生损耗，而是两个触头均有材料的蒸发和喷溅，只是由于两触头材料热物理性质及电弧输入电极的能量大小和热流密度不同引起侵蚀的不等。对于触头 A 所产生的侵蚀，所有脱离本体的材料也不会都转移到触头 B 的表面。由于电极材料脱离本体时速度方向的分散性，被侵蚀的材料部分将重新沉积于本体表面，部分散失于周围空间。甚至在触头间隙较长的情况下，触头 A 转移到触头 B 的材料量比触头 B 侵蚀掉的材料还少，这时会出现两触头质量皆减少的情况。此外，触头反复进行开闭时，触头 A 转移到触头 B 的材料还可能再飞回到触头 A，反之亦然。图 4-30 表示了触头反复受热源作用时材料转移分布的详细情况[174]。

图中，$M_{ab}(M_{ba})$ 为触头 A(B) 转移到触头 B(A) 的 A(B) 原子成分的材料量；$M_{aba}(M_{bab})$ 为触头 B(A) 转移到触头 A(B) 的 A(B) 原子成分的材料量；$M_{a\infty}(M_{b\infty})$ 为触头 A(B) 转移到空间的 A(B) 原子成分的材料量；$M_{ab\infty}(M_{ba\infty})$ 为触头 B(A) 转移到空间的 A(B) 原子成分的材料量。

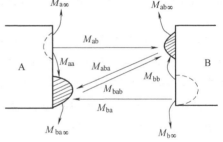

图 4-30　材料转移示意图

定义：$n=1$, 2, 3, $\cdots$ 为开闭次数；$\sum (M_a)_{\text{w.loss}}$ 为触头 A 的质量降低量；$\sum (M_b)_{\text{w.gain}}$ 为触头 B 的质量增加量；$\sum (M_{ab})_{\text{net}}$ 为由触头 A 转移到触头 B 的 A 原子成分的材料质量；$\sum (M_{a\infty})_{\text{net}}$ 为由触头 A 转移到空间中的 A 原子成分的材料质量；$\sum (M_a)$ 为触头 A 的侵蚀量。

则

$$\sum (M_a)_{\text{w.loss}} = (M_{ab})_1 + (M_{a\infty})_1 - (M_{ba})_1 + \sum_{j=2}^{n} [(M_{ab})_j + (M_{a\infty})_j + (M_{bab})_j + (M_{ba\infty})_j - (M_{aba})_j]$$

(4-61)

$$\sum (M_b)_{\text{w.gain}} = (M_{ab})_1 + (M_{ba})_1 - (M_{b\infty})_1 + \sum_{j=2}^{n} [(M_{ab})_j + (M_{bab})_j - (M_{ba})_j - (M_{b\infty})_j - (M_{ab\infty})_j]$$

(4-62)

显然

$$\sum (M_a)_{\text{w.loss}} > \sum (M_b)_{\text{w.gain}}$$

(4-63)

$$\sum (M_{ab})_{\text{net}} = (M_{ab})_1 + \sum_{j=2}^{n} [(M_{ab})_j - (M_{aba})_j - (M_{ab\infty})_j]$$

(4-64)

$$\sum (M_{a\infty})_{net} = (M_{a\infty})_1 + \sum_{j=2}^{n} \left[(M_{a\infty})_j + (M_{ab\infty})_j \right] \tag{4-65}$$

而

$$\sum (M_a) = \sum (M_{ab})_{net} + \sum (M_{a\infty})_{net} + \sum_{j=2}^{n} M_{aa} \tag{4-66}$$

由式（4-66），可得两触头的总损耗量为

$$\sum (M_{a+b}) = \sum (M_a)_{w.loss} - \sum (M_b)_{w.gain} \tag{4-67}$$

由于现有质量测试方法中尚无法精确测定材料的侵蚀量，故衡量材料损耗的严重程度往往用触头的质量改变量。当 $\sum (M_a)_{w.loss}$ 大于零时，称为触头 A 的侵蚀量或转移量；小于零时，称为触头 A 的接收量。同理可通过判断 $\sum (M_b)_{w.gain}$ 的正负考察触头 B 的材料转移情况。当 $\sum (M_a)_{w.loss}$ 或 $\sum (M_b)_{w.gain}$ 在一定条件下由正变负或由负变正时，常称此刻的材料转移方向发生了反转。另外，如果 $\sum (M_a)_{w.loss}$ 和 $\sum (M_b)_{w.gain}$ 均为正，则称 $\eta = \sum (M_b)_{w.gain} / \sum (M_a)_{w.loss}$ 为材料接收率。由此式可知，材料接收率显然为小于 1 的正数。

4.3.2 触头工作过程中非对称因素分析

触头通断电路过程中，通常两触头间均有材料的相互转移，只有当这种相互转移不能抵消时，才出现材料的净转移。显著的材料转移是存在较大净转移的结果。

触头工作过程中各种因素的不对称是产生材料转移的主要原因，这些因素包括电源、触头材料特性和施加的各种外力。

正如 4.1.5 节所述，电弧对电极存在各种形式的能量输入。比如对阴极而言就包括：离子流经过阴极经降压加速后碰撞阴极的动能，离子流在阴极表面和电子复合时放出的位能，弧柱辐射或传导至阴极表面的能量，以及阴极体内电流产生的焦耳热。这些能量的输入使材料温度升高，出现熔化蒸发。

电弧电极还有各种力的作用，包括电子力、静电力、电磁力、物质运动的反作用力、等离子流力，这些力都可能使触头表面熔融液池中的金属发生液态喷溅。

影响侵蚀和转移的触头材料的有关特性主要是：导电导热率、比热、熔化和气化潜热，熔点和沸点，以及熔融状态下液池的冶金动力学特性。另外触头的尺寸、形状、触头间的连接等有可能影响触头冷却的因素也会对侵蚀和转移产生作用。

所施加的各种外力主要是指电弧区域存在的磁场气流场等。

因此，当以上各因素在两电极上不对称时，便可能产生两电极侵蚀率的不对称，从而产生材料转移，例如：

1）两电极上产生的或输入的热能不对称。在对称配对触头分断直流电路时，由于电弧输入两电极能量和能量密度的固有不对称而产生材料转移。

2）作用力的不对称。如作用于阴极和阳极上的斑点压力和电场力等不相同，可使两极上主要侵蚀机理不同而产生不同的侵蚀率；在有阴极喷流时，这种不对称更为明显。

3）电极热特性不对称。如在材料非对称配对时，可因材料热特性不同而产生材料转移，当电极尺寸、形状等不对称时，也会使两电极的侵蚀率不对称。

4）电极力学特性不对称。材料非对称配对时，即使作用力相同，也会因材料强度，表面张力，黏性等不同而产生不同的侵蚀率。

5）冷却条件的不对称。显然，冷却条件的不对称会使两电极温升不对称而引起侵蚀率的不对称。

6）外力不对称。当有不对称（强度、方向）的外力作用，也可能产生侵蚀率的不对称。

能够引起触头材料转移的不对称因素并非固定不变的。随着电流电压及负载特性的不同，电弧对电极的热流输入和电弧力也将不同。电弧侵蚀及环境污染又不断地改变着触头材料表面层的组织结构和形貌特征，这也改变了触头材料电热等特性方面原有的不对称。反过来，电触头材料表面层组织结构和形状特征的变化也改变了电弧对电极的热流输入和电弧力效应。所以随着触头服役时间的延长，各种非对称因素在电流和触头材料的相互作用过程中不断地发生着变化。

此外，能够引起触头材料转移的不对称因素，在不同情况下所起作用不同。

按照产生材料转移的原因，可将由于电弧对电极热流输入和电流力效应不对称而引起的材料转移称为"极性转移"[172]。在有关触头材料的不对称参数中，与热物理参数相比，电参数，几何形状和冷却条件等影响较小，所以将由于电触头材料热物理参数不对称产生的材料转移称为"热特性转移"[173]。在文献［172］中将受到磁吹作用形成的材料转移称为力学的转移。

在交流电路中，由于电极极性的频繁变换，所以不存在极性转移。如果两触头为对称配对，也无热特性转移。故无外力施加于触头表面时，交流电路中对称配对的触头不发生材料转移现象。如果两触头为非对称配对，则存在由于触头材料不对称引起的材料转移[102,174,175]。

在直流电路中，由于既存在极性转移也存在热特性转移，所以一般均有显著的材料转移现象发生。但如果使极性转移和热特性转移的方向相反，则可有效地降低材料的净转移。

随着电流条件的变化，电弧的热效应和力效应所起作用不同，在较小电流时材料的侵蚀和转移主要由电弧施加于触头热效应的不对称而产生，随着电流的增加，电弧力效应得到加强，在大电流时，材料侵蚀和转移就主要由电弧施加于触头力效应的不对称而产生了。

为了描述影响触头材料转移的不对称因素在触头工作过程中的不断变化，文献［145］针对继电器的具体电气条件，提出了"热循环效应"。文献［174］考虑到电流较大时仍有电流力效应的存在，进一步提出了"热-力效应"，并指出触头分闭电路实质是"热-力效应"的非重复循环。

4.3.3 阳极向阴极的材料转移

1. 液态金属桥转移

在触头分离并断开前瞬间，由于接触压力和接触点数目逐渐减少，电流密度急剧增加，产生的焦耳热使接触点处的金属熔化、拉长而形成液桥，液桥温度不断上升，最后在温度最高处断裂，液桥断裂时形成的材料转移称为液态金属桥转移。常使阳极触头材料损耗而形成凹坑，阴极触头材料增重而形成凸点。当然也有例外的现象产生，如铂材料的触头，其熔桥就在靠近阴极一侧折断。

关于液态金属桥转移在20世纪40年代至50年代研究很多，对由于金属桥折断而引起的材料转移原因，一般认为是液桥最高温截面偏离液桥中心的结果。而解释液桥高温截面偏离中心的理论主要有 Thomson 效应、Peltier 效应和 Kohler 效应[3]。这些解释都基于金属传导理论的热电效应。

（1）Thomson 效应　如果导体中有温度梯度存在，则电流通过导体时，载流子会产生能量的传递。正的 Thomson 效应表示正电荷携带者将热量从高温区带向低温区，结果阴极材料向阳极转移。Thomson 系数为负时，最高温度截面向阳极移动，结果阳极材料向阴极转移。在 300K 范围内，大多数材料的 Thomson 系数为负，故一般情况下，液桥产生的材料损耗由阳极向阴极转移。但此理论也不完善，如按此效应确定的银的 Thomson 系数为正，但实验表明，银材产生液桥时，高温截面靠近阴极，铂材系数为负，但实验结果是由液桥引起的材料转移由阴极指向阳极。

（2）Peltier 效应　如材料的 Peltier 系数为正，则阴极温度高，材料转移方向由阴极向阳极；若材料的 Peltier 系数为负，则阳极温度高，材料转移方向由阳极向阴极。

（3）Kohler 效应　电流在隧道电阻上产生的热量将由因隧道效应逸出的电子而带向阳极表面层，导致阳极表面温度增高，使液桥在靠近阳极侧折断。

总之，液桥转移的机理尚未取得共识，不过液桥转移量很小。对开关电器而言，更重要的是电弧引起的材料转移。

2. 阳极型电弧转移

4.1.1 节根据电弧对电极的侵蚀作用将短间隙电弧分为阳极型和阴极型电弧，并指出在触头接通和分断电路中均会出现阳极型电弧和阴极型电弧。

在接通电路过程中产生的阳极型电弧，只有在负载为容性时，才产生不可忽略的材料损耗。这是由于电容放电和电缆的固有电容，在通过气隙第一次形成的电流回路的瞬间产生高的电流密度，造成对触头严重的损耗。分断电路中，在液桥折断瞬间，电极间隙上很快就加有很高的电压降。研究表明，触头上的暂态电压降在 $t = \pi \sqrt{LC}/2$ 时达到最大值 $u = I_r \sqrt{\dfrac{L}{C}} + u_r$，其中，$L$ 为电路电感值，C 为触头系统的分布电容，I_r 和 u_r 为液桥断裂时的电流和电压。因此，在阴极表面便有一很强的电场足以产生大量的场电子发射。当极间间隙在电子平均自由行程数量级时，电子直接轰击阳极使阳极发热，并产生从阳极向阴极的材料转移。与闭合容性负载的阳极电弧相比，电路开断时出现的短弧对材料转移量的影响较小。但是，如果分断电路电流小于最小起弧电流，现象趋于复杂。这是因为这种短弧通过回路电容进行多次反复充放电，而产生所谓簇射电弧，直到触头间隙拉开到相当程度击穿不再发生为止。切断阻性负载时，虽同样存在寄生电容放电现象，但寄生电容的电压不会超过回路电压，所以接点损耗较小。簇射电弧持续时间虽短，但电流大，因此，对电极材料侵蚀较为严重。

发生细转移（见 4.3.5 节）的触头材料形貌特征，是在阴极上形成明显的尖峰，而在阳极上有狭窄的凹坑。这种现象可造成触头间距缩小，因而使电器的转换点和转换频率发生变化。在一些情况下，会由于粘附和熔焊限制开关电器的寿命。选择合适的材料在很大程度上可抑制材料转移，因为细转移的机理主要取决于阳极材料，所以一般采用抗转移性能好的材料制造阳极触头。

3. 大功率电弧转移

大功率电弧转移是在电路电压和电流均较大的场合下形成的较长间隙电弧或大功率电弧产生的阳极向阴极的材料转移。在这样的情况下，电流密度非常大，产生很高的温升和阳极电压降。当阳极表面出现显著的熔化蒸发后，阳极弧根向该点集中形成阳极斑点，阳极材料的蒸发得到进一步加强，形成阳极向阴极的材料转移。

4.3.4　阴极向阳极的材料转移

1. 阴极型电弧转移

4.1.1 节的叙述表明，在触头接通电路过程中形成的短弧可分为阴极型电弧和阳极型电弧。阴极型电弧造成材料由阴极向阳极的转移。在分断电路过程中，也存在机理类似的阴极型电弧，但在分断过程中，又称为"长弧"。

2. 长弧转移

长弧转移主要指分断电路过程中由较小电流电弧形成的阴极向阳极的转移。同接通电路过程中的阴极型电弧转移机理相同，主要因为触头间距较长且数倍于间隙电子平均自由行程。弧柱中的电子因在到达阳极前已经过多次碰撞，使之用于碰撞阳极的能量降低。而正离子由于受到电场加速以及来自电子的能量，将以高速轰击较小的阴极斑点区域，使阴极材料蒸发大于阳极，呈现出材料由阴极向阳极转移的现象。

4.3.5　材料转移模式及转移方向反转

在直流电路中小电流时，用多种均质材料在对称配对的情况下，大量试验研究得出，材料转移的方向与电触头两端的电压和通过的电流关系可简单地用图 4-31 表示[137]，图中实线对应材料的静态伏安特性曲线。

四个区域的材料转移方向是：当电压、电流所确定的点落于 α、α' 和 γ 区时，材料由阳极向阴极转移；当电流、电压所确定的点落于 β 区时，材料从阴极向阳极转移。

可以看到，由于电流、电压值的不同，导致了不同的材料转移方向。这是由于电流和电压的不同使得电弧对材料的侵蚀机理不同。

α 区对应的是液桥转移，α' 区对应的是阳极的电弧转移，也称为细转移，发生于极短间隙的电弧放电

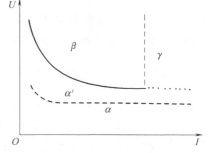

图 4-31　材料转移模式

情况，可发生于接通电路过程中，也可发生于分断电路过程液态金属桥折断瞬间。β 区是唯一发生的由阴极向阳极的转移，包括接通电路过程中的阴极型电弧和分断电路过程中的长弧形成的材料转移，特点是触头间隙电弧电压较阳极型电弧电压高。γ 区对应于大功率电弧转移，方向由阳极到阴极。可以发现，在其他条件不变时，增大触头间隙或提高电路电压可获得阳极型电弧向阴极型电弧的过渡，相应材料转移方向也发生改变。同样，在其他条件不变时，增大电路电流，电弧由长弧转变为大功率电弧，材料转移方向也由阴极向阳极转移变为阳极向阴极转移。在电接触研究中，称这种现象为材料转移方向反转。

材料转移方向反转只是电弧对电极侵蚀的一种外部表现，实质上表明了电弧对电极能量作用微观过程的改变。在此，由"电弧电压最小值原则"结合不同电流的电弧带电粒子的生成机理[126]，主要讨论"长弧"和"大功率电弧"对电极作用的不同，即材料转移方向反转的原因。β 区与 γ 区的重要区别在于电流大小的不同。对 β 区，由于电流较小，弧柱温

度较低，因而由碰撞电离和热电离产生的带电粒子较少。为维持电弧且弧压最小，只能靠阳极表面发射电子，为使阴极表面形成发射电子所需的电场强度，有正离子在靠近阴极表面区域的集聚。与此同时，阴极区电弧发生收缩，以便提高电流密度。从而使弧柱中靠近阴极的区域发生原子的电离，弥补电场发射不足。这样，一是由于正离子在阴极表面附近的集聚，增加了阴极压降；二是由于阴极区弧柱收缩，增加了电弧输入阴极的热流密度，发生了阴极向阳极的材料转移。

当电流增加时，维持电弧所需的带电粒子生成机理发生变化，主要是由于弧柱温度的升高及金属蒸气总量的增加，周围环境气体分子和金属蒸气原子发生碰撞游离和热游离的概率极大增加，维持电弧所需的带电粒子不再依赖于阴极发射电子和阴极收缩区的电离。根据电弧电压最小值原则，阴极表面附近的正离子集聚消失，阴极位降下跌。阴极区电弧收缩本身是为了提高阴极区附近原子的电离，以配合阴极表面电子发射而维持电弧。现在，由于带电粒子来源渠道增加，阴极区弧柱收缩的必要性随之消失。在阳极区却发生了如下现象，为维持电弧且弧压最小，阳极区弧柱发生了收缩。与阴极区弧柱收缩的明显区别是，阳极区弧柱收缩并未使阳极位降提高，因为在阳极表面附近没有负电荷的集聚。阳极收缩的情况如图 4-32 所示。因为 xy 截面收缩的越小，产生于 yz 区间的高温就越不易传到阳极，因而 yz 区间易维持高温状态。在该区间将形成源源不断的正离子和电子，并分别向阴极和阳极移动。yz 区间的能量耗散由撞击阳极后返回的电子（或许已和金属离子复合）所带回的能量补偿。正是由于阳极电弧的收缩，导致了电弧对阳极触头有瞬时而集中的热流输入并使材料转移方向反转。

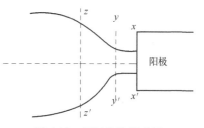

图 4-32　阳极收缩示意图

4.4　电触头材料的电弧侵蚀机理

触头材料电弧侵蚀是指电极表面受电弧热流输入和电弧力作用使触头材料以蒸发、液体喷溅或固态脱落等形式脱离触头本体的过程。电弧侵蚀是限制各类电器开关工作寿命和工作可靠性的关键因素，也是引起触头材料损耗的主要形式，对电触头电弧侵蚀机理的研究，有节省贵金属和提高电器使用寿命及工作可靠性两方面的实用价值。

从电触头的电弧侵蚀过程可知，影响电弧侵蚀的主要因素一是电弧的特性及其对电极热流和力的作用，二是触头材料对电弧热流、力效应的响应。

电弧的特性及其对电极热流、力的作用与电路电流、电压及外加磁场有关，与电极运动速度、开距、触头材料及环境气氛也有关，本章 4.1~4.3 节已详细讨论。本节主要研究触头材料对电弧热流输入和力效应的响应，尤其是触头表面熔池中所发生的各种物理化学过程。

各类电触头材料由于其组成成分、制造工艺等不同，对电弧作用的响应有极大区别。

电弧侵蚀的主要形式有二类：

1）气化蒸发：在电弧能量作用下，触头表面层材料由固态转变为液态后，再转变为气态脱离触头的过程。一定条件下，材料也存在固态直接变为气态即升华的过程。

2）液态喷溅：电弧能量作用下，触头表面某一区域熔化形成液池，液池内的液态金属在各种力的作用下，以微小液滴的形式飞溅出去造成材料较大损耗的过程。这些作用力包括：斑点压力、静电场力、电磁力、特质运动作用力及反作用力、表面张力等。

电弧侵蚀的形式一般随材料及电流条件的不同而变化。通常，小电流时触头材料的侵蚀主要是气化蒸发侵蚀。增大电流则不仅有材料的气化蒸发，而且还会出现液态金属的喷溅现象，进一步增大电流时，强烈的液态喷溅将成为触头材料侵蚀的主要形式。

表征触头材料电弧侵蚀的重要参数是侵蚀率，即材料质量或体积损耗与某一特征值的比率。由于体积和质量容易换算，以下只讨论质量损耗情形。

① $\Delta m/N$：即每次操作下触头材料的损耗量。它意味着在相同设计和电路下，每次操作所产生的电弧对触头的侵蚀量是个常数。

② $\Delta m/t$：即单位燃弧时间材料的损耗量。它意味着侵蚀量与电弧燃烧时间成正比。

③ $\Delta m/Q$：指单位电荷量的材料损耗量，其中 $Q = \int i dt$。它意味着侵蚀量与通过电弧的电量成线性关系。

④ $\Delta m/W$：指单位电弧能量的材料损耗量，其中 $W = \int u i dt$。它意味着侵蚀量与电弧能量呈正比。

目前，对侵蚀率的采用问题观点尚未统一。实际上对侵蚀率的准确表述是十分困难的。触头材料的电弧侵蚀是在电弧能量的作用下，准确地说，是在输入电极表面的电弧能量作用下，材料逐渐损耗的过程。即使输入电极的能量过程相同，电极表面状态的不同也会造成不同的材料损耗量。采用 $\Delta m/N$ 作侵蚀率，由于电路条件及操作系统的不同，即使同种材料，单位操作次数下电弧输入电极的能量及产生的材料损耗量也明显不同。不同研究者之间的试验结果就难以比较分析。对于 $\Delta m/t$，仅用燃弧时间显然不能正确反映触头材料的电弧侵蚀过程，因而将 $\Delta m/t$ 作侵蚀率欠妥。当电弧电压近似为常数时，$W = \int u i dt = u \int i dt = uQ$，电弧能量与电弧电量为线性关系，$\Delta m/Q$ 与 $\Delta m/W$ 所反映出的物理意义是一致的。综上所述，将单位电弧能量的材料侵蚀量 $\Delta m/W$ 作为侵蚀率比较合理。

但必须注意到，上述中任何条件下定义的侵蚀率都有缺陷，即使以单位电弧能量造成的材料侵蚀作为侵蚀率来评价触头材料的抗侵蚀性也不完善。因为电弧对触头的能量作用不仅要考虑其大小，还应当考虑在触头表面的分布，也就是说，必须考虑到电弧的移动特性。

4.4.1 触头材料对电弧热流输入和力效应的一般响应过程

1. 触头材料的相变

物相是指系统中物理性质均匀的部分，它和其他部分之间有一定的界面隔离开来。物相变化通常由温度变化引起，对于均匀材料，如 Ag、Cu，物相变化在一定的温度下发生；而对于复合材料，如 AgMeO，物相变化则在一个小的温度区间内进行。物相变化一般有两个特点，即相变时体积发生变化，并伴有相变潜热。相变潜热实质上是相变前后单位质量的焓的差值。

电弧侵蚀过程中的触头材料的物相变化比一般的相变问题更复杂。在电弧热作用下，触头表面过渡区域温度迅速上升并超过材料熔点。材料熔化后，由于电弧热流的继续作用，熔化区又可能气化，产生气化前沿界面，同时固体区液化界面继续向前流动。因而当电弧作用到一定时间后，触头可能同时存在流动的气化和液化两个界面；而熄弧后，材料物相向相反方向变化，即由气体、液体变成固体[176,177]。由此，在触头材料过渡区域内，物相变化伴随着热量的吸收或放出，同时材料的热物理参数在固态和液态各不相同且随温度而变化。对于常见的银基触头材料，当由固相转变为液相时，体积增大 3%~5%[178]。

对于电弧侵蚀过程而言，熔化和气化是影响材料侵蚀量的主要相变过程。在电弧热流下，随着温度的升高，金属原子间距加大。当原子克服其最大引力后，原子间引力急剧减小，造成原子结合键的破坏，其结果是原子间的规则排列崩溃，金属由固态进入液态。所以金属的熔化就是金属从规则的原子排列突变为紊乱的非晶质结构的过程。触头表面液池中的熔化金属在电弧作用力的驱动下能以一定的流速流动，甚至产生液态喷溅，造成较大的材料损耗。

气化有蒸发和沸腾两种形式。蒸发是发生在液体表面的气化过程，在高于熔点的任何温度下都在进行。从微观上看，蒸发就是液体分子从液面跑出的过程。处于液面的分子从电弧热流输入中获得能量而使得热运动动能较大的分子能够克服液体分子之间的引力做功，最终跑出液面。由于蒸发过程发生在液面，所以表面积越大，蒸发就越快。而当电弧热流输入越大即液面温度越高时，液体分子热运动的平均动能越大，能够跑出液面的分子数目就越多，因而蒸发也就越快。沸腾是在整个液体内部发生的气化过程，只在沸点下才能进行。沸腾时液体温度不再升高，外界供给的热量全部用于液体的气化。沸腾时液体内部大量涌现小气泡，而且小气泡迅速胀大，从而大大增加了气液之间的分界面，使气化过程在整个液体内部进行。需要指出的是，蒸发和沸腾只是气化的不同方式而已，其相变的机理是相同的，都是在气液分界面处以蒸发的形式进行。

升华是材料从固相直接变为气相的过程，升华时要吸收大量的升华热（为熔解热和气化热之和）。当触头材料某一组分升华时，就能消耗大量电弧能量，有利于触头的冷却熄弧。

2. 表面动力学特性

电弧对触头材料造成的蒸发和喷溅侵蚀都发生在触头表面电弧热作用形成的金属液池，因此从微观上研究金属液池的特性尤为重要。文献 [179] 将熔融液池的表面张力和润湿作用、黏性与流动、第二相热稳定性统称为触头表面动力学特性，这是表面液池的重要特性之一。

（1）表面张力和润湿作用

表面张力是液池表面相邻两部分单位长度上的相互牵引力，方向是和液面相切并和分界线垂直，单位是 N/m。它的作用是使液体表面收缩，是分子间作用力的一种表现。液体表面分子不同于内部分子，内部分子的四周都受其他分子吸引，表面分子在外侧方向缺乏其他分子吸引，因而液体表面分子比内部分子能量高，故液体有尽量缩小其表面积的倾向。液体增大单位面积时所需的能量称为液体的表面能和表面自由能，它和表面张力实际是一样的，只是表现形式不同。需要指出，"表面"和"界面"这两个词在这里没有根本性的差别，只是习惯上，如果两相中有一相是气相，则它们所构成的边界叫表面，而把两个非气相构成的边界叫界面。

表面张力受到温度、压力、曲率及两相组成成分的影响，多数液体的表面张力随温度升高而近乎线性地下降；压力对表面张力的影响则与分子从体相移入表面区时摩尔体积的变化相关；曲率对表面张力的影响仅在曲率半径很小时才可能是重要的。

润湿作用是指液体在固体表面扩展铺开的现象。广义地说，是指一流体取代表面上另一流体，固体表面的润湿性是由固体和液体的表面特性决定的。AgMeO 材料表面的重要特性之一是液态银对触头表面的润湿能力，这里涉及气、液、固三相，因此存在着气/液、液/固、固/气三个界面。按照界面科学，衡量液体在固体表面的润湿能力常用接触角表示，接触角是指液滴与固体表面接触并达到平衡时通过气-液-固三相接触点的液气界面与液固界面间的夹角，如图 4-33 所示。图中 θ 表示接触角，接触角小表示液体对固体润湿能力大。用 σ_{GL}、σ_{LS}、σ_{SG} 分别表示气/液、液/固、固/气之间的界面张力，根据 young 公式，接触角大小与各界面张力之间的关系为

$$\sigma_{GL}\cos\theta = \sigma_{SG} - \sigma_{LS} \tag{4-68}$$

熔融银在触头表面良好的润湿性可降低液态银以微粒形式发生喷溅。反之，如果 σ_{LS} 较高，则在电弧作用期间，熔融银很难在触头表面铺展，而是形成许多微小银液滴。据 Dupre 方程[180]：

$$W_a = \sigma_{SG} - \sigma_{LS} + \sigma_{GL} \tag{4-69}$$

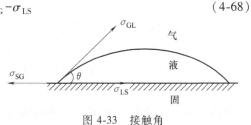

图 4-33　接触角

式中，W_a 为黏附功，表示将单位液/固界面分开为单位固/气与气/液界面所需做的功，表达了液固界面黏附的牢固程度。

由式（4-69）可知，如果 σ_{LS} 高，则 W_a 小。这表明：那些微小液滴与触头表面结合不牢，且接触角较大，极易以喷溅形式脱离触头本体。因此，降低 σ_{LS} 不仅可减少微小液滴形成的机率，同时可增加黏附功，有效的抑制材料喷溅的发生。

熔融银与触头表面良好润湿性的另一重要作用是抵抗触头表面裂缝的发展。这是因为触头表面良好的润湿条件可以充满并填平整个裂缝。

可以看出，通过降低 σ_{LS} 和 σ_{GL} 均可显著增加润湿性能，然而，由于 σ_{GL} 的降低导致粘附功的降低，因此 σ_{GL} 的选取应兼顾两个方面。目前对 σ_{GL} 的研究尚属空白，已有的润湿剂旨在达到使固体表面改性的目的，即在保证较高的热稳定性和化学稳定性且不影响材料机械性能的条件下，使润湿剂与液态银之间具有较小的接触角，实际上则是降低了 σ_{LS}。表 4-2 给出了几种润湿剂与液态银之间的接触角[181]。

表 4-2　几种润湿剂与液态银的接触角

润湿剂名称	Cu_2O	Cr_2O_3	GeO_2	Ta_2O_5	Nb_2O_5	Y_2O_3	La_2O_3	CdO
接触角（°）	22	27	35	64	73	80	82	82

（2）分散体系与黏性

一种物质以一定程度分散在另一种物质中，这样的体系称为分散体系，被分散的物质称为分散相，分散相所处介质称为分散介质。固态 AgMeO 材料属于分散体系，电弧作用下触头表面熔池中熔融态金属主要为纯银液体，但第二相（MeO 组分）以粒子形式分散于其中，也属典型的分散体系。

黏度系指液体对流动所表现的阻力，这种力反抗液体中邻接部分的相对移动，因此可以

看作是一种内摩擦。当两个不同液层以不同速度移动时，黏滞力就起作用，快速移动的液层将减速，而缓慢移动的液层将加速。设两液层的距离为 dx，其速度差为 dU_x，dU_x/dx 为速度梯度，A 为液层的接触面积，则维持一定流速所需的力为

$$f \propto A dU_x/dx \text{ 或 } f/A = \eta(dU_x/dx) \tag{4-70}$$

式中，η 是黏度（系数），单位为 Pa·s。

以 AgMeO 材料为例，如果对于熔融银与 MeO 的分散体系，则不仅液体本身有内摩擦力，而且液体与粒子间也会产生摩擦力，可见这种体系中的黏度会增大，它们之间的作用情况可由图 4-34 表示。

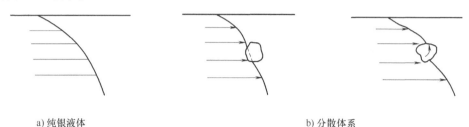

a) 纯银液体   b) 分散体系

图 4-34 纯银液体与分散体系的流动比较

由图 4-34 可知，当液体中存在分散相颗粒时，流动出现两种情况：一是粒子受到均匀力的作用，只向前移动而不发生转动，因此速度梯度小，结果导致黏度（系数）增加；另一种情况是在液体中的粒子受到大小不同的力的作用，本身发生旋转。这样，流体流动的能量有一部分储存于粒子，同样会导致切变速率的降低，黏度增大。

此外，MeO 以粒子形式分散于 Ag 熔融液中，其粒子形状不同对运动产生的阻力也有差异，非球形粒子具有更大的阻力。MeO 粒子大小对黏度也有影响，MeO 粒子的平均直径越小，相应分散体系的黏度越大。

不言而喻，熔融银与 MeO 粒子构成的分散体系中黏度增大将极大地降低因喷溅引起的材料损耗。反之，如果分散体系中悬浮的氧化物颗粒数量降低，那么由于电弧热-力效应作用，材料喷溅就不可抑制地产生了。

（3）第二相组分的热稳定性

比如，AgMeO 电触头材料中 MeO 组分是该材料的第二相，MeO 的热稳定性是与分散体系的黏度紧密相关的另一动力学特性。在电弧能量的持续非重复作用过程中，MeO 组分能否稳定地分散于熔融银中关系到分散体系黏度的变化及材料抗电弧喷溅的能力。MeO 组分的热稳定性正是指其以氧化物状态存在的稳定程度。这一特性是 MeO 本身所固有，不像 MeO 粒子的尺寸和形状可受外界控制。表 4-3 列出了 CdO 及 SnO$_2$ 的热物理参数。

表 4-3 MeO 组分的热物理参数

材料名称	比热 /J·(g·℃)$^{-1}$	密度 /g·cm^{-3}	导热系数 /J·(S·℃·cm)$^{-1}$	分解温度/℃	分解潜热 /J·g^{-1}
SnO$_2$	0.5502	6.95	0.0071	2373	3854.2
CdO	0.3799	8.15	0.0070	1360	1994.1

3. 电磁搅拌

关于金属液态喷溅的作用力，除了电磁压力、等离子流力、斑点压力（包括自身磁场产生的轴向压力和变截面的径向电流产生的轴向压力）、电场力、反作用力等外，还必须考虑由洛伦兹力的旋转分量引起的电磁力和速度场，以及由于温度梯度引起的表面张力梯度。文献［182］对发生于液池中的这一现象进行了详细研究，并命名此现象为电磁搅拌。具体过程如下：

电弧与电极的相互作用过程中，由于洛伦兹力场的旋转部分（$J \times B$）和液池中温度梯度引起的表面张力梯度的共同作用，造成液池中液态金属的流动，形成了液池速度场。液池中流体的速度显然与电流等级密切相关，而且是空间及时间的函数。当流速超过一定值时，即会以小液滴形式喷溅出去。此外，电磁力对液池流场的搅拌作用会使液池中的夹杂的粒子如 AgMeO 中的 MeO 组分及所含气泡向表面运动。液池中小气泡在表面的喷发及 MeO 粒子在表面区域的富集对于 AgMeO 材料的抗蚀性是至关重要的。

液池中的物理过程由下面三个扩散系数控制。

电磁扩散系数：

$$\delta_{em} = \frac{1}{\sigma\mu} \tag{4-71}$$

热扩散系数：

$$\delta_T = \frac{\lambda}{\rho C_P} \tag{4-72}$$

涡旋扩散系数：

$$\delta_v = \frac{\eta}{\rho} = V \tag{4-73}$$

式中，μ 为金属磁导率；λ 为导热系数；ρ 为液体密度；C_P 为单位质量比热；η 为黏度（动力黏度）；V 为运动黏度。

对于均质金属 Ag、Cu，三系数的关系为 $\delta_{em} \gg \delta_T \gg \delta_v$。

如纯 Ag 液体在 1200℃ 附近，三扩散系数依次为：$9 \times 10^{-2} m^2/s$、$1.6 \times 10^{-4} m^2/s$、$3 \times 10^{-7} m^2/s$。由以上可知：在弧根区域首先建立洛伦兹力场 $J \times B$，然后温度场才出现，而涡旋场要滞后一定时间才能出现。

电磁扩散、热扩散和涡旋扩散的特征长度为

$$L_i = \sqrt{\delta_i t_y} \tag{4-74}$$

式中，t_y 为电弧停滞时间；下标 i 分别表示电磁扩散、热扩散和涡旋扩散。所以纯 Ag 材料有

$$L_{em} : L_T : L_v = 545 : 23 : 1 \tag{4-75}$$

液池中的熔化前沿一般与 L_T 相近，对 Ag 材料在 10ms 电弧中，取电弧停滞时间 $t_a = 5ms$，则有 $L_{em} = 20mm$、$L_T = 900\mu m$、$L_v = 40\mu m$。由此得出，液池中的液体涡旋流动只在一个较薄的表层中进行。

液池中电磁搅拌造成的液体流动，一方面进行着传热和传质，一方面又对液体内部结构中的气泡和夹杂粒子进行整理。液池液体流速依赖电流强度及弧根斑点状况。按照 J. A. Shercliff 给出的液池液体流速与电流在轴对称截面的关系[183]，由电磁力造成的液池液

体流速为

$$V = \frac{I}{2\pi r_0}\sqrt{\mu_0/\rho} \tag{4-76}$$

式中，I 为电流；r_0 为弧根斑点半径；μ_0 为真空磁导率；ρ 为液体密度。

从式（4-76）即可估算出不同电流分布时的液体流速。一般电流较大达到 kA 数量级时，流速可达数十 m/s；而电流较小时，流速只有几 m/s。

液池中温度梯度的存在，产生液面上表面张力的梯度，同样会使液体金属流动，流速由下式表示：

$$V = \sqrt{\frac{1}{\rho}\frac{d\sigma}{dT}\frac{dT}{dr}} \tag{4-77}$$

式中，$\frac{d\sigma}{dT}$ 为液池表面张力梯度；$\frac{dT}{dr}$ 为液池的温度梯度；ρ 为液体密度。

通常取温度梯度 $\frac{dT}{dr} = 10^7 \text{K/m}$，液池中心到边缘的表面张力梯度 $\frac{d\sigma}{dT} = 1.5\times10^{-4}\text{N/m}\cdot\text{K}$，液体密度 $\rho = 10\text{g/cm}^3$，则由式（4-77）可算出由表面张力梯度引起的流速近似为 0.18m/s。该值与电磁搅拌引起的流速相比要小得多。所以在燃弧期间液池液体流动性质由电磁力决定，而熄弧后的冷却凝固过程则由表面张力梯度决定。

由流体力学，雷诺数

$$\text{Re} = \frac{DV\rho}{\eta} \tag{4-78}$$

式中，D 为流管直径；V 为流速；ρ 为液体密度；η 为液体黏度。

对于纯 Ag 材料，取 $\eta = 3\times10^{-3}\text{kg/m}\cdot\text{s}$，$\rho = 10\text{g/cm}^3$，$D = 1\text{mm}$，则有

$$\text{Re} = 2300\times\frac{V}{1.5} \tag{4-79}$$

当纯 Ag 材料液池中流速超过 1.5m/s，其雷诺数 Re>2300，此时液池流体呈紊流性质；当流速小于 1.5m/s，Re<2300，液池呈层流性质。如果流管直径较小，则流速较大时液池才能出现紊流。由流体性质，紊流时的黏性阻力影响要比层流黏性阻力小得多，因而紊流液体更容易从液池中喷溅出去。在几百 A 电流范围内，纯 Ag 材料的液池内液体流速经计算约为数 m/s~数十 m/s，液池内为紊流状态，紊流的强烈程度与电流大小密切相关。在 1000A 左右，液池流速很高，Ag 触头的液态喷溅也最严重。

液池中的电磁搅拌还会使液体内部的气泡逐渐上升，到达表面的气泡破裂后将形成针孔状的气体喷发小孔。对 AgMeO 材料而言，液池中所含气体可来自三个方面：①材料固有，即触头材料粉末在烧结过程中，仍有少量的气体由于材料固化过程中的巨大黏性而难以逸出，形成充气间隙。②环境气体溶于液池；③MeO 组分分解产生。液池中的气泡内部压力由气体密度及温度共同决定。当气体内部压力大于外部压力时，气泡就会从液池表层中逸出或喷出。气体的喷发会引起液态金属的气体喷溅侵蚀。AgMeO 触头中 MeO 的分解产生释放的气体比材料固有含气量大得多。单次分断电弧的 AgMeO 剖面照片表明，AgSnO$_2$ 表面比 AgCdO 表面有更多的疏松孔洞形成。

AgMeO 液池中[182]，电磁搅拌还会使 MeO 粒子上升趋于表面，出现表面层 MeO 粒子的富集现象。这是因为，MeO 粒子与 Ag 原子体积相差较大，体积的差别能够使 Ag 晶格歪曲，增加液体系统的势能。但是系统总是倾向于使势能减少才较稳定，因而在电磁搅拌下，这些 MeO 粒子总是倾向于被排挤到液体表面，形成 MeO 粒子在表面层的富集区域。在表面区，不同 MeO 的富集对电弧侵蚀的作用是不同的。CdO 容易分解消耗吸收大量的电弧能量而有效降低 Ag 的蒸发量。CdO 的不断消耗逐渐造成 CdO 在表面的减少，最终形成 AgCdO 表面 CdO 的贫乏区；SnO_2 粒子因其高热稳定性不易分解，它在表面区的富集现象能大大提高液池黏度来保持良好的抗液态喷溅能力。

4. 冶金学效应

冶金学效应的主要依据是，随着所处温度的升高，组成触头材料的各组分元素之间的相互溶解度有可能发生变化，而形成新的合金相；温度降低时又发生凝析。这一效应在 AgNi 材料中表现得尤为突出。

5. 裂纹的形成与扩展

由于电弧的热流输入和力效应存在，会在触头表面形成微观裂纹，使触头材料的抗侵蚀能力降低，严重的微观裂纹还会造成触头材料以固态脱落形式脱离本体，使触头失效。

触头材料裂纹的形成与扩展与电弧热流输入造成的巨大的温度梯度也即热应力密切相关。热应力 σ 与应变 ε 及热膨胀系数三者之间有如下的关系；$\xi = \alpha \Delta T = \sigma / E$，其中，$E$ 为杨氏模量。

在温度梯度相同时，由于触头材料中各相之间的热膨胀系数不同，形成各相之间的应变大小不等，从而产生相间的相对滑移，而形成裂纹。对于 AgMeO 材料，由于 Ag 与 SnO_2 的热膨胀系数相差近 6 倍，而 Ag 与 CdO 的热膨胀系数较接近，故 $AgSnO_2$ 材料裂纹形成与扩展较为明显。

即使热膨胀系数相同，在弧根斑点处，由于巨大的热流密度存在，使该处的温度梯度极高。在燃弧期间，随着温度的不断升高，弧根斑点周围的金属受热应力作用而膨胀。熄弧后伴随温度的下降，材料收缩。因而无论对弧根斑点区域还是附近的热影响区，材料不断地受到拉压力和压应力的反复作用。如果某微观区域在制造过程中存在微裂纹，或在那些具有松散脆弱结合力的相界或晶界，就极易形成微观裂纹或使得原有裂纹扩展。

4.4.2　银基触头材料的电弧侵蚀机理

由于触头材料类型、成分、生产工艺甚至添加剂不同，将导致不同的侵蚀模式，不同的侵蚀机理，不同的失效原因。对不同类型电触头材料侵蚀率及转移率机理的研究，有助于实际生产部门根据不同使用情况合理构造触头成份及含量比例，制定正确的生产工艺；有助于使用部门合理选择触头材料，做到物尽其用，节省用银量，提高产品工作寿命。

目前使用于低压开关装置的触头材料一般含两个组分，第一种组分是可以提供高电导率的材料，即 Ag。因为 Ag 具有良好的抗氧化、氮化及高的导电性，且价格较其他贵金属便宜得多。第二种组分决定电弧的开断性能，其选择依具体选用情况而定。低压开关装置触头材料的发展历史证明，有四种材料被认为是最有实用价值，即 AgMeO 系（Me 包括 Cd、Sn、Zn 等）、AgNi 系、AgC 系及 AgW 系（包括 AgWC）[1-4]。

1. AgNi 系触头材料电弧侵蚀机理

AgNi 基材料广泛应用于不同种类的电器开关，其中特别重要的是 AgNi$_{10}$ 材料。该材料被大量使用于小型接触器、控制继电器，以及轻负荷开关、汽车工业和类似装置中的开关等。AgNi 有如此广泛的应用，其原因在于：当电流小于 100A 时，这种材料电弧侵蚀低，接触电阻小，电弧运动性好，以及在接通电路时有良好的抗熔焊特性。这种材料还有一个更明显的优点，即易于加工，可以从线材或成型带材直接焊接于触头底座上，这就意味着该材料可以非常有效地加以使用。另外，其成本较低，这一点对于大规模生产是非常重要的。

图 4-35 给出了 AgNi 合金相图[178]，由于在高达 1200℃ 温度条件下，银溶液中仅能溶解少于 1%（wt%）的镍，所以，AgNi 系材料只能采用粉末冶金技术制造。但应注意到，温度极高时，AgNi 合金相图中两共存熔体的相互溶解度增加。文献［184］在 AC4 条件下，得到了 AgNi$_{10}$ 材料电弧侵蚀与开闭次数的关系，如图 4-36 所示。

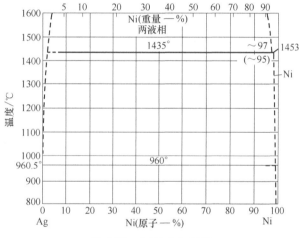

图 4-35　AgNi 合金相图

质量损失与开关次数的曲线（图 4-36）表明，材料侵蚀时有两种不同状态存在：在寿命试验开始时，为"调整态"，随后则为"稳定态"。

在调整态，晶粒取向与接触表面垂直的材料在质量损失方面总要高于晶粒取向平行于接触表面的材料。初始时调整态的持续（通断次数）和这一状态下材料的侵蚀速率均与镍晶粒取向有一定关系。两种不同晶粒取向导致的质量损失的差别在原始镍颗粒尺寸为 5μm（平均值）时呈最大值。然而，镍颗粒大小与侵蚀速率之间并不存在任何线性关系。

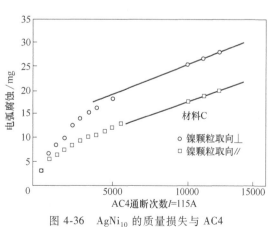

图 4-36　AgNi$_{10}$ 的质量损失与 AC4 通断次数和镍晶粒取向的关系

当处于稳定态时侵蚀率降低，每 1000 次操作（即通断）的损耗约为 1mg，表现出一种稳定趋势。这种现象不受镍颗粒大小或颗粒取向的影响。

调整态的存在是基于这样一个事实，即电弧会产生银的熔体，其中有镍颗粒漂浮存在。由于每次通断操作的时间间隔有限，要达到足以使镍熔解在银熔体中的高温并形成具有细小镍沉淀的结构，就必须进行许多次操作。这种结构特征是稳定态的标志。调整态所观察到的质量损失的变化可能是由于不同尺寸的镍颗粒对于 Ag-Ni 合金熔体的形成有着不同的影响。

基于这一模型，那些具有粗大镍颗粒的材料比具有细小镍颗粒的材料在调整态停留时间较长，但这一点在通断特性实验中并没有得到证实。显然，另有其他因素对侵蚀过程发生影响。例如，当较大的镍颗粒接近接触表面时，可能会对抗电弧侵蚀性能产生影响。此外，也许熔体中悬浮的不同尺寸的镍颗粒会产生黏滞作用。

温度提高时，材料中存在的镍全部溶于银熔体中，冷却后镍就以均匀弥散状沉淀于基体中。所形成的这种结构的材料覆盖于触头表面时，就达到了所谓的稳定态。这一状态与原始镍颗粒尺寸和颗粒取向并无多大关系。因此，对于所有已研究的、具有相同镍含量的材料来说，似乎都可表现出类似的腐蚀速率。

稳定态的特征是在接近接触表面的区域内，镍的分布非常微细、弥散，以致于每次电弧出现时，被熔融处的镍会全部溶解。由此可以推断，稳定态材料损失量的减少都是由于材料液态的合金化导致了银的蒸汽压降低。

当 AgNi 材料中 Ni 含量增加时，需要更高的温度更长的时间方可使 Ni 溶解于银基体中。当冷凝时，会在触头表面形成 Ni 的富集及部分 Ni 的氧化物组分，因而 Ni 含量增加材料接触电阻增加。

总之，AgNi 系触头材料电弧侵蚀机理主要是冶金学效应衍生出的熔解沉淀效应。同时也看到，这一过程中也体现了电磁搅拌作用和液池中的黏滞特性。

2. AgC 系触头材料电弧侵蚀机理

银-石墨触头材料是银与非金属形成的假合金，导电性好、接触电阻低、抗熔焊性高，但磨损量大、灭弧能力差。常用的石墨含量通常为 3% ~ 5%，其用途是与银-镍配对使用于断路器中，以弥补银-镍耐熔焊性的不足。银-石墨几乎是不熔焊的，但电弧在它表面的移动特性很差，所以它必须与其他触头材料配对使用。银-石墨与银-镍 30 或银-镍 40 配对用于大电流断路器中。银-石墨与铜配对可用于微型断路器和漏电开关中。因为电弧在铜和镍上能够容易地移动而使弧根不会停留在银-石墨上灼烧。由于石墨是还原剂，所以与铜配对时使之不会因电弧高温氧化而增加接触电阻，这样的配对方式可以节省一半的银基触头。

随着石墨量的增加，各种性能的变化如图 4-37 所示。

AgC 系材料的主要机制在于碳粒和大气中氧的作用，在被电弧加热的高温弧根区域，碳粒发生显著的燃烧，形成 CO 气体并逸出触头基体，从而在触头表面形成多孔疏松的富银层，如图 4-38 所示[146]。由于实际接触面为富银层，故 AgC 材料在其工作过程中始终保持着低的接触电阻。又由于触头表面的疏松多孔，

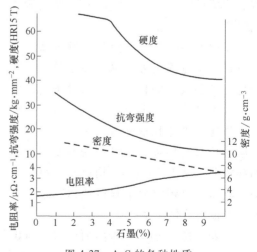

图 4-37 AgC 的各种性质

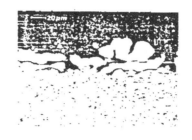

a) AgC(96/4)纤维取向⊥ b) 纤维取向∥

图 4-38 分断短路负载后 AgC 材料剖面结构

因而无论纤维方向与接触面垂直还是平行，AgC 材料都有良好的抗熔焊性。并且，纤维方向与接触面平行的 AgC 材料有更强的抗熔焊性和更大的材料侵蚀率，这一特性与 AgNi 材料正好相反。

如果石墨颗粒大些或石墨纤维粗些，形成所谓石墨化的 AgC 材料以替代很精细的石墨粉，那么与氧气的反应速度将很小，并且不会形成海绵状结构，这意味着存在较大熔焊力。然而这种类型的 AgC 材料的侵蚀，特别是大电流时的侵蚀将比以前石墨以微粒弥散于基体的材料侵蚀要少。在触头表面形成的微观结构在机械性能上很稳定。除此以外，石墨纤维在熔化区域的存在将降低液滴喷溅产生的材料损失。

如果材料中石墨的组成一部分是细粉，一部分是石墨纤维或碎片，那么将同样产生海绵体，但比仅有石墨细粉的海绵体要薄。也就是说，通过仔细调节细粉与纤维的比率，可提高抗侵蚀能力同时使熔焊力不会上升得太多。

事实上，在 AgC 与 AgNi 触头配对中用 AgNi60/40 替代 AgNi90/10，熔焊力减小将是很小的，说明 AgC 材料表面的海绵体决定了熔焊力。

如果用 AgC 替代 AgNi 作为动触头，那么每个触头都有不牢固的表面结构，因而可以观察到有很小的熔焊力。

用 AgW 作为动触头的抗熔焊力也很小，可以认为是易碎的钨与表面的 WO_3 层起作用的结果。

传统理论认为，AgC 材料中的 Ag，是由于在电弧作用下，精细的石墨粉与空气中的氧反应，生成 CO 气体逸出 AgC 材料表面时带离本体的。这一机理在传统工艺制作的 AgC 材料中比在石墨化 AgC 中起的作用更大，因为后者在给定的时间内产生的 CO 气体比前者少得多。另外，相对稳定的石墨纤维将有助于熔化的金属粘合在一起。

3. AgW 系触头材料电弧侵蚀机理

AgW 系触头材料将银的高导电传热性与 W 的高抗侵蚀性结合为一体，通常 AgW 触头含 W 量为 20%~80%，另含有少量 Ni 或其他金属，以改善 Ag 对 W 的润湿性，并使 W 活化烧结。随着 W 含量的增加，材料的硬度增大。

AgW 合金的抗熔焊性与 AgNi 差不多，但低于 AgCdO。这个缺点可通过适当考虑触头设计与银-石墨配对的办法来解决。AgW 合金的导电率较低，又容易生成氧化钨和钨酸银表面膜，在使用中容易发生接触电阻增大和温升过高的问题，并且还是电路短路时触头焊住的原因之一。为此，开关需增大接触压力或闭合时触头有滚动擦拭动作。另外，AgW 合金有稳定弧根的特性，为了迅速使弧根运动，还需加强磁吹磁场或气体的流动。AgW 合金主要用于断路器中。

了解 AgW 系材料的制造方法，对研究该材料的电弧侵蚀机理是重要的。这种材料原则上能用粉末冶金法，通过液相烧结或熔浸制造。用液相烧结法制造时，将与产品要求的最终成分相当的混合粉末压制成成型件，在高于银熔点的温度下烧结。烧结时制件有一定收缩，但达不到理论密度，还须再压制使之进一步致密化。

熔浸法是制造这类触头的主要方法，就是将有孔隙的钨坯体或钼坯体进行熔浸。高熔点组分的粉末混入少量的银粉，分别按要求的银比例压制到一定密度。在低于银熔点的温度下预烧结后，用银液浸渍填充压制件的孔隙。由于毛细管作用完成孔隙填充，这样便得到实际无孔隙的坯体，其尺寸与压坯相等，几乎不需要再加工处理。与纯钨不同，AgW 材料的无孔坯体容易进行车、铣等切削加工。

用熔浸法可以制造钨含量为 50%~90% 重量的复合材料。由于没有稳定的钨骨架，钨含量≤30% 重量的复合材料须采用烧结坯体挤压制造，而烧结坯体是由相应的混合粉末在低于银熔点的温度下烧结制得的。

AgW 的性能取决于制法及原始粉末的性能。一般来说，熔浸材料的耐烧损性、硬度、电导率和孔隙率都比液相烧结或固相烧结并经再压制的材料好。原始粉末的颗粒形状和大小决定了复合材料的金相组织。银和钨实际上是不互溶的，因此，原始颗粒大小能保持不变。粉末粒度大小对复合材料的某些性能有影响。硬度随颗粒变小而提高，密度和电导率却与颗粒大小关系甚小。烧损特性是平均颗粒度越小越好。颗粒为 1μm 左右时，烧损率最小；颗粒再小时，烧损率又稍有回升。

在电弧高温作用下，Ag 首先熔化蒸发，造成大量 Ag 的侵蚀。同时，斑点区域的钨的微粒被烧结在一起，形成可限制液态 Ag 流动的骨架[185]，使得材料的耐磨性得到提高。W 骨架作用还可增加 AgW 材料的抗熔焊性，这是因为 Ag 被烧损之后接触表面以高熔点材料 W 为主，且 Ag 的烧损，使材料表面层组织疏松。由此可见，AgW 材料真正的骨架作用并不是在粉末冶金法制造过程中产生，而是在大电流负荷下出现的，是 AgW 材料对电弧作用的主要响应。

4. AgMeO 触头材料电弧侵蚀机理

AgMeO 触头材料于 20 世纪 20~30 年代问世[186]，继 L. H. Mathias 研制出 AgCd 材料之后，美国 GE 公司采用粉末冶金法率先研制出 AgPbO 材料。20 世纪 30 年代末，F. R. Hensel 及其合作者生产了最早的 AgCdO 材料，并首次进行了电性能试验。然而由于 AgMeO 材料制造工艺的复杂性，直到 1950 年之后，AgCdO 材料才开始大规模采用，20 世纪 60 年代，AgMeO 的各种制造方法才逐步得以完善。而无镉 AgMeO 材料，如 $AgSnO_2$、AgZnO、AgMeO 等几乎与 AgCdO 同时出现，但直到 1970 年之后才有较大的发展[187]。

AgMeO 电触头材料的生产方法主要有合金内氧化法和粉末冶金法两种。20 世纪 50 年代前期，Schreiner 首先创立了合金内氧化法[187]，然而早期的合金内氧化法生产的触头材料其 CdO 颗粒在 Ag 基体中的分布极不均匀，主要表现在材料内部贫镉区的出现。为此，1967 年，F. Harrbye 使用机械方法先将熔融态 AgCd 合金冲成碎屑[187]，将碎屑氧化后再挤压成形。而 Handy&Harman 公司则将多层薄片氧化后再滚压成片材。事实上，这两种方法也不能制造出真正的均质材料，前一方法是将贫镉区变成许多小区域并重新分布，而后一方法则仍存在许多个贫镉区。其后，Harman 采用单面加快氧化速度的方法消除贫镉区的出现[187]。

研究表明，粉末冶金法制成的触头材料其抗熔焊性优于内氧化的材料，而电弧运动能力则较差。

从 20 世纪 70 年代初开始，对 AgCdO 材料的第三组分即微量添加剂进行了大量研究[186]，认为第三组分的加入，可以极大改善 CdO 颗粒尺寸、形状及其 Ag 基体中的分布。这些添加剂包括 Mg、Li、Sn、In、Zn、Co、Si、Al、K、Ca、Hg、Ru、Be、Sb、Ce、Ga、Na、Ni 等。在所有这些添加元素中，碱金属曾引起电接触科学界的争议。以 Bruguer 为代表的学者认为[188]：碱金属 Li、Na、K 能改善电触头的运行性能，因为碱金属的加入增加了电子发射源，从而使触头表面侵蚀均匀化。而 Lindimayer 等则认为[189]，碱金属作为第三组分加入 AgCdO 其改性效果并不显著，反而使得触头易发生电弧重燃。G. J. Witter 采用挤压-烧结-冷处理-再烧结的方法制造了不同密度的 AgCdO 材料[190]，通过试验，研究了碱金属 Li 含量在 0~110ppm 对 CdO 颗粒、电弧侵蚀、熔焊力、电弧停滞时间、触头裂纹的影响。结果表明，碱金属的加入对 AgCdO 颗粒尺寸、形状及分布、材料电弧侵蚀均无影响，但是可以降低接通电路过程中因动触头弹跳而产生的电弧侵蚀。这一机制尚不清楚，该文作者认为是在 AgCdO 中加入 Li 改善了触头接通电路过程中熔融桥的润湿性，因而降低了弹跳电弧产生的液态喷溅。Witter 的试验还证明，加入 Li 的 AgCdO 熔焊力增加，电弧停滞时间却未改变。关于 Bruguer 提出的加入碱金属能增加 AgCdO 的耐电弧侵蚀性，Witter 认为仅仅是因为 Li 的加入增加了 AgCdO 材料的致密度，并非是电弧弧根扩散的结果。

1982 年，美国学者 H. J. Kim 等在第 11 届 ICECP 上首先提出了强化 AgCdO 材料基体的新途径[181]。Kim 提出，在 AgCdO 中加入与液态银有较低界面能的组分可增加液态银与触头表面的润湿性，从而降低因喷溅引起的材料损耗，同时削弱触头材料基体裂缝的扩展。第三组分的选择依据下述原则：可降低熔融银与触头表面之间的界面能而不降低触头的物理机械性能；无论在液态还是固态，第三组分的氧化物必须是稳定的并且与银不发生化学反应。经过大量研究，C. Brecher 于 1983 年在美国芝加哥召开的第 29 届 HS 会议上宣布了 Ge 是最优的润湿剂[191]。

在 AgCdO 材料的电接触性能逐步完善的同时，由于 CdO 分解物的有毒性，形成了开发新型无镉材料而取代 AgCdO 材料的趋势。从 20 世纪 70 年代开始，许多人为开发 AgCdO 的替代材料进行了大量的工作。研究表明，$AgSnO_2$ 是其中最有希望的。然而采用合金内氧化法生产 $AgSnO_2$ 材料并不像生产 AgCdO 那样简单，因为当 Sn 含量超过 4% 时，由于表面 SnO_2 薄层的形成，内氧化将不能持续进行，为此需加入添加剂 In 或 Bi，这些微量添加剂阻止了表面 SnO_2 的形成。另外，为降低 $AgSnO_2$ 的温升，Böhm 提出了在 $AgSnO_2$ 中添加 WO_3[192]，同时 Gengenbach 提出了添加 MoO_3[193]，关于这一研究目前仍在继续。

AgMeO 触头材料的电弧侵蚀机理主要由表面动力学特性决定，即由表面张力与润湿、黏性与流动、MeO 组分的热稳定性决定。

在 AgMeO 材料的电弧侵蚀过程中存在两种机制，一种机制是氧化物的分解与升华，这一过程消耗了大量电弧输入电极的能量，从而较单纯银材料降低了蒸发引起的 Ag 材料侵蚀。同时，这一过程也导致了材料在工作过程中氧化物含量的持续降低。另一机制是触头表面熔池表面张力和黏性的增强。在电弧作用期间，AgMeO 第二相（即 MeO 组分）及微量添加剂以微粒形式悬浮于金属液池表面，不仅增加了表面张力，提高了液态金属的黏性，同时，某些添加剂还增加了液态银对触头表面的润湿性，有助于降低因喷溅发生的材料损耗。

文献［194］对比研究了 AgCdO 与 AgSnO$_2$ 的抗侵蚀性能，如图 4-39 所示。

AgCdO 材料中 CdO 组分的分解温度仅有 1360℃，因而在电弧能量作用下 CdO 极易发生分解，AgCdO 表面无 CdO 富集，一方面降低了接触电阻，同时由于 CdO 分解消耗了大量电弧输入触头的热量因而有效地降低了银材料的蒸发。但是另一方面也带来了不利的影响，熔融液池内 CdO 组分的大量失去，又得到了热影响区 CdO 的补充，在 AgCdO 表面形成了 CdO 的低密度层，Cd 与 CdO 在材料内部的相互扩散[195]，最终在 AgCdO 表面形成 AgCd 合金，致使触头侵蚀加剧，抗熔焊能力降低。尤其是分散体系中分散相降低，导致黏度下降，电弧喷溅急剧增加，触头发生熔焊，整个触头系统失效。

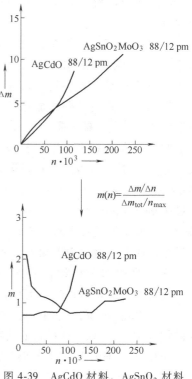

$$m(n) = \frac{\Delta m / \Delta n}{\Delta m_{tot} / n_{max}}$$

图 4-39　AgCdO 材料、AgSnO$_2$ 材料侵蚀率与操作次数的关系曲线

与此相反，SnO$_2$ 的分解温度达 2370℃，远高于 CdO 的分解温度。因而触头表面不存在 SnO$_2$ 的低密度层，而是触头表面层中仍有分布均匀的 SnO$_2$，仅在触头表面有极少量的 SnO$_2$ 集聚。触头表面 SnO$_2$ 的集聚对触头正常工作是十分有害的，因为 SnO$_2$ 导电性极差，会造成触头接触电阻升高。而表面层无 SnO$_2$ 低密度层的形成，则使 AgSnO$_2$ 材料的分散体系中始终保持高的黏度，始终具备优良的抗电弧喷溅能力，这是 AgCdO 材料所无法相比的。

从分散体系与黏度及 MeO 组分的趋肤现象出发，易于分析 AgMeO 电触头材料的电弧侵蚀特性。在触头工作前期，无论电流是几十 A 还是几百 A，均有 AgCdO 比 AgSnO$_2$ 更优良的耐电弧侵蚀性。但随着操作次数的增加，其优越性将逐步失去，其原因在于 CdO 低密度层形成之后，分散效应减弱。尤其在电流较大（100A 以上）的场合，AgCdO 材料往往在数千次操作之后就逐渐显露其弱点。在电流较小（几 A 至几十 A）的场合，AgCdO 的优越性则能持续较长的时间，最后 AgCdO 抗侵蚀性低于 AgSnO$_2$ 的原因在于 CdO 分解并消耗大量电弧能量这一现象不再存在，如图 4-39 所示[194]。

由于电流大小不同，对 MeO 热稳定性的要求不同，小电流时要求 MeO 易分解以消耗大量电弧能量，大电流时要求 MeO 有高的热稳定性以抑制喷溅发生。因而选择何种 AgMeO 材料，依赖于所使用的条件何种机理起主要作用。

1）在几 A 到几十 A 电流区域，AgCdO 材料具有突出的优点，AgSnO$_2$ 目前在这一电流区域尚不能达到像 AgCdO 一样低而稳定的接触电阻和优越的抗电弧侵蚀性能，因而尽管 AgCdO 的分解物有毒，目前 AgSnO$_2$ 仍不能成为 AgCdO 在这一电流区域称职的替代材料。

2）在 100A 以上的电流区域，AgSnO$_2$ 已具有超过 AgCdO 的优良的抗电弧侵蚀性和抗熔焊性能。AgSnO$_2$ 中 SnO$_2$ 组分的持续存在有效地抑制了液态金属喷溅的发生。AgSnO$_2$ 材料表面层无 SnO$_2$ 低密度层的出现，保证了材料工作后期的抗熔焊性能。众所周知，SnO$_2$ 组分体积含量越高，触头熔焊力越小，而当 AgCdO 和 AgSnO$_2$ 含有相同重量百分比的 MeO 组分时，由于 SnO_2 的密度（$6.95g/cm^3$）比 CdO 密度（$8.15g/cm^3$）低，因而 SnO_2 体积百分比大，这又保证了 $AgSnO_2$ 材料工作前期较 AgCdO 材料优越的抗熔焊性。

4.4.3　银基触头材料的侵蚀模式

银基触头材料电弧侵蚀可主要分为蒸发侵蚀和液态喷溅侵蚀两种形式。对于蒸发侵蚀，又分区域选择性侵蚀和组元选择性侵蚀[179][196]。

1. 区域选择性侵蚀

就材料结构而言，某些区域结构性质的特殊性，将使这些区域优先受到电弧的能量作用并产生材料侵蚀。

晶界是多晶材料中晶粒之间的界面，它的存在、特别是晶界结构和成分，极大地影响着触头材料的性能。晶界作为多晶材料中分别分割每两颗晶粒的内部界面，可以看成是一个晶粒向另一晶粒的结构过渡形式。晶界上结构疏松，其原子数与晶粒中原子数之比非常小。晶界的化学成分和晶粒的化学成分差别也相当大，晶界处极易存在杂质及添加剂的高浓度聚集，这样常引起材料电子结构的变化，也常引起晶界结合力的减弱。电子结构的变化将造成材料电性能的改变，使晶界处具有与晶粒不同的导电性，而界面结合力减弱将增加材料在应力作用下晶界产生裂缝的可能性，也将增加晶界区域材料受电弧作用后脱离本体的可能性。

从电弧作用方面而言，触头材料的晶界区域由于下述原因，将较晶粒部分优先受到电弧的热量作用：第一，晶界区域由于材料结构疏松，界面结合力较弱，是形成初始裂缝的潜在区域。而我们知道，电弧将优先作用于触头表面开裂的区域。第二，晶界部分具有高浓度的杂质尤其是第二组分的集聚，这不仅增加了晶界区域的电子发射能力，更由于某些第二相组分低的热稳定性，使得晶界区域优先放电，这一点在 AgCdO 材料上表现得尤其明显。由以上分析可得，材料晶粒界面结构疏松，界面结合力较弱，是材料受应力作用下发生裂缝的潜在区域，也是抗电弧侵蚀性能最差的区域。然而遗憾的是电弧能量却优先作用于晶界区域，这样就形成了所谓的区域选择性侵蚀。

2. 组元选择性侵蚀

电触头材料中，由于各组元热稳定性不等，因而在电弧能量作用下有其先后的侵蚀顺序。材料侵蚀过程中这种优先侵蚀热稳定性低的组元的现象称为组元选择性侵蚀。

例如，AgCdO 材料中形成的表面 CdO，低密度层出现就是组元选择性侵蚀在 AgCdO 材料中的突出表现。

对喷溅引起的材料侵蚀，由于复合材料的采用，加之电弧在触头表面的快速移动，难以形成连成一片的大的液态金属池，故限制了液态喷溅产生的材料损耗。对于单个小的液态金属池，文献［174］根据作用于液态金属池表面力的分析，分为中心喷溅和边缘喷溅两类。

电流较小时，电磁力弱，液态池受到的是压力且以中心区最大，可使得液池中心塌陷而边缘凸起，由此形成与轴线成较大角度的液态喷溅。不过边缘喷溅的材料常滞留在熔化区外的触头表面。当电流较大时，则是液池中心受到拉力，边缘受到挤压，从而能产生与轴线成小角度的中心喷溅，由于中心喷溅的材料大多脱离触头基体，因而对材料损耗严重。

4.5 电触头黏附与熔焊

4.5.1 黏附与熔焊的基本概念

电触头的黏附是指表面完全清洁的两触头由于金属表面原子接近到晶格距离，靠原子的相互吸引而结合的现象。通常，这一效应与温度有关，温度升高时，由于原子热波动幅度较大，在距离较大时就会出现这种效应，不过在接触面积小时，由此产生的黏附力很微弱，实际中不必加以考虑。

然而，如果相互接触的金属表面存在微观尖峰，由于外施力使尖峰发生塑性变形，或由于扩散接触而显著增加时，触头就会发生较严重的黏附现象。

触头黏附通常发生在静态接触时，由于接触电阻使导电斑点及附近的材料温度升高，可极大地提高扩散速度和接触面积。

以上所述适用于没有表面膜的接触，而表面膜的存在有利于降低黏附的发生倾向。

在一些固定电接触元件中，常希望利用黏附现象维持导体的紧密接触。

触头的熔焊是指两电极接触区域靠金属熔化而结合在一起的现象，根据形成原因，熔焊又分为静熔焊和动熔焊。静熔焊指由接触电阻产生的焦耳热使两触头接触部分熔化，结合而不能断开的现象。动熔焊则指分断或接通电路过程中，触头接触压力在零值及以上附近变化时，触头间产生液态金属桥接，或由于电弧热流使触头熔化而发生的熔焊现象。

分开两个已熔焊的触头所必须施加的力称为熔焊力。触头分离后，含有黏着微观熔焊痕迹的两触头接触部位的断面，称为熔焊面。熔焊力与熔焊面之比称为熔焊程度，表示熔焊过程形成的触头间连接的机械强度。

4.5.2 静熔焊的形成机理

触头处于闭合状态承载电流时，如第 1 章所述，由于接触电阻的存在，使导电斑点区域有更多的电能转化为热能，引起导电斑点区域的触头材料强烈发热。为了描述静熔焊过程，了解静态接触触头的温度场尤其是导电斑点区域的最高温度，具有重大意义。第 1 章的研究表明，导电斑点内电流密度的分布在各个区域是不一样的，在导电斑点区域的边缘电流密度最大。由于触头两端电压和电流与接触电阻符合欧姆定律 $R=U/I$，因而对任一具体的静态接触电触头，在接触材料和接触压力不变时，接触部位的最高温度与接触电阻引起的触头间电压降成函数关系，图 4-40 给出了接触点间的电压降 E 和触头电流 I 的关系曲线，图中忽略了膜电阻。

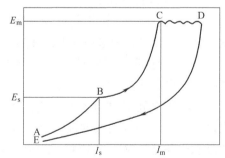

图 4-40　接触点间的电压降 E 和
触头电流 I 的关系曲线

E_m—熔化电压　I_m—熔化电流

E_s—软化电压　I_s—软化电流

由图可知，在 B 点接触部位温度达到触头材料的软化温度时，由于接触部位的应力集中，产生塑性变形，而引起触头硬化和弹性变形的释放。并且，在接触部位由于软化和扩散而导致了微弱的熔焊和黏着。这个接触点的触头电压降称为软化电压，流过接触部位的电流称为软化电流。另外，在 C 点接触部位的温度达到电接触材料的熔化温度时，引起触头坚固的熔焊，这个接触点的电压降称为熔化电压。

电子计算机的普及与推广，使得对软化电压和熔化电压严格的数学计算成为可能。利用第 1 章所得出的静态接触热过程的数学模型，可精确求得具体情况下的软化电压和熔化电压，以及软化电流和熔化电流。在工程应用中，也有一些简单、实用的求解方法。

熔焊电流根据接触压力 F 和电触头材料决定：$I_m = KF^n$。式中，n、K 为常数，$n = 0.4 \sim 0.5$，而 K 值依每种触头材料据实验测定。

熔化电压 U_m 和接触部位的熔化温度 T_m 的关系为

$$U_m = \left[4L \left(T_m^2 - T_r^2 \right) \right]^{\frac{1}{2}} \tag{4-80}$$

式中，T_r 为环境温度；L 为 Wiedemann-Franz 常数。

其次，对于多数金属和合金，一般认为其软化温度约为熔化温度的 40%。因此假定软化温度为 $0.4T_m$，可知软化电压 $E_\delta = \left\{ 4L \left[\left(0.4T_m \right)^2 - T_r^2 \right] \right\}^{\frac{1}{2}}$

假定在熔焊处的抗拉强度和触头材料的抗拉强度相等，则熔焊力取决于载流接触面积和触头材料的抗拉强度的大小，即

$$F = \sigma s \tag{4-81}$$

式中，F 为熔焊力；σ 为抗拉强度；s 为载流接触面。

4.5.3　动熔焊的形成机理

与静熔焊形成机理不同，动熔焊发生于接通或分断电路的操作过程中。使触头材料强烈发热的热源，是电弧对触头弧根区域瞬时而集中的热流输入。

触头接通电路过程中，通常有两种现象发生，一种是予击穿电弧，另一种是动触头的弹跳。予击穿电弧或弹跳电弧能使触头在局部区域熔化。触头闭合后，熔化的金属冷却因此结合在一起，有可能发生熔焊。分断电路过程中，触头间电弧也会使触头在弧根区域熔化，当触头再次闭合时，熔化的触头结合在一起，如果分断力不能使触头分离，则发生熔焊。为此可以认为强电流电接触触头的每次分断闭合操作都可能引起熔焊。在实际中，除提高触头分断操作力外，最有效的措施是增加触头材料的抗熔焊性，主要途径一是增加导电传热特性，提高熔点、热容；二是降低触头材料的熔焊力。这可以通过把与银不能成为固溶体的金属、石墨化合物或氧化物弥散在银中，成为假合金触头。这些触头保持了银的高电导率和高热导率，而且由于对银的亲和力小的粒子是分散的，而使熔焊力减弱，熔焊处变脆。

4.6　接通电路过程中的电接触特性

接通电路过程中触头的电接触特性与分断过程不同，主要是因为接通电路过程中触头间形成的电弧有其特殊性。

接触电路的过程中存在予击穿电弧和动触头的弹跳。关于予击穿电弧及其对触头材料的侵蚀、转移已经叙述。这里主要讨论动触头弹跳对触头材料电接触特性的影响。

如同分断过程可引起触头材料侵蚀一样，在接通电路过程中，尤其是存在触头弹跳时，也会产生电弧并引起材料侵蚀和转移。当闭合电弧能量和分断电弧能量相等时，在闭合过程

中产生的材料损耗量将是分断过程中产生材料损耗量的 5~10 倍[197]。这是因为闭合过程中的予击穿电弧和弹跳电弧属短弧，其热量几乎完全传输到触头。

开关电器触头弹跳产生的原因可分为两种：一是触头表面的弹性变形；二是其他零件工作（比如衔铁与磁轭闭合）引起的附加触头弹跳。根据弹跳过程中两触头间的现象，可将弹跳分为伴有熔桥形成的弹跳和伴有电弧形成的弹跳。

闭合过程中产生的电弧属于短弧类型，此类电弧的电压一般只与触头材料有关，而与电压、电流及环境无关[198]。此外，因弹跳电弧的能量比予击穿产生的电弧能量大得多，所以弹跳电弧对触头材料的损耗比予击穿电弧对材料的损耗大得多。

从 1990 年开始，Rieder 等对闭合过程中的触头弹跳及其引起的材料侵蚀进行了许多研究[199]。图 4-41 为 Rieder 采用的可模拟触头弹跳的试验装置。

其中压力变换器有压电陶瓷，随着控制电压的升高和下降可以膨胀或收缩，从而带动触头模拟弹跳。通过位移传感器 4 可测出弹跳的幅度。通过接触压力传感器 5 可测量触头接触力的大小。线圈 11 可产生作用于弹跳电弧的磁场。在每次弹跳期间，触头电流基本恒定。每次弹跳完成后，变换电源极性以消除极性效应。全部测试程序和数据处理由中心计算机完成。

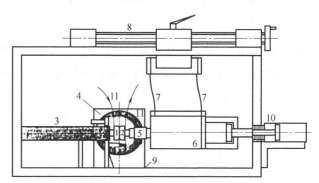

图 4-41　模拟触头弹跳的试验装置

1、2—触头　3—压力变换器　4—位移传感器　5—接触压力传感器　6—辅助装置　7—弹簧　8—端子螺旋　9—损耗物沉积板　10—气动缸　11—外加磁场线圈

首先对弹跳发生时的电极间电弧进行了分析，主要观察电弧的持续时间与触头处于分离状态时间之间的相互关系。用一定弹跳次数的累积电弧发生频率与时间的关系曲线表示，如图 4-42 所示。

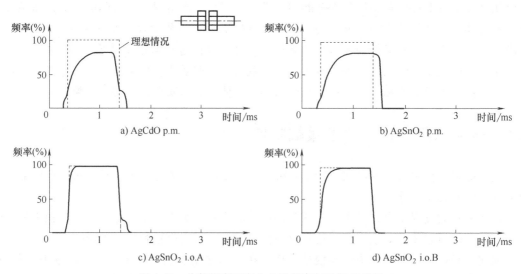

图 4-42　分断状态下产生电弧频率与时间的关系

图中显示：虚线曲线代表频率曲线的理想情况（即在有电流的时候，从 $0.3 \sim 1.3 \mathrm{ms}$ 内每次触头弹跳打开时都会发生一次弧，即频率是 100%）。然而可以发现，不同的接触材料表现出的"弹跳"行为是不相同的。由内氧化法（i.o.）制成的 $AgSnO_2$ 触头在压力变换器动作的时间内电弧频率接近 100%，并且在这段时间的开始和结尾处相对比较陡峭，如图 4-42c、d 所示。也就是说，弹跳电弧持续时间的值对于每次操作基本上是相同的。然而，由粉末冶金法（p.m.）制成的 AgCdO 或 $AgSnO_2$ 触头，在相同操作条件和大量测试次数情况下，电弧频率则没有达到 100%，而且曲线的上升斜坡是圆弧形的，如图 4-42a、b 所示。这种情况和理想曲线相差比较大，造成这种差异的主要原因是，粉末冶金法制造的 $AgSnO_2$ 材料具有鳞状的表面层，在触头弹开初期极易形成液态金属桥，而无电弧发生。对 AgCdO 材料虽无鳞状的表面层，但表面却粗糙不平，在微观上具有很多平行于触头运动方向的斜面，因此在触头弹开初期，电流通过这些微观斜面传导而不形成电弧。

在电流 $I = 400 \mathrm{A}$，电弧持续时间 $t_a = 1 \mathrm{ms}$，接触压力为 8N，弹跳高度为 $90 \mu \mathrm{m}$，外加磁场 $B = 2 \mathrm{mT/KA}$ 时各种材料累积损耗随弹跳次数的关系可用图 4-43 表示。在上述其他参数相同时，增加弹跳电弧的持续时间，电弧侵蚀增大，如图 4-44 所示。降低电弧电流，电触头侵蚀量降低，如图 4-45 所示。

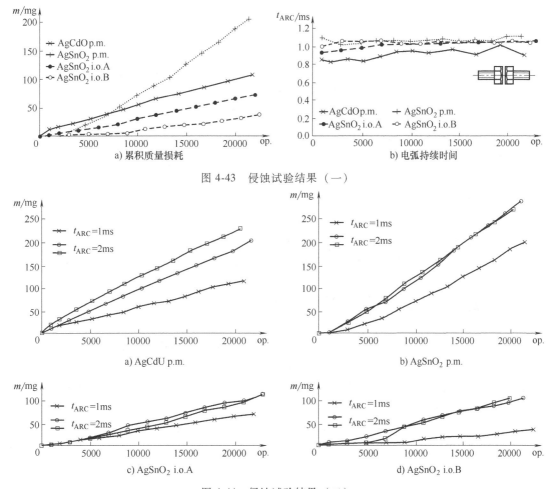

图 4-43 侵蚀试验结果（一）

图 4-44 侵蚀试验结果（二）

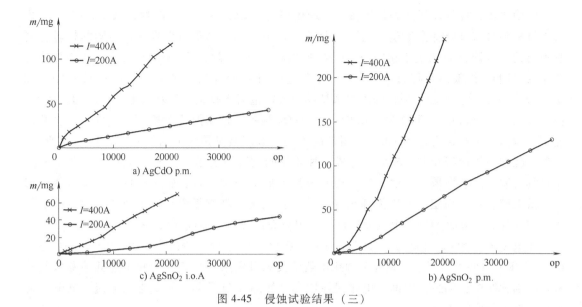

图 4-45　侵蚀试验结果（三）

但是增加吹弧磁场，材料侵蚀几乎不变，这显示了闭合过程中触头侵蚀特性与分断过程的重要区别。

总之，在闭合过程中，触头材料侵蚀与分断侵蚀的重要区别是：由于电弧持续时间极短，外加磁场对电弧侵蚀的影响力极低。材料侵蚀产生的主要原因一是电弧对电极的热能输入，二是电触头表面层的结构及状况。在表面层状况极其恶劣时，比如，表面结构多孔呈鱼鳞状时，材料侵蚀受电弧能量的影响较小。表现在其他条件相同时，增加燃弧时间，侵蚀量增加较小。反之，如果表面状况良好，则材料侵蚀量对电弧能量作用反应敏感。

弹跳过程中触头材料侵蚀特性还显著受到触头材料本身抵抗液滴喷溅能力的影响，这一能力与触头材料第二相及添加剂相关。

另外，弹跳过程触头侵蚀的另一特点是损耗物的沉积。由于触头间开距极短（几十μm），被喷溅的液滴容易沉积于触头本体及对面电极表面。研究表明，纯银液滴更易稳定地沉积于触头表面，与此相对应，触头表面吸收液滴沉积的能力也与表面层组织特性相关。对AgMeO而言，表面具有MeO集聚的触头其吸收液滴能力差。

4.7　电触头电弧侵蚀表面形貌特征

熔层表面侵蚀形貌是电弧侵蚀的作用结果，又反过来影响着电弧的进一步侵蚀程度。从20世纪60年代后期，人们将扫描电子显微镜（Scanning Electron Microscopy，SEM）应用于触头材料侵蚀研究，对侵蚀表面开始进行直接观测。随着微观分析仪器设备的不断进步，一些学者开始对侵蚀形貌的形成过程及材料组织结构变化等方面进行研究。但是，对侵蚀形貌与电接触表面动力学特性之间相互关系的研究，目前尚未有文献可参考。由于动力学特性决定了电弧侵蚀特性，所以，分析研究动力学特性对侵蚀形貌的影响，对进一步了解电弧侵蚀机理和开发新材料有重要意义[200,201]。

因为电弧侵蚀是多种因素共同影响的复杂物理、化学过程，所以，简单地指出某种动力学特性导致何种表面形貌是极其困难的。熔层表面的侵蚀形貌，是电弧侵蚀过程中各影响因素的集体表现。但就侵蚀形貌"特征"而言，则可以分析得出某种动力学特性所起的作用。

熔层的快速物相变化过程，一方面使熔化区域局部的成分均匀化，另一方面也是导致熔层组织结构缺陷和熔层表面凹凸不平的原因。由于冷却速度极快，触头表层熔融区的液态金属来不及铺展时，就可能已经凝固，如图 4-46 和图 4-47 所示的糨糊状尖峰的形成，一方面是因为液态金属有一定黏性，另一方面也因为其极快的凝固速度。

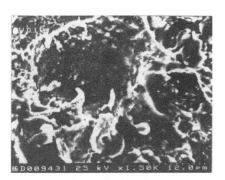

图 4-46　涡流现象和汇聚流动现象并存（AgNi 触头表面形貌）（分断电流 100A，操作 300 次）

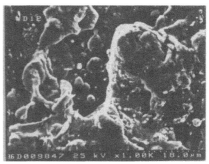

图 4-47　糨糊状尖峰形貌特征（AgSnO$_2$In$_2$O$_3$ 触头）（分断电流 100A，操作 300 次）

电弧能量与触头表面熔层形貌密切相关。在大电流下触头表面熔层会发生液滴喷溅，表面的状态当然要比小电流下以气化蒸发为主要质量损耗时粗糙。触头在寿命初期和经多次分断操作后，表面形貌也有不同特征，例如 AgWC12C3 在单次分断 600A 半波电流时，表面可以看到许多银含量很高的富银区，如图 4-48 所示，而在多次分断操作后，就很难再找到富银区了，如图 4-49 所示。在电弧的复杂热、力作用下，触头表面熔层的组织结构发生变化，局部区域成分在电磁搅拌作用下趋于均匀，但由于熔融金属的流动和聚集，也导致整个熔层成分的不均匀分布。文献［202］对导致液态喷溅的各种力因素进行了分析，将液态喷溅分为中心喷溅和边缘喷溅。电流较小时，电磁力弱，液池受到的是压力且中心区最大，可使得液池中心塌陷而边缘凸起，由此形成与轴线成较大角度的液态喷溅，称为边缘喷溅；当电流较大时，则是液池中心受到拉力，边缘受到挤压，从而能产生与轴线成小角度的中心喷溅。

图 4-48　富银区散布在 WC 骨架表面的形貌（单次分断半波电流 600A）（AgWC12C3 触头）

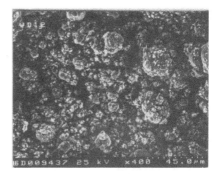

图 4-49　骨架结构表面形貌（AgWC12C3 触头）（分断电流 100A，操作 500 次）

对于 AgMeO 触头材料，MeO 的热稳定性和 Ag 对 MeO 的润湿性对电弧侵蚀形貌也有影响，热稳定性高并且润湿性好，则液态金属的黏性较大。黏性较大的液滴不易产生喷溅，但容易形成糨糊状尖峰。

由于触头表面熔层极快的冷凝速度和很大的热应力梯度，会使触头表层产生气孔和裂纹。

触头表面在电弧的作用下，表现出复杂的电弧侵蚀形貌。不同类型的触头材料，由于物理、化学性质不同，电弧侵蚀形貌有不同的特征；对同一触头表面，其电弧侵蚀形貌的不同区域也会有不同的特征。对银基触头电弧侵蚀形貌进行归纳分析，其特征大致有以下五种。

1. 富银区

富银区的产生是由于 Ag 的熔化流动聚集或喷溅沉积。对于 AgMeO 触头材料，这种形貌特征尤其明显，如图 4-50 和图 4-51 所示。AgWC12C3 触头在分断次数不很多的情况下，能找到这种富银区形貌特征，如图 4-52 和图 4-48 所示，当分断操作次数较多后，这种形貌特征就不易发现。W 或 WC 的骨架形成后，微小的银滴会嵌在骨架内，不易汇集。从 AgNi 触头材料的动力学特性分析，在电弧作用下，Ni 微粒（或纤维）能较多地溶入液态银，在凝固结晶时形成 AgNi 合金或 Ni 的过饱和固溶体以及 Ni 的二次结晶析

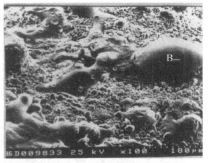

图 4-50　富银液滴呈现一定的铺展性，AgZnO 触头表面形貌
（分断电流 100A，操作 300 次）

出相，所以 AgNi 触头熔层表面的成分分布比 AgMeO 要均匀。

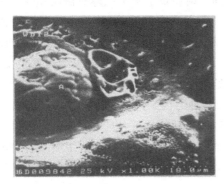

图 4-51　富银区、富 CdO 区和气
体喷发坑，AgCdO 触头表面形貌
（分断电流 100A，操作 3000 次）

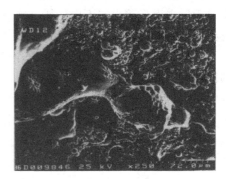

图 4-52　狭长银带，
AgWC12C3 触头表面形貌
（分断电流 100A，操作 300 次）

富银区的形成使触头表层成分分布不均匀，并且容易发生液滴喷溅，所以设法增加第二相粒子对液态 Ag 流动的限制作用，使其不致形成大片区，是很有意义的。根据对电接触表面动力学特性的分析可推知，通过增加第三组分改善液 Ag 对 MeO 或 WC 的润湿性，可以抑制大片富银区的形成。

2. 难熔相聚集区

由于含银量高的液滴有汇聚的趋势并且容易发生喷溅，所以在 AgMeO 触头熔层表面，有难熔相聚集区（MeO 富集区）形成，如图 4-50 和图 4-51 所示。MeO 富集区的形成，对限制液银流动、减小材料损耗有利。但是，由于 MeO 导电率差并且较脆，所以易产生裂纹和剥离片从而造成突发性材料损失。根据难熔相聚集区的形成机制，增大液 Ag 对 MeO 粒子的

润湿性，使 MeO 粒子更易溶入液态 Ag，并且使液 Ag 在 MeO 粒子聚集区更容易铺展，以使难熔相聚集区保持适当的 Ag 含量，是解决上述不良影响的途径。

3. 糨糊状尖峰

糨糊状尖峰出现的条件是液态金属有一定黏性并且冷凝速度极快。与富银区的特征不同，糨糊状尖峰区域的各成分含量与周围区域基本相同。图 4-46 和图 4-47 分别是 $AgSnO_2In_2O_3$ 和 $AgNi_{10}$ 的熔层表面形貌，可清楚地看到糨糊状尖峰。熔层表面凹凸不平现象发生的原因，一方面是由于富银区的产生和液态喷溅，另一方面是因为在燃弧期间，熔融金属在电弧的作用下发生流动，并且在分断瞬间产生的液桥会折断，从而导致熔层表面的凹凸不平。在较小电流下，糨糊状尖峰的特征不明显。图 4-53 是 $AgNi_{10}$ 在分断交流 15A，操作 15 万次时的表面形貌，可见几乎没有糨糊尖峰，表面总体上也较为平坦。

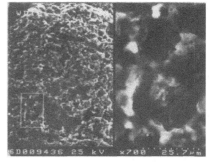

图 4-53　总体上呈现平坦的
表面形貌，$AgNi_{10}$ 触头
（分断电流 15A，操作 15 万次）

4. 骨架和结构疏松

对 AgWC12C3 触头材料，骨架的形成（如图 4-49 所示）正是 AgWC12C3 具有高抗电弧侵蚀性能的原因。由于电弧的反复作用，会在触头表面熔层产生一些组织结构缺陷（例如空位、位错、气孔、裂纹等），结果导致熔层的结构疏松。图 4-54 显示了 AgWC12C3 触头熔层的结构疏松情况。在 AgMeO 触头熔层也存在结构疏松问题，图 4-55 是 $AgSnO_2In_2O_3$ 在分断交流 100A，操作 3000 次时的熔层剖面相片。结构疏松显然容易发生触头材料颗粒从触头脱落的现象，有可能造成严重的质量损耗。抑制结构疏松的途径，是通过添加润湿剂使微小的银液滴更容易地流入或限制在疏松结构的缝隙内，从而起到对疏松结构的填补聚合作用。

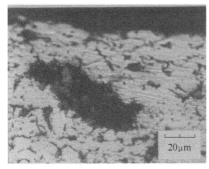

图 4-54　结构疏松剖面相片（×500）
（AgWC12C3 触头）
（分断电流 100A，操作 500 次）

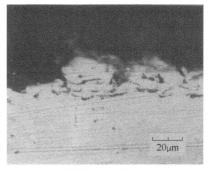

图 4-55　表层结构疏松剖面相片（×500）
（$AgSnO_2In_2O_3$ 触头）
（分断电流 100A，操作 3000 次）

5. 气孔和裂纹

气孔和裂纹在每种触头材料表面熔层都有表现。气孔常发生在富银区，如图 4-56 所示，而裂纹则常发生在富银区以外的区域，下面将对这类形貌特征专门进行进一步的讨论。

电弧侵蚀形貌是许多因素共同作用的结果，一个触头电弧侵蚀表面可以有几种形貌特征共存，例如图 4-56 中 AgCdO 的侵蚀形貌中就同时存在几种特征：富银区（A）、CdO 聚集区

（B）、孔洞（C）和裂纹（D）。各侵蚀形貌特征之间有着内在联系，一种结构可以引发另一种结构的形成，例如气孔、结构疏松和难熔相聚集区易导致裂纹的产生。通过改善液银对第二相粒子的润湿性，可以抑制不良形貌特征的出现。

图 4-56　多种特征共存的
表面形貌，AgCdO 触头
（分断电流 100A，操作 100 次）

气孔和裂纹对触头材料的抗电弧侵蚀性能有很不利的影响。气孔弱化了触头熔层的机械强度，并且容易引发裂纹；裂纹是触头表面最具有危险性的形貌特征，大的裂缝一旦形成，就有可能造成材料大片脱落，使装置失效。

银基触头材料不可避免地存在密封于基体中的气泡，即在触头材料中有气体相存在，基体中的气泡来源于材料制造过程和电弧对触头的作用过程，这里主要分析在电弧的作用下触头基体气泡的产生和气孔、凹坑形成的机理。

在电弧作用下过热熔化的熔融金属从外界吸收大量气体，同时，还由于化学反应在熔池内形成少量根本不溶于金属的气体（例如 CO，H_2O），氧气（O_2）在这里有重要作用。银对于氧的溶解度在银处于液态时比处于固态时要大 40 倍左右（液态时 3000ppm，固态时 80ppm）在银熔化时，许多空气中的 O_2 迅速溶于液态银，同时金属氧化物（MeO）高温分解也产生氧气［见式（4-82）~式（4-84）］，熔银很容易吸收这些氧。电弧的燃弧时间通常在 10ms 以内，在如此短的时间内触头表面层弧根处被快速熔化，电弧熄灭时，触头基体和周围空气环境都还是冷的，熔化区的热量很快被散失，熔层急剧冷却凝固，在这样快速的冷却过程中，上述被吸收的氧不会立即被全部排出，在熔池结晶时，沿着固液相交界处，将有较大的气体过饱和度。

$$CdO \rightarrow Cd(气) + \frac{1}{2}O_2(气) \tag{4-82}$$

$$SnO_2 \rightarrow SnO(气) + \frac{1}{2}O_2(气) \tag{4-83}$$

$$ZnO \rightarrow Zn(气) + \frac{1}{2}O_2(气) \tag{4-84}$$

在熔池结晶过程中，O_2 的过饱和度越大，越容易产生气泡，气泡稳定存在的临界尺寸越小。一旦气泡形成并稳定存在后，周围气体可继续扩散至气泡中，气泡即长大同时向外浮出，触头表面及内部是否产生气孔由凝固前沿成长速度与液相中气泡浮出速度之比决定。

令 V_s 为凝固前沿成长速度，V_b 为气泡浮出速度，当 $V_b \approx V_s$ 时，产生表面孔洞；当 $V_b < V_s$ 时，在触头内部产生截留孔洞；当 $V_b > V_s$ 时，气体到达表面并向外喷出，形成气体喷发坑。V_b 与熔池液体密度（ρ_1）、液体黏度（η）、气泡内气体的平均密度（ρ_g）和气泡半径（r）等因素有关，即

$$V_b = \frac{K(\rho_1 - \rho_g)gr^2}{\eta} \tag{4-85}$$

式中，K 为常数；g 为重力加速度。

由式（4-85）可知，熔池液体黏性的大小对气孔的形状有较大影响。图 4-51 中，可看到很典型的气体喷发坑，而在 $AgSnO_2In_2O_3$ 触头熔层表面较难找到气体喷发坑，但可以看到表面孔洞，如图 4-57 所示，这又一次说明 $AgSnO_2In_2O_3$ 触头熔池液体的黏性较大。

在 AgNi 触头熔层表面，可以看到很多小的表面孔洞，如图 4-58 所示。

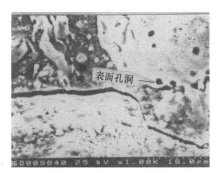

图 4-57　$AgSnO_2In_2O_3$ 触头表面形貌

（分断电流 100A，操作 3000 次）

图 4-58　很多小孔洞的表面形貌（AgNi 触头）

（分断电流 100A，操作 100 次）

熔层表面的成分分布是不均匀的（特别是 AgMeO 触头），不同微区的成分可以有很大差别，各微区的液体黏性不相同，液体金属密度和气泡半径也有差别，于是不能排除在电弧对触头的作用过程中有 $V_b<V_s$ 的情况，所以在触头内部有截留孔洞存在。

气体喷发坑、表面孔洞、截留孔洞降低了材料的机械强度，对于脆性材料，它们容易引起裂纹的出现或促使裂纹的扩展。

电接触表面的裂纹是十分有害的，它导致材料表层剥离，并且很容易向基体深层发展，形成较深的裂缝，导致材料大块脱落。裂纹的形成和扩展原因是复杂多样的，材料的各种组织缺陷给裂纹的产生和扩展制造了有利条件，电弧的热-力作用又助长了裂纹的产生和扩展。

由于熔层快速凝固而形成的熔层组织中空位、位错密度的增加，使本来就比晶粒内部强度弱的晶界更加薄弱，从而增加材料在应力作用下晶界产生裂缝的可能性。

截留孔洞对裂纹的扩展作用主要体现在处于裂纹扩展路径上时，将会加快裂纹扩展为裂缝的速度。图 4-59 中（右下侧）的裂缝在基体内部向深层发展，其上端的截留孔洞是裂缝的发源地。

材料越脆，越容易形成裂缝，图 4-60 是无添加剂的 $AgSnO_2$ 触头剖面相片，一条很大的裂缝从表面凹坑开始向基体深层发展。对于有微量添加剂的 $AgSnO_2In_2O_3$ 触头，表面裂纹发展为裂缝的趋势减弱（见图 4-59），这是因为 In_2O_3 改善了 Ag 的润湿性，增强了 Ag 对裂纹的愈合能力。

EDAX 分析显示，AgWC12C3 触头表面 Ag 含量有较大幅度降低，SEM 分析时，未发现气体喷发坑和孔洞，但发现裂缝，如图 4-61 所示。AgWC12C3 熔层表面的裂缝主要起因于缺少 Ag 引起的骨架结构疏松。

图 4-59　截留孔洞与裂缝，$AgSnO_2In_2O_3$ 触头剖面相片（×500）

（分断电流 100A，操作 3000 次）

是否熔层的 Ag 含量越高，越有利于防止裂纹的产生与发展呢？研究表明，Ag 的含量过高，也会加剧表面 Ag 的大片脱落，这是因为纯 Ag 的耐载荷能力较差。所以保持适当的 Ag 含量，既能使熔池液体有黏性以减轻液滴喷溅，又可以减弱裂纹产生与扩展的趋势。

从导致材料表层裂纹的另一因素，即热应力的角度看，触头材料各组分的热膨胀系数和导热率对裂纹的产生也有很大影响。导热率高并且各组分的热膨胀系数相差小，显然对抑制裂纹的产生是有利的。

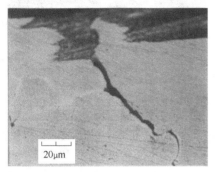

图 4-60　表面凹坑与裂缝，
AgSnO$_2$ 触头剖面相片（×500）
（分断电流 100A，操作 3000 次）

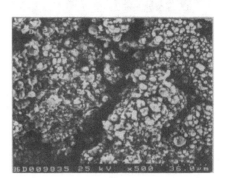

图 4-61　骨架结构疏松与裂缝，
AgWC12C3 触头表面形貌
（分断电流 100A，操作 1000 次）

4.8　小结

本章所介绍的电接触材料的特性研究是电接触理论中的重要组成部分。电触头材料的主要用途，是在各种不同的工况下接通电路以及分断电路。由于用途的需求不同使得电触头材料必须具备合适的机械性能，良好的导电性能和导热性能，同时具有稳定的化学性能。人们可以通过接触电阻、耐电弧侵蚀和抗材料转移能力、抗熔焊性能、电弧调控性能以及易加工性能和制造成本等几个方面对电触头材料进行综合性能的评估。

第5章　电弧烧蚀过程的实验测量方法

电弧对电极的烧蚀是可分离电接触系统寿命最重要的影响因素之一。特别是在开关电器领域中，如何通过实验方法准确详细地获得烧蚀发展中的物理过程，从而找到烧蚀现象的评估方法与抑制措施，一直以来都是研究人员关注的重点和难点。通过高速摄影仪对电极表面形态的变化过程进行观测，是研究电弧烧蚀行为最直观的实验手段。然而，不同于真空电弧发射光谱仅由金属蒸汽产生，空气电弧组分复杂，在较宽的波长范围内，空气电弧的发射光谱都存在不同粒子的特征谱线。强烈的弧光掩盖了电极表面形貌，以及从电极表面喷溅出的液滴形态。因此，传统的高速摄影方法无法解决燃弧过程中电极与弧根接触区域成像困难的问题，已经不能满足研究电弧烧蚀行为的需要，必须研究新的电弧烧蚀测量方法。

5.1　电弧烧蚀观测原理及实验方法

5.1.1　烧蚀行为的可视化原理

为解决高速摄影测量电极烧蚀过程的困难，必须增强电极表面的光强同时衰减电弧弧光，弧光的衰减可以通过在镜头前放置窄带滤波片实现，以方便观察弧根的位置和形态，但同时也会减弱电极表面的光强，导致无法观察到电极表面的形态变化。本书在使用窄带滤波片衰减电弧弧光的同时，引入了大功率激光器作为背景光源，照亮了电极表面，使得电极表面反射的光强大大增加，从而实现了电极区域的成像。下面对本书采用的成像原理做简要说明[203,204]。

燃弧过程中，电极表面的视觉传感类型如图 5-1 所示。CCD 感光元件接收到的光信号主要由电弧弧光、电极表面的热辐射和电极表面的反射光组成，其中电弧弧光作为最大的噪声信号，会极大影响电极形貌图像的成像质量，因此首先必须对弧光进行强烈衰减。窄带滤波片的中心波长以及带宽的选取对弧光的衰减强度和激光的反射效率起到了决定性作用，在选择之前必须同时考虑空气电弧的发射光谱特征谱线以及金属材料对激光的反射效率[205]。

以金属铝为例，垂直入射光的反射率与

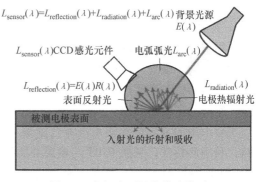

图 5-1　电极表面视觉传感类型

频率在铝表面的关系如图 5-2 所示。可以发现在频率约等于 30×1015Hz 时，反射率突然降到了 0，这个频率叫作等离子体频率（plasma frequency）。它的大小与金属的电子密度成正比，所以只有波长较短的光才能被金属吸收。考虑到空气电弧的发射光谱在 300～700nm 的波长范围内都具有较多的特征谱线，而金属对于近红外光有着极高的反射率，因此，应选用红外波段的大功率激光器照射电极表面，同时配合中心波长与激光波长相等的窄带滤波片衰减弧光，使电极表面形貌的成像质量达到最佳。

为了进一步确定激光的中心波长，首先对 400A 时空气电弧的发射光谱进行了测试，结果如图 5-3 所示。可以发现，当波长在 807～815nm 范围内时，电弧的光强很低，空气电弧不存在明显的特征谱线，因此，选用了中心波长为 808nm 的大功率激光和窄带滤光片进行实验研究。此外，为了分析电极与电弧的相互作用特性，需要同时观察电弧弧根区域形态和电极表面形貌，因此弧光的衰减范围应该保证弧根特征的识别。经过实验测试，发现窄带滤波片的半宽为 15nm 时，中心波长为 803nm 的特征谱线经部分衰减后，可以用来表征弧根区域发出的光强，从而使弧根和电极的特征都得到了保留。

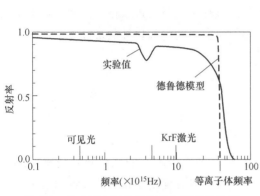

图 5-2　铝表面入射光反射率与频率的关系

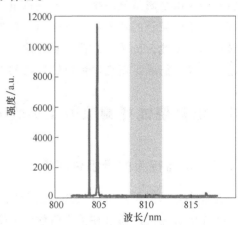

图 5-3　空气电弧发射光谱相对强度

至此，通过对燃弧过程中电极表面的视觉传感分析，可以得到电极区域和弧根区域的可视化原理；通过对空气电弧发射光谱的特征谱线分析，确定了用于烧蚀测试的窄带滤波片波长和激光波长，为后续烧蚀实验的具体实施奠定了基础。

5.1.2　实验装置和实验方法

1. 实验电路和控制时序

利用直流电源、IGBT、GD535 同步触发器等搭建实验电路，并实现燃弧时间的控制和测量设备的同步触发。利用大功率激光器、光纤和扩束器实现了背景光源的照射范围调节；利用高速摄影仪、高压探头和霍尔传感器分别对电弧烧蚀行为影像、电压及电流进行采集和测量。实验的主电路如图 5-4 所示。

实验采用的直流电源输出电流范围是 0～400A，输出电压范围是 0～350V，使用时可以短路，利用此特性，采用 IGBT 与电源并联的方式控制电弧的燃弧时间。实验开始时，首先导通 IGBT，然后打开直流电源，此时电极两端被 IGBT 短路，需要指出的是，由于熔丝的连接，IGBT 支路和电极支路的电阻之比约为 1∶20，为了防止流过熔丝的电流过大，实验时

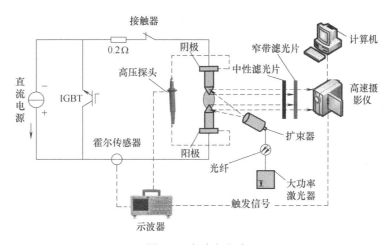

图 5-4 实验主电路

在电极支路同时串联了一个阻值为 0.2Ω 的电阻和一个接触器，防止熔丝在 IGBT 导通期间

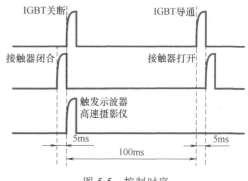

图 5-5 控制时序

熔断。接下来闭合接触器，然后关断 IGBT，此时电流瞬间转移至电极支路，电流通过阴阳两极间的熔丝气化，产生电弧，示波器采集的电压信号高于预设电平，开始采集电压和电流信号，高速摄影仪则通过示波器的外触发端被同步触发，实现了高速影像、电压信号和电流信号的同步采集。燃弧 100ms 后，IGBT 再次导通，电弧熄灭，打开保护接触器，单次实验结束。上述的时序控制由 GD535 同步发生器实现，控制时序如图 5-5 所示，每次的燃弧时间均为 100ms，IGBT 在接触器闭合之后关断，在接触器打开之前导通。

2. 实验及测试方法

实验现场的设备装置及电极结构如图 5-6 所示，实验所用的电极支架为透明体，防止激

图 5-6 实验现场设备装置及电极结构

1—电极支架 2—直流电源 3—扩束器 4—镜头及滤光片 5—高速摄影仪

光透过支架时严重发热导致支架损坏。实验所用上下电极竖直放置且轴线重合，为保证电弧的稳定性，电极开距为8mm，电极上部形状为60°锥形，电极直径为5mm。中性滤光片和窄带滤光片通过转接环与镜头前端固定。下面介绍测试和实验的具体流程。

1）正式实验开始前，首先调整高速摄影仪角度，使镜头的轴线与电极轴线垂直，转动镜头，使成像焦平面位于电极表面，然后调整高速摄影仪分辨率，使得电极成像大小合适（经测试合适分辨率为640×640像素）。

2）在镜头前端加装窄带滤光片并降低摄影仪的曝光时间和光圈，打开激光器，使激光器功率低于60W，调整扩束器光斑大小，使光斑面积足够覆盖阴极和阳极表面。

3）调整镜头焦平面，使得在激光照射条件下的电极表面成像最为清晰，通过三脚架调整扩束器轴线与镜头轴线夹角，使得电极亮度最亮且反光最为均匀，且不出现反光造成的鬼影（经调整夹角为25°~30°时较为合适）。

4）再次降低高速摄影仪曝光时间和光圈，加大激光器功率，直到电极亮度合适为止，记录此时的高速摄影仪参数和激光器功率，关闭激光器，在窄带滤光片前加装可调倍数中性衰减片。到此，断电部分的测试工作结束。

5）在电极两端放置细熔丝（直径200μm），直流电源上电，打开功率激光器，功率调整至记录值，按照图5-5的控制时序进行实验，记录采集的高速影像并观察。

6）根据拍摄结果调整高速摄影仪参数、激光器功率以及中性滤光片衰减倍数，若电弧整体区域较亮，影响喷溅液滴和电极表面形貌的观察，应增加中性滤光片衰减倍数；若电弧弧光较弱而弧根区域过亮，应减小曝光时间和镜头光圈；若电极表面过暗，应增加激光器功率；若熔池区域发生突变或者喷溅液滴出现拖尾，应增加采样率。重复步骤5进行测试，直至找到最佳的参数，记录各项参数值，开始正式实验。

经过测试，适合烧蚀实验的最佳参数如表5-1所示。

表5-1 烧蚀实验相关设备参数

参数类型	采样率/fps	曝光时间/μs	光圈值	激光功率/W	ND衰减倍数
参数值	26000	1	16~32	270~350	10~50

其中光圈值的大小、激光功率的大小以及中性滤光片的衰减倍数由电极材料和电弧电流决定，当电极材料表面较为粗糙且易形成氧化物时，激光功率可适当调小，当增加电弧电流时，光圈值和滤波片衰减倍数应增大。

实验过程中，阴极始终位于阳极上方（下文不再强调），且每组实验中阴阳两极的形状及材料完全一致。实验测试的电极材料共有四种，分别是铝、紫铜、钨铈（CeO_2，质量分数1.6%）和钨铜（Cu，质量分数30%）。实验电流范围为50~400A，不同电流等级下分别对每种材料进行10次烧蚀实验。

实验得到的烧蚀行为图像如图5-7b所示，与不采用可视化手段拍摄的结果（见图5-7a）对比后可以发现，采用大功率激光器作为背景光源照射电极表面，并配合窄带滤光片衰减弧光后，燃弧过程中电极区域的烧蚀行为被清晰捕捉。通过图5-7b可以观测电极表面的熔池、从熔池飞溅的金属液滴以及与电极接触的弧根区域，电弧区域的光强被大幅减弱，该成像方法大大降低了图像信息提取的难度，使电极烧蚀行为的定量分析成为可能。而图5-7a由于没有采用任何补光和滤光手段，导致电弧区域的弧光过强，而电极区域的光强较弱，强烈的弧光

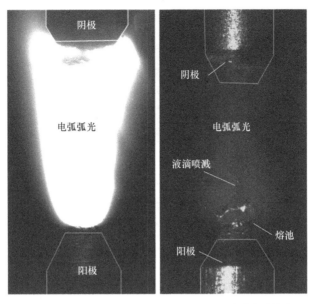

a) 传统高速摄影结果　　　　b) 采用本书可视化方法结果

图 5-7　传统高速摄影结果和采用本书可视化方法结果的对比

完全掩盖了电极区域的形貌特征，导致图像的信息量不足以对电弧烧蚀行为进行提取和分析。

5.1.3　烧蚀行为的图像后处理方法

利用可视化方法得到烧蚀行为的原始影像后，可以对燃弧过程中的电极烧蚀行为进行定性分析。但由于窄带滤波片的带宽仍会使得少量的弧光被采集，影响对于喷溅液滴的定位和观测。根据燃弧过程中不同区域的不同特征，本书提出了适合于喷溅液滴检测的图像后处理方法，为后续喷溅液滴速度的测量奠定了基础。

1. 数字图像重构方法

在燃弧过程中，电极表面会发生相变形成熔池，因此电极表面可分为熔池区域和固体电极区域。而在两极之间，贴附在熔池表面的是电极弧根区域，弧根之间是电弧弧柱区域，同时熔池在驱动力的作用下会使得液态金属以液滴的形式挣脱电极，造成喷溅，进入到两极之间。燃弧过程中不同区域的视觉特征如图 5-8 所示。电极固体区域由于表面较为粗糙，因此表面的反射光呈现漫反射特性。熔池区域和喷溅液滴由于液态金属张力的存在，表面极为光滑，因此表面的反射光呈现镜面反射特性。电弧弧根及弧柱区域由于粒子的电离和激发产生强烈的弧光，电极表面的金属氧化物具有较强的热辐射特性，这些区域不存在光的反射特性，而存在明显的噪声特性，是需要被滤除的。

通过上述分析可以发现，不同区域的视觉特征差别较大，对于熔池区域和喷溅液滴而言，由于光的镜面反射，表面光强分布不均匀，具有明显的梯度，换言之，表面的边缘特征将十分明显；而对于电极固体区域，由于表面反射较为均匀，光强分布不存在明显的梯度；此外，对于自发光的区域，虽然光强存在一定的分布，但梯度远小于熔池区域和喷溅液滴，通过合适的阈值选取，可以将噪声滤去。因此，通过边缘检测算法对图像进行处理，可以对喷溅液滴的边缘进行提取，并滤去电弧弧光。

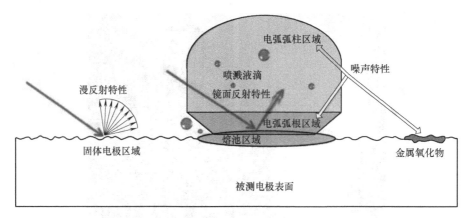

图 5-8 燃弧过程中不同区域的视觉特征

采用 5×5 Laplacian 边缘检测算子对原始图像进行边缘提取，该算子的一般表达式为

$$\nabla^2 f_c(x,y) = \nabla \cdot \nabla f_c(x,y) = \frac{\partial^2 f_c(x,y)}{\partial x^2} + \frac{\partial^2 f_c(x,y)}{\partial y^2} \tag{5-1}$$

式中，$f_c(x, y)$ 是待检测二维图像每个点的灰度值。

由于在边缘附近灰度值一般存在突变，通过计算图像的二阶导数，可以在边缘区域观察到明显的零交叉点，通过合理的阈值得到零交叉点的位置，便可以定位物体的边缘。但由于二阶算子各向同性，具有双像素效应，因此对噪声十分敏感，在进行边缘检测前，采用了两种空间滤波器对图像进行平滑，第一种为矩形滤波器，以滤除每个像素点的噪声：

$$f_w(x,y) = \frac{1}{(2w+1)^2} \sum_{i,j=-w}^{w} f_c(x+i, y+i) \tag{5-2}$$

式中，$f_w(x, y)$ 是经过滤波后的每个像素点的灰度值，$2w+1$ 是选取的矩形区域的长度和宽度。

第二种为高斯平均滤波器，来减小图像的随机噪声：

$$f_\xi(x,y) = \frac{\sum_{i,j=-w}^{w} f_w(x+i, y+j) \exp\left(-\frac{i^2+j^2}{4\xi^2}\right)}{\left[\sum_{i=-w}^{w} \exp(-i^2/4\xi^2)\right]^2} \tag{5-3}$$

式中，ξ 为噪声系数。

喷溅液滴的重构过程如图 5-9 所示。图 5-9a 为未经处理的原始图像，可以发现阳极熔池上部的弧根区域发光较为强烈，掩盖了部分喷溅液滴的特征。图 5-9b 经过噪声过滤和边缘检测后的图像，可以发现电弧弧光已经被完全滤去，而每个液滴的边缘特征以及电极熔池表面的部分特征得到保留。利用模板覆盖电极区域后，采用动态二值化方法计算图像的灰度阈值并对图像进行二值化操作，并填充封闭边缘内部，得到的液滴二值化结果如图 5-9c 所示。而通过对二值化液滴图像的连续帧叠加，可以得到燃弧过程中喷溅液滴的运动轨迹，结果如图 5-9d 所示，该成像方法等效于增加燃弧过程中高速摄影仪的曝光时间，但同时液滴之外的弧光光强则被完全分离，实现了对喷溅液滴运动行为的直接观测。至此，通过前期的光学成像方法，结合基于边缘检测算法的数字图像处理流程，完成了对喷溅液滴的特征识别，实现了喷溅液滴的图像重构，电极和电弧对液滴识别的干扰则被完全消除。

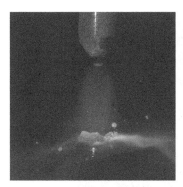
a) 原始烧蚀行为影像

b) 采用Laplacian算子和噪声
滤波器的边缘检测结果

c) 动态二值化填充结果

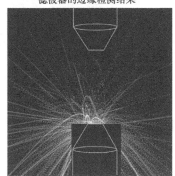
d) 喷溅液滴的运动轨迹

图 5-9 喷溅液滴的重构过程

2. 喷溅液滴的识别定位

得到喷溅液滴的重构图像之后，还需要对每个喷溅液滴进行识别和定位，获得每个喷溅液滴的空间坐标和形状信息，从而为喷溅液滴的速度检测提供基础。喷溅液滴尺寸差异大，对于大液滴而言，由于运动速度较慢，当液滴位移小于一个像素距离时，单纯采用像素级别的坐标定位，微小位移将被精度级别完全掩盖；而对于小液滴而言，虽然两帧间的运动位移较大，但像素级别的定位会给速度矢量的方向计算带来较大误差。

为了提高检测精度，采用了亚像素精度的识别定位方法，通过统计一定区域内的亮度分布计算坐标，使得坐标精度提高到 0.1 个像素。首先通过搜索局部最亮点，确定液滴像素点的可能集合，识别每个喷溅液滴的大概位置，然后采用质心法计算喷溅液滴的亚像素级坐标，确定液滴的精确位置：

$$\overline{X} = \frac{\sum[x_i I(x_i)]}{\sum x_i}, \overline{Y} = \frac{\sum[y_i I(y_i)]}{\sum y_i} \tag{5-4}$$

式中，$\overline{X}$、$\overline{Y}$ 分别是液滴的质心的横纵坐标，I 代表像素点的灰度。对于两帧图像的同一喷溅液滴，即使最亮的像素位置没有变，通过对液滴像素集合内全体像素灰度值的计算，液滴仍可能移动了微小的距离。液滴坐标的检测结果如图 5-10 所示，可以发现，通过局部极大值识别和亚像素定位法，经过重构的液滴图像可以被用来精确定位每个坐标的位置，同时，由于完全隔离了弧光，液滴的亮度和面积信息也同时被记录（如右上角放大图所示），这些参数将作为输入量用于喷溅液滴的速度检测。

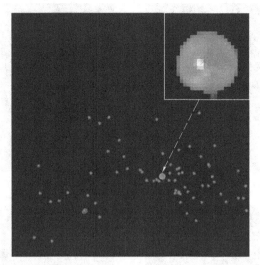

图 5-10　喷溅液滴的识别定位结果

5.2　不同电极材料的熔池行为研究

电弧对电极的热作用不可避免地会使电极材料发生相变。材料相变的形式主要分为熔化和气化，熔化使电极表面出现熔池，而气化则使电极材料以蒸汽的形式离开电极表面。由于材料的蒸发和沸腾必须在高于材料熔点的情况下发生，喷溅液滴的主要来源是电极表面的液态金属，因此熔池的形成和发展、熔池的形状、大小、存在时间以及熔池中液态金属的动力学特征均对触头烧蚀行为有重要影响，从而显著影响电接触系统的电寿命，因此有必要深入分析金属熔池的形成过程和行为特征。

熔池的形貌特征与电极固体区域和电弧区域有明显不同，在高速摄影成像的基础上，利用图像识别方法，对燃弧过程中电极表面的熔池特征进行提取和统计，对比分析了不同电极材料熔池行为的差异，得出了电极表面金属熔池形成和发展的一般规律。

5.2.1　熔池行为的高速摄影结果

由于熔池表面张力的存在，使得熔池表面的反光特性和电极固体区域有很大差别，而大部分电弧弧光已通过 5.1 节所述的实验方法滤除，因此原始的高速摄影成像可以直观地展现电极表面的熔池形貌。本节通过对高速摄影结果的分析，研究燃弧过程中熔池的产生和发展过程。

400A 时纯铜电极熔池形貌的动态变化过程如图 5-11 所示。可以发现，在燃弧开始 6ms 左右，阴阳两极表面开始出现明显的熔池区域，随着燃弧时间的增加，阴阳两极的熔池区域不断扩大，但阴极的熔化速度明显高于阳极。燃弧 80ms 时，阴极上端的锥状区域已经完全熔化，阴极弧根随着熔池的流动做旋转运动，而此时阳极熔池区域较小，阳极弧根半径与熔池半径相当，呈较为稳定的紧缩式状态。此外，纯铜电极的凝固速度相当缓慢，燃弧过程结束 20ms 后，阳极表面仍呈现明显的镜面反射，表明此时阳极表面还存在大量的液态金属；阴极表面也有一定的镜面光泽，说明此时熔池的凝固过程仍未结束。

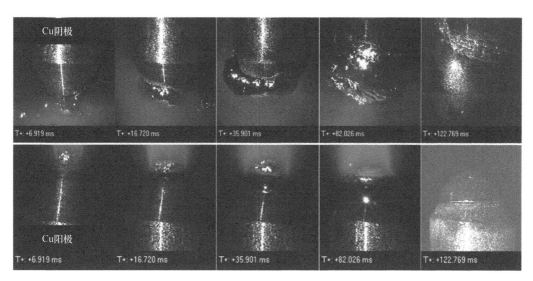

图 5-11 400A 时纯铜电极熔池形貌变化

如图 5-12 所示，燃弧过程中铝电极的熔池特征与纯铜电极类似，阴极的熔化速度和熔池体积均大于阳极，但铝阴极熔池的运动没有纯铜阴极熔池剧烈，阴极弧根呈较为稳定的弥散式状态。铝电极阳极熔池的运动较纯铜阳极却更为剧烈，熔池形貌伴随熔池内气泡的逸出上下涨落。此外，铝电极熔池的凝固速度远高于纯铜电极，燃弧结束 1ms 左右，阳极熔池的镜面反光已经大大减弱，而阳极熔池此时已完全凝固，阳极上端表面呈漫反射反光特征。

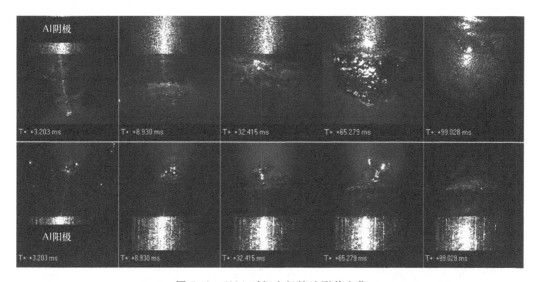

图 5-12 400A 时铝电极熔池形貌变化

400A 时钨铈电极熔池形貌的动态变化过程如图 5-13 所示。在整个燃弧过程中，钨铈阴极形貌无明显的变化，仅在电极尖端区域与弧根接触处有熔化薄层，但未形成熔池，阴极弧根呈稳定的紧缩式状态，且随着燃弧时间的增加，弧根区域出现内外分层现象。而钨铈阳极表面在燃弧过程中产生了明显熔池，且随着燃弧时间的增加，熔池体积迅速增大，熔池内的液态金属剧烈运动。值得注意的是，当燃弧时间达到 40ms 后，阳极熔池区域的弧光亮度显

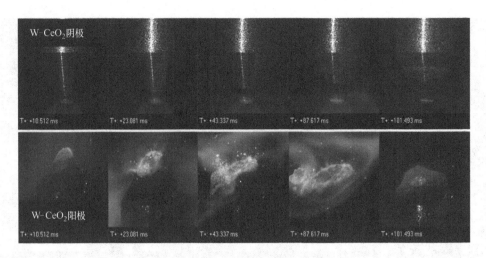

图 5-13　400A 时钨铈电极熔池形貌变化

著增强，暗示伴随熔池体积的增大，金属的汽化蒸发也越发剧烈。此外，阴极熔池的凝固速度较慢，燃弧结束 2ms 后仍存在明显的阳极熔池区域。

图 5-14 给出了 400A 时钨铜电极形貌的动态变化过程。可以看出，燃弧开始的 10ms 内钨铜阴极无明显的熔化痕迹，随着燃弧时间的增加，阴极尖端开始出现熔化层，且熔化层区域逐渐扩大，但未出现明显的熔池区域，阴极弧根形态不稳定，在紧缩状和弥散状之间交替转变。钨铜阳极与弧根接触区域面积随燃弧时间的增加而扩大，弧根半径逐渐增大，但也未出现明显的熔池区域，阳极表面有持续的喷溅液滴产生，且密度较大，造成阳极锥部材料的大量损失。此外，整个燃弧过程中阳极弧根呈稳定的紧缩式形态，且有明显的分层现象，但随着电极尖端的损失，燃弧 70ms 后分层现象逐渐消失。

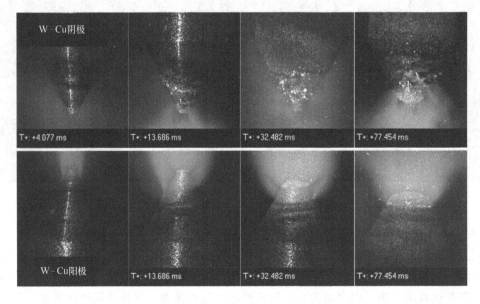

图 5-14　400A 时钨铜电极形貌变化

5.2.2　燃弧过程中的熔池行为演变

前文利用高速摄影结果对燃弧过程中的熔池形貌变化进行了定性分析，之后可以利用熔池区域、电弧区域与固体电极区域图像特征的差异，提取熔池区域面积，从定量角度研究不同材料和不同电流等级下金属熔池的演变规律。

1. 熔池区域的提取方法

熔池和喷溅液滴由于受到液态金属表面张力的作用，表面十分光滑，对电弧弧光和激光的反射均为镜面反射；而固体电极区域表面粗糙，呈现漫反射特性；此外，弧光是由原子、分子和带电粒子激发跃迁产生的，不存在反射特性。利用三者之间的成像特征，可以对喷溅液滴的边缘进行提取。

然而，电极表面熔池的特征与喷溅液滴并不完全相同，在各种驱动力的作用下，熔池内的液态金属流动性极强，熔池的形态在不断变化。由于光滑表面反光的亮点往往出现在表面曲率较大处，其他区域相对较暗，这就导致了熔池表面的亮度分布极不均匀，单纯采用边缘检测算子无法保证熔池边缘的连续性，因此也就无法获得熔池区域的面积。此外，电极固体区域受激光光照角度和表面曲率变化的影响，亮度差异也较为明显，采用边缘检测算子会导致许多"伪边缘"的产生，进一步给熔池特征的识别带来了困难。

但是仔细分析熔池的形貌特征后不难发现，熔池区域的运动会导致熔池表面反光位置的变化，而由于激光照射固定，燃弧过程中电极固体区域的反光特性几乎不变。因此，利用帧间差分法对相邻两帧检测到的边缘作差，可以获得熔池区域的变化，而由于固体区域检测到"伪边缘"形态无明显变化，连续两帧作差后相互抵消，因此只有熔池区域的形态变化得到了保留。由于高速摄影仪的采样率足够高，相邻两帧间熔池的面积变化较小，因此可以用该变化区域所包围的面积近似代替上一时刻熔池的面积大小。需要说明的是，由于CCD成像得到的是电极的侧面投影，因此此处得到的熔池面积是电极熔池的二维投影面积。

下面给出利用帧间差分获得熔池区域面积的具体过程：

1）首先读入连续两帧的熔池形貌图像，并对原始图像进行高斯滤波，滤除图像中的噪声点。可以发现连续两帧中熔池的宏观运动并不明显，但表面的反光位置却发生了显著改变。

2）利用本章所述的图像边缘检测算子对图像进行边缘检测并滤掉残余的电弧弧光，并记录两帧图像的灰度矩阵。

3）对连续两帧的边缘图像灰度矩阵作差并求绝对值，得到帧间差分灰度图像，利用动态阈值二值法对图像进行分割，得到帧间差分的二值化图像。

4）选取合适大小的圆形结构元素，在散点区域进行闭操作，得到散点区域的包围面积。需要指出的是，由于图像噪声和热气流对折射率的改变，在熔池以外的固体电极区域也会出现亮度的细微变化，导致小面积的散点区域。因此，应该去除该小面积区域，得到熔池区域的像素面积，最后通过比例标定，便可得到熔池区域的面积值。

至此，以上步骤完成了对某一时刻熔池面积的提取，通过对燃弧过程中每一帧图像的连续处理，便可以得到熔池面积随燃弧时间的变化过程。该处理方法为后面定量分析金属熔池的演变规律奠定了基础。

2. 不同电极材料的熔池特征比较

本节利用熔池面积提取方法，对比燃弧过程中不同电极材料表面熔池的动态变化过程，分析材料特性对阴阳两极熔池行为的影响。

图 5-15 给出了 400A 时铝电极熔池面积随燃弧时间的变化过程。可以发现，随着燃弧电流的增加，阴极熔池面积的增长速率远高于阳极，燃弧结束前，阴极熔池和阳极熔池的面积分别为 21.2mm^2 和 6.68mm^2。值得注意的是，在燃弧过程中，阳极熔池面积虽小于阴极，但阳极熔池的面积却出现连续的脉冲尖峰，这是由于图像面积的提取方法和铝阳极熔池运动特性导致的。在燃弧过程中，铝阳极熔池内有持续的气泡逸出现象，气泡的每次逸出都伴随着液滴的喷溅，因此采用行帧间差分法进行处理时，实际包含了喷溅液滴的二值图像，使得散点包围区域扩大，因而导致熔池面积的迅速增加。对图中脉冲尖峰做快速傅里

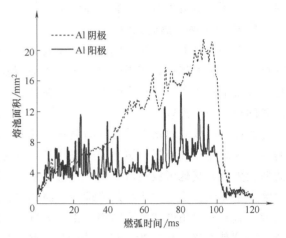

图 5-15　铝电极熔池面积随燃弧时间的变化

叶变换可知，铝阳极熔池气泡逸出的特征频率为 600Hz。燃弧结束后，阴阳两极的熔池区域迅速减小，4ms 后阳极熔池基本凝固，而 8ms 后阴极熔池基本凝固。图 5-16 显示了铝电极熔池区域随时间的累积分布，图中心较深色的区域表示的是熔池停留时间较长的区域，而外围黑色部分表示的是熔池停留时间较短的部分。可以看出，燃弧开始时阴极尖端迅速熔化，然后熔化速度逐渐减慢，当熔池体积增大到一定程度后，熔池位置相对稳定，熔池的深度约为 3.2cm，直径约为 4.5cm；而阳极熔池一直位于阳极尖端区域，相比于阴极熔池其运动范围较小，熔池深度约为 1cm，直径约为 1.6cm。

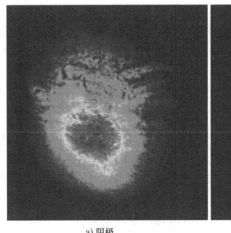
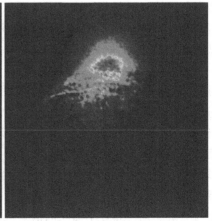

a) 阴极　　　　　　　　　　　　　　　　　b) 阳极

图 5-16　铝电极熔池区域随时间的累积分布

如图 5-17 所示，400A 时纯铜阴极熔化速度同样高于阳极，在阴极熔池面积的增长过程中，出现较宽的尖峰，不同于铝阳极熔池面积的脉冲尖峰，纯铜阴极熔池面积的涨落是由于

熔池的旋转和摆动引起的，燃弧结束瞬间，由于电弧力的突然消失，熔池表面运动大幅减弱。因此，差分法检测出的熔池面积迅速减小，在之后的凝固过程中，由于熔池温度和张力梯度的驱动作用，熔池区域的运动又开始增强，直到燃弧结束 90ms 后，阳极熔池才凝固完全。纯铜阴极熔池也存在一定频率的气泡逸出现象，特征频率约为 350Hz，低于铝阳极熔池，燃弧结束 40ms 后，纯铜阳极熔池基本凝固。图 5-18 显示了纯铜电极熔池区域随时间的累积分布。可以看出，纯铜阴极熔池深度较深，约为 4cm，且电极围绕轴线在水平反向上旋转，造成图中范围较宽的区域；而纯铜阴极熔池运动范围小，熔池深度约为 1.2cm，直径约为 1.5cm。

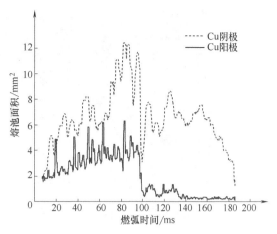

图 5-17　纯铜电极熔池面积随燃弧时间的变化

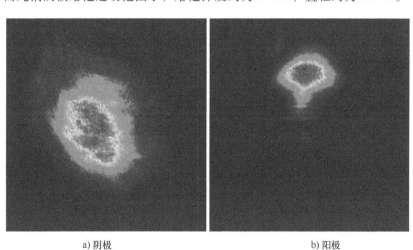

a) 阴极　　　　　　　　　　b) 阳极

图 5-18　纯铜电极熔池区域随时间的累积分布

图 5-19 给出了 400A 时钨铈电极熔池面积随燃弧时间的变化过程。可以发现，与纯铜和铝等冷阴极材料明显不同，燃弧过程中钨铈阴极表面几乎没有熔池产生，且电极与弧根的接触区域面积保持恒定。而钨铈阳极表面则有明显的熔池产生，且同样具有一定频率的气泡爆炸行为，气泡爆炸的特征频率在 400Hz 左右，熔池面脉尖峰的幅值大，表明熔池中的气泡爆炸强烈。此外，阳极熔池的凝固时间约为 9ms。钨铈电极熔池区域随时间的累积分布如图 5-20 所示。图 5-20a 中的深色

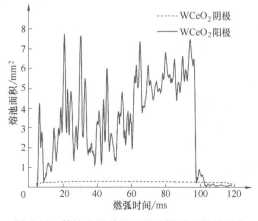

图 5-19　钨铈电极熔池面积随燃弧时间的变化

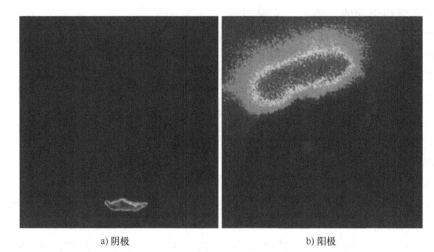

a) 阴极　　　　　　　　　　　　　b) 阳极

图 5-20　钨铈电极熔池区域随时间的累积分布

部分表示的是阴极表面与弧根接触区域，由于该区域与其他部分有明显分界，说明燃弧过程中弧根稳定，与弧根接触的阴极宽度半径小、深度浅且位置恒定。钨铈阳极熔池则具有较宽的直径，约为 4.5cm，而深度则相对较浅，约为 2cm，这表明燃弧开始阶段阳极尖端快速熔化后，熔池深度不再发生明显变化，而是在水平方向上运动，造成熔池区域的扁平状分布。

　　对于钨铜电极，需要指出的是，电极表面仅有熔化的薄层，而没有出现明显的熔池流动行为，因此这里定义的面积并非熔池区域的二维投影面积，而是钨铜电极与弧根接触的面积。如图 5-21 所示，燃弧前 30ms，阴极弧根与电极的接触面积的增长速度明显高于阳极，结合高速摄影的结果可知，这是由于此时阴极弧根呈弥散状态而阳极弧根呈紧缩状态；30ms 后，阴阳两极与弧根接触面积的增加速度明显变缓；直至 60ms 时，阴极喷流突然增强，弧根突然转变为紧缩式，导致与弧根接触面积的迅速减小；此后阴阳两极的弧根在电极表面旋转，造成与弧根接触面积的涨落。由以上分析可知，阴阳两极弧根形态的转变是引起电极与弧根接触面积变化的主

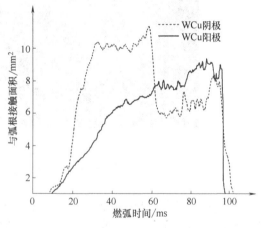

图 5-21　钨铜电极与弧根接触的面积随时间的变化

要原因。钨铜电极与弧根接触区域随时间的累积分布如图 5-22 所示，阴阳两极与弧根接触区域的整体形态都呈三角形，说明电极的锥端并未发生明显形变，阴极弧根出现最为频繁的区域位于阴极尖端上方 1.5cm 处，这一区域也是阴极弧根转变为紧缩状态时表面熔化最为明显的区域（见图 5-14 阴极帧 4）。阳极尖端周围的浅色点状区域是由于小液滴的持续飞出造成的。

3. 电流等级对熔池面积的影响

　　在得到熔池区域随时间的累积分布后，选取合适的阈值对图像进行分割，便可以得到燃弧过程中的熔池平均面积。本节对不同电极材料在不同电流等级下的熔池平均面积进行了统

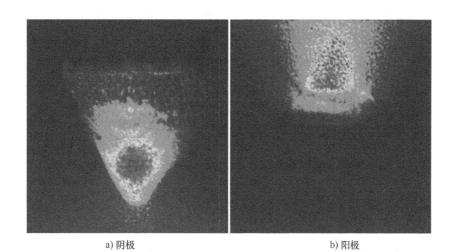

a) 阴极　　　　　　　　　　　　b) 阳极

图 5-22　钨铜电极与弧根接触区域随时间的累积分布

计，分析电流等级对阴阳两极熔池面积的影响规律。

图 5-23 给出了不同电极材料阴极熔池平均面积随燃弧电流的变化关系。需要指出的是，此处对于钨铜阴极和钨铈阴极而言，表示的是电极与弧根接触区域的平均面积随燃弧电流的变化关系。可以看出，随着电流的增加，铝阴极熔池面积的增速高于纯铜阴极，而电流等级的增长对于钨铜阴极表面与弧根接触面积的影响较小，这是由于钨铜阴极弧根的形态以弥散式为主，分散的电弧在不同电流情况下始终覆盖电极尖端区域导致的。值得注意的是，钨铈阴极的特性与其他材料电极有显著差异，阴极与弧根区域的接触面积十分微小，且面积几乎不随电流的增加发生改变，表明钨铈阴极表面温度较低，且弧根稳定，电极表面的烧蚀以金属的气化蒸发为主。

图 5-24 给出了不同电极材料阳极熔池平均面积随燃弧电流的变化关系。可以发现相同电流条件下，纯铜阳极熔池的平均面积总是低于铝阳极熔池的平均面积，而两者随电流的增长速率相当。钨铈阳极熔池平均面积随电流的增长速率则远高于纯铜和铝阳极，与钨铈阴极表面无熔池产生且与弧根接触面积不随电流变化的特性存在显著差异，表明钨铈阴极和阳极

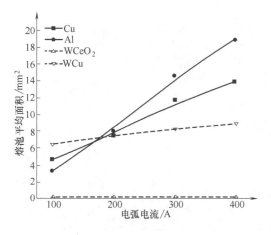

图 5-23　阴极熔池平均面积随燃弧电流的变化

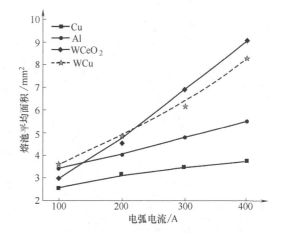

图 5-24　阳极熔池平均面积随燃弧电流的变化

与电弧的作用机制明显不同。电弧形态的高速结果表明，在不同电流等级下，钨铈阴极弧根始终呈稳定的紧缩式状态而钨铈阴极弧根在多数情况下都为弥散式，换言之，钨铈阴极的喷流强度始终高于钨铈阳极。有文献研究显示等离子喷流会加速对侧电极的烧蚀[206]，强烈的喷流会对熔池产生力的作用，并且减小熔池表面张力，使喷溅更易发生，而本节的结果则显示等离子喷流不仅会对电极产生机械破坏，还会改变电极表面的传热过程，造成熔池区域的扩大。此外，不同于钨铜阴极，钨铜阳极与弧根接触区域面积随电流的增速较快，这是由于钨铜阳极持续的液滴喷溅造成的，随着电流的增大，单位时间内喷溅液滴的数目增多，使阳极尖端迅速损失，阳极弧根半径迅速增大，从而导致阳极与弧根接触面积的增大。

5.3　不同电极材料的喷溅烧蚀特性研究

电弧与电极间的相互作用会对电弧的物理特性及其放电行为产生重要影响。弧根区域承载高密度电流，向电极表面持续注入热能，使得电极材料发生相变，在触头表面产生大面积熔池；与此同时，电极表面温度在短时间内上升到材料沸点，造成强烈的金属蒸发烧蚀，对电接触性能和寿命造成不利影响。更为严重时，熔池内的液态金属在电磁力、等离子流力等驱动力的综合作用下高速流动，当熔池动能达到一定等级时，液态金属将以液滴的形式脱离电极表面，造成喷溅烧蚀。与金属的汽化蒸发烧蚀相比，液滴喷溅将引起更为严重的材料损失，使得触头性能快速劣化，是导致电弧电接触系统失效的主要因素之一。

电极的喷溅烧蚀特性与电极表面的熔池行为密不可分。不同电极材料的物理特性差异显著，导致燃弧过程中的电极熔池行为以及烧蚀机理有较大区别，因此有必要探究导致不同电极材料喷溅烧蚀行为差异的关键因素。

5.3.1　喷溅烧蚀行为的高速摄影结果

燃弧电流400A时纯铜电极的喷溅烧蚀行为如图5-25所示。纯铜电极的阳极熔池中持续有气泡产生，随着气泡的增大，在阳极熔池表面产生鼓包，如帧1所示。当气泡体积增加到一定程度后，气泡在阳极表面破裂，熔池表面产生凹陷区域，如帧2所示。由于气泡爆炸过程中气体会对位于气泡上部的液态金属产生向上的推力而对位于气泡下部的液态金属产生向

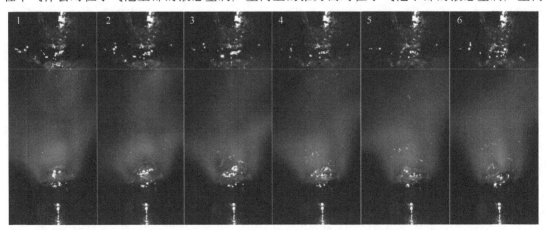

图 5-25　400A 时纯铜电极的喷溅烧蚀行为

下的压力，因此位于气泡上部的液态金属在气泡爆炸后变为金属液滴离开电极表面，而位于下部的液态金属将在气体压力和表面张力的作用下向下收缩，回到熔池表面，如帧 3、帧 4 所示。值得注意的是，阳极熔池表面的气泡爆炸并不是随机现象，而是在整个燃弧过程中以一定的特征频率持续发生（下一次连续的气泡爆炸过程如帧 5、帧 6 所示），造成阳极表面的持续喷溅，这恰好印证了 5.2.2 节中纯铜阳极熔池面积的涨落特征。对于纯铜阴极熔池而言，虽然熔池体积大于阳极，但整个燃弧过程中熔池内并未有明显的气泡爆炸特征，阴极熔池产生的喷溅主要源于弧根在熔池表面的旋转，导致熔池内的电磁搅拌作用，从而使得与弧根接触的阴极熔池表面产生喷溅液滴。另外，无论是阴极熔池还是阳极熔池产生的喷溅液滴，其尺寸相对较小，液滴直径在数十 μm 左右。

如图 5-26 所示，400A 时铝电极的喷溅烧蚀行为也与阳极熔池内的气泡爆炸过程有直接联系。与纯铜电极不同的是，铝阳极表面熔池产生的气泡体积更大，使得气泡爆炸过程更为剧烈，如帧 1~3 所示，单个气泡的半径在 1cm 左右，而爆炸时阳极熔池的凸起区域高达 3cm。由于气泡直径与熔池直径相当，除位于气泡上方产生的喷溅液滴之外，在气泡爆炸的过程中，液态金属将在气体压力的作用下向熔池边缘运动，造成液态金属向熔池四周的喷溅，如帧 4~6 所示。在气泡产生和爆炸的同时，弧柱亮度由阳极至阴极逐渐变亮，而在气泡爆炸的瞬间，在气泡周围有明显的暗区，随着气泡爆炸的结束，暗区又逐渐消失，这一现象极有可能是气泡内的金属蒸汽导致的。在熔池运动的过程中，气体进入熔池内部产生气核，随着金属的沸腾和蒸发，气核逐渐增大，并向上运动，形成气泡；气泡爆炸后，在内部压力的作用下，金属蒸汽向上喷射，大量金属蒸汽在熔池上方堆积，使得上方区域温度降低，辐射光强减弱；而随着金属蒸汽的扩散和电离，金属蒸汽的浓度降低，而影响区域扩大，造成弧柱亮度变强。对于铝阴极熔池而言，虽然熔化体积相比于阳极熔池更大，但整个燃弧过程中比较稳定，没有气泡爆炸行为产生，也无明显的喷溅液滴产生。此外，相较于纯铜电极，铝阳极产生的喷溅液滴特征尺寸更大，直径在 $50\sim150\mu m$ 之间。

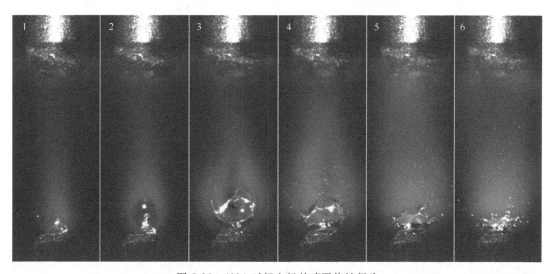

图 5-26 400A 时铝电极的喷溅烧蚀行为

图 5-27 显示了 400A 时钨铈电极两种不同的喷溅模式。如图 5-27a 所示，钨铈阳极的表面熔池内具有明显的气泡爆炸特征。与纯铜阳极和铝阳极相比，其气泡体积更大，单个气泡

的特征半径在 1~2cm 之间，气泡爆炸过程更长，在 0.1~0.25ms。值得注意的是，钨铈阳极单次气泡爆炸所导致的喷溅液滴数量远高于纯铜阳极和铝阳极，而喷溅液滴的特征尺寸差异巨大，小的液滴直径在 10~30μm 之间，而较大液滴的直径在 500~600μm 之间。由于钨的密度远高于铝和铜，而液态钨的表面张力也较大，因此气泡破裂时气体压力更高，气泡周围的液态金属迅速收缩，导致大量位于气泡上部和侧部的液态金属脱离熔池，造成十分可观的电极材料损失，如帧 4~6 所示。此外，在燃弧期间，钨铈阴极烧蚀十分轻微，表面无明显的熔池区域，也没有喷溅现象发生，从阴极到阳极，电弧区域成钟形，电弧形态十分稳定。

如图 5-27b 所示，钨铈阳极还同时存在大尺寸液滴的喷溅现象。与熔池内气泡爆炸导致的喷溅现象明显不同，大尺寸液滴的特征直径在 1~3cm 之间，远大于气泡爆炸产生的喷溅液滴。造成大尺寸液滴喷溅的主要原因是由于阳极熔池的流动，由于钨铈阳极表面熔池体积较大，在电弧的径向磁压和阴极强烈喷流等驱动力的作用下，熔池内液态金属的紊流剧烈，使得熔池的动能较大。特别是在熔池边缘，由于熔池表面张力的作用减小，而电磁搅拌作用较强，一旦某区域内的熔池动能高于此区域内的表面张力，大量的液态金属便会挣脱电极表

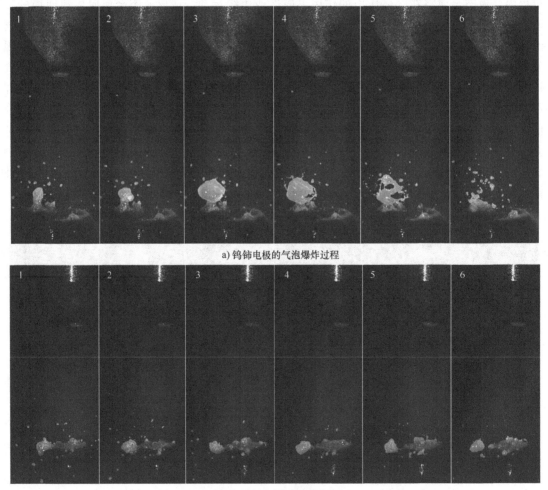

a) 钨铈电极的气泡爆炸过程

b) 钨铈电极大尺寸液滴的产生过程

图 5-27　400A 时钨铈电极两种不同的喷溅模式

面，形成大尺寸的喷溅液滴。从微观角度分析，大尺寸液滴的产生是受力不平衡的结果，具有一定的随机性；而从宏观角度分析，大尺寸液滴的产生是熔池动能与表面张力束缚能竞争的结果，又具有一定的统计特性。相较于气泡爆炸产生的液滴，大尺寸液滴虽然产生的数量少，但是由于其体积大，仍是造成钨铈阳极材料损失的重要原因。

燃弧电流 400A 时钨铜电极的喷溅烧蚀行为如图 5-28 所示。与其他电极材料不同的是，钨铜阳极表面无明显熔池区域，仅在表面形成熔化薄层，而钨铜阴极也仅在燃弧末期产生比较明显的熔化层，如帧 6 所示，但仍无明显的熔池流动现象。钨铜阳极和阴极都有持续的液滴喷溅现象，而不是伴随着气泡爆炸而具有一定的喷溅频率。喷溅液滴的特征尺寸相对较小，直径在 $60 \sim 160 \mu m$ 之间。值得注意的是，钨铜材料阴阳两极的喷溅现象都与两极产生的等离子体喷流密切相关：当阴极喷流较强时，阴极弧根围绕电极旋转，如帧 $1 \sim 3$ 所示，阴极产生的喷溅液滴较多，阳极表面的液滴喷溅则受到阴极喷流的压制；而当阳极喷流强于阴极时，阳极弧根停滞在电极表面，电弧形态从阳极至阴极呈稳定的倒钟形，与此同时，阳极产生的液滴数量明显增多，而阴极表面的液滴喷溅受到阳极喷流的压制，但同时导致了阴极表面的加速熔化，如帧 $4 \sim 6$ 所示。

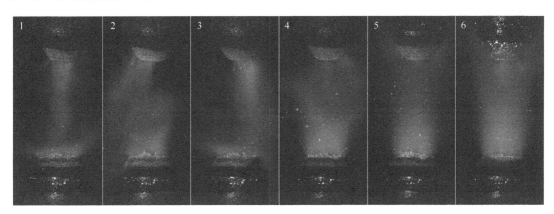

图 5-28　400A 时钨铜电极的喷溅烧蚀行为

5.3.2　喷溅液滴的运动特征

由于电弧弧光的强烈干扰，如果不采用措施滤掉电弧弧光同时保留喷溅液滴的形貌，就无法获得喷溅液滴的速度信息。因此在许多前人的研究工作中，只能给出关于液滴喷溅行为的定性描述，而缺乏对喷溅行为的定性分析。液滴喷溅速度作为反映喷溅烧蚀规律的重要物理量，对于深入理解喷溅烧蚀机理，完善电极烧蚀的理论建模具有重要价值。

1. 喷溅液滴速度的检测方法

本节借用了用于流场测速的基于拉格朗日法的流场示踪粒子测速算法（PTV），需要利用其算法获得每个喷溅液滴的速度。因为流场示踪粒子的测量方式与本实验存在很多相似之处，如：① 实验时流场中的示踪粒子同样被激光照射，且表面具有镜面反射的反光特性；②示踪粒子的特征尺寸与大部分喷溅液滴特征尺寸相当，在几十至数百 μm 之间（如图 5-29 所示）；③示踪粒子的成像设备同样是高速摄影仪，足够高的采样率使得连续两帧之间同一示踪粒子或者同一喷溅液滴的位移不致过大，保证了 PTV 算法的有效性。但同时，两者之间仍存在一定的差异：少数喷溅液滴（如钨铈合金电极）的特征尺寸较大，运动较慢，而一般的 PTV 算法无法同时保证高速和低速运动的同时测量。因此，本节还结合喷溅烧蚀的实际情况，提出了同时采用互相关系数法、基于概率分布的松弛迭代法以及最邻近检测法的联合速度检测算法，实现烧蚀喷溅的测量。

由于 PTV 测量方法已经广泛应用于流体测速领域，这里不再对该算法的具体原理和相关公式做具体介绍，而是针对实验中所提出的修正算法所包含的具体步骤进行描述。所采用的修正的多目标粒子匹配追踪算法流程图如图 5-30 所示，其具体步骤如下。

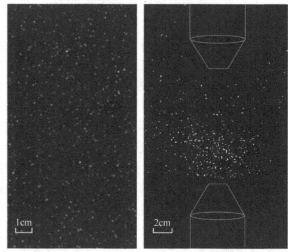

a) 流场示踪粒子成像　　b) 重构后的电极喷溅液滴图像

图 5-29　流场示踪粒子成像和重构后的电极喷溅液滴图像

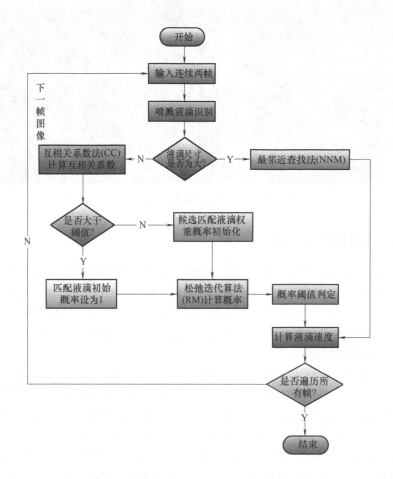

图 5-30　多目标粒子匹配追踪算法流程图

1）读取连续两帧的喷溅液滴灰度矩阵，识别连续两帧中的喷溅液滴，记录所有液滴的坐标、面积及亮度信息，通过液滴面积大小将液滴分为小液滴和大液滴两种。

2）对于每个大液滴，采用最邻近查找法对液滴进行匹配，同时采取液滴面积作为是否匹配的判据，判别标准是在第 $k+1$ 帧中查找到的第 i 个液滴面积大小 $Si(k+1) \in (0.8, 1.2)$ $Si(k)$，若满足判据则认为匹配成功。

3）对于小液滴，先采用互相关系数法计算后一帧中关于前一帧第 i 个液滴窗口内所有候选匹配液滴的互相关系数，高于阈值的认为匹配成功，窗口的大小依据喷溅粒子的空间密度决定，保证窗口大小内的候选匹配液滴数不少于 5 个，阈值的设定值取决于喷溅液滴的亮度变化及体积变化，范围在 0.5~0.8 之间。

4）若步骤 3 中存在认为匹配成功的小液滴，则设定其他初始权重概率为 1，窗口内其他液滴的初始权重概率相同，且所有候选液滴的概率总和为 1，用松弛迭代算法进行迭代，利用速度相关准则对每一个迭代步内的匹配概率进行更新，直到各个候选匹配液滴的匹配概率不发生变化为止，设定概率阈值，阈值的选取依据不同工况下液滴运动的特征而定，选取后一帧中匹配概率高于阈值且具有最大概率的候选匹配液滴作为第 i 个液滴的正确匹配液滴，否则认为该液滴匹配失败，判断该液滴丢失。对于匹配成功的液滴，利用坐标信息和帧间时间间隔计算液滴运动速度，并保存结果。

5）判断是否是最后一帧，若不是，重复步骤 1）~4），直至遍历每帧图像，输出结果，结束循环。

连续两帧中的液滴检测结果如图 5-31a 所示，空心圆圈标注的是第一帧中液滴的位置而实心圆圈标注的是第二帧中液滴的位置。通过对比可以发现：同一液滴在两帧间的运动距离较小，同一区域内液滴的运动方向和位移具有一定的相似性，从而保证了 PTV 算法的合理性。通过连续两帧的液滴位置检测得到的液滴速度矢量如图 5-31b 所示，图 5-31a 中检出的液滴数目为 149 个，图 5-31b 中通过修正的 PTV 算法匹配得到的矢量数目为 121 个，液滴匹配率达到了 81.2%，而未匹配成功的液滴是由于液滴运动的重叠以及液滴检测的误差所导致的。由此可以看出，无论是在液滴数目稀少的阴极区域还是在液滴数目稠密的阳极区域，绝大部分液滴的运动特征都被良好地捕捉，从而实现了液滴的多目标匹配追踪。在得到每一

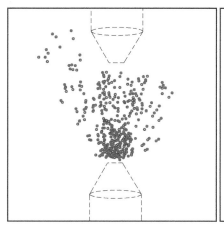
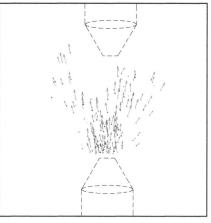

a) 连续两帧的喷溅液滴分布　　　　　　　　b) PTV算法得到的液滴矢量

图 5-31　连续两帧的喷溅液滴分布和 PTV 算法得到的液滴矢量

帧中液滴的喷溅速度后，对实验过程中的连续帧进行统计分析，便可以获得燃弧过程中喷溅液滴的速度分布。

利用修正的 PTV 算法统计得到的液滴速度矢量散点图如图 5-32 所示，可以发现，速度矢量分布表现出良好的对称性，所有的速度矢量都分布在一个固定的环形区域内，这表明单次实验中由于电弧摆动和熔池运动的随机性，液滴喷溅的速度分布也具有一定的随机性，但在重复进行多次实验获得足够的统计样本后，液滴速度分布已经表现出较为明显的统计学特性，也印证了本书实验方法的合理性。图 5-33a 给出了利用算法追踪得

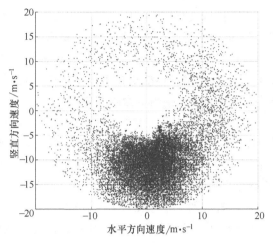

图 5-32　喷溅液滴速度矢量散点图

到的钨铜电极喷溅液滴的运动轨迹，与利用帧叠加方法得到的钨铜电极喷溅液滴的真实运动轨迹（见图 5-33b）比较后可以发现，经过修正的 PTV 算法可以良好地追踪喷溅液滴的运动过程，验证了该方法的有效性。

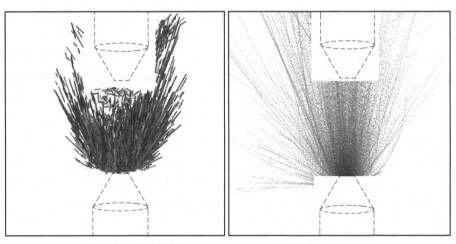

a）PTV 算法追踪得到的液滴轨迹　　　　　　b）液滴的原始运动轨迹

图 5-33　PTV 算法追踪得到的液滴轨迹和液滴的原始运动轨迹

2. 喷溅液滴的速度分布

在获得了喷溅液滴的速度矢量后，便可以根据喷溅液滴速度的分布区间得到喷溅速度的频率分布直方图。对频率分布直方图进行数据平滑和轮廓拟合后，便可以获得喷溅速度的概率密度函数，考虑到喷溅液滴的速度分布一般具有多峰值的特征，采用的拟合函数为多峰高斯分布函数：

$$f(v) = \sum_{i=1}^{n} a_i \cdot \exp\left[-\left(\frac{v-b_i}{c_i}\right)^2\right] \tag{5-5}$$

式中，a 表示幅值参数，b 表示位置参数，c 表示尺度参数，n 表示须拟合的峰数。为了增加统计样本，在每个电流等级下均进行 5 次实验，并对 5 次实验中所有的液滴速度进行了统

计。由于纯铜和铝电极的喷溅液滴数目小，运动速度快，给速度检测和统计分析带来了很大误差，因此这里只给出钨铈电极和钨铜电极的测量结果。

（1）不同电流等级下钨铈电极的液滴速度分布

图 5-34 给出了不同电流等级下钨铈电极喷溅液滴的竖直方向速度分布、水平方向速度分布以及速度等级分布。

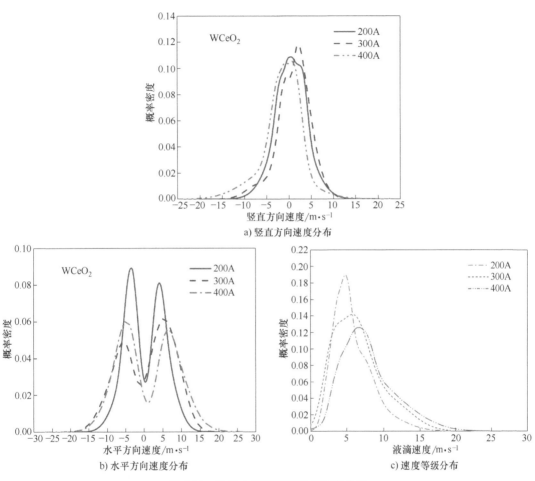

图 5-34　钨铈电极液滴喷溅的速度分布

由图 5-34a 可以看出，不同电流等级下钨铈电极喷溅液滴在竖直方向上的速度分布差异不明显，概率密度函数的峰值都位于（-2m/s，2m/s）附近，而随着速度区间向正负两边扩展，出现喷溅液滴的概率明显降低，液滴速度的分布区间在（-25m/s，25m/s）之间，表明大部分喷溅液滴在竖直方向上的运动速度较小，但是仍有少数液滴具有较高的竖直方向速度。由图 5-34b 可以看出，不同电流等级下钨铈电极喷溅液滴在水平方向上的速度分布存在明显"双峰"现象。双峰关于 0 坐标呈对称分布，且随着电流的增加，峰值所对应的速度绝对值增加而峰值所对应的概率值降低，表明喷溅液滴在水平方向上的运动具有良好的对称性，且随着电流的增大，液滴的运动方向逐渐向水平方向扩展，使得概率密度分布函数的标准差增大。由图 5-34c 可以看出，随着电流的增大，钨铈电极喷溅液滴速度等级的分布区间由（0，21m/s）逐渐扩大至（0，28m/s），而峰值概率逐渐下降，概率峰值所对应的速度值从 6m/s 增加至 9m/s，表明随着电流的增加，液滴运动的离散程度增加，出现高速运动液滴的概率也增加了。

（2）不同电流等级下钨铜电极的液滴速度分布

图 5-35 给出了不同电流等级下钨铜电极喷溅液滴的竖直方向速度分布、水平方向速度分布以及速度等级分布。

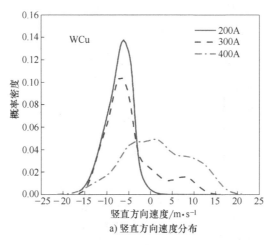

a) 竖直方向速度分布

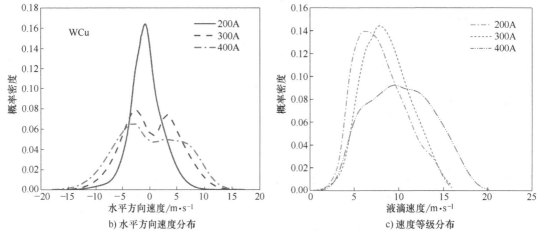

b) 水平方向速度分布

c) 速度等级分布

图 5-35　钨铜电极喷溅液滴的速度分布

由图 5-35a 可知，随着电流的增加钨铜电极喷溅液滴在竖直方向上的速度分布峰值迅速下降，出现由阴极向阳极方向运动液滴的概率迅速增加，特别是当电流达到 400A 时，速度轴正方向上出现喷溅液滴的概率明显增加，值得注意的是，概率密度的峰值对应的速度坐标却始终位于 0 刻度左侧，说明尽管随着电流的增加，阴极产生的喷溅液滴数目增加，但却始终低于阳极产生的喷溅液滴数目。由图 5-35b 可知，随着电流的增加，钨铜电极喷溅液滴在水平方向上的速度分布特征由"单峰"转变为"双峰"，但"双峰"现象并不明显，与相同电流等级下钨铈电极喷溅液滴的水平速度分布比较后不难发现，随着电流的增加，钨铜电极喷溅液滴的运动向水平方向上扩展的趋势较小，液滴的运动方向更靠近于竖直方向。由图 5-35c 可知，随着电流的增加概率峰值所对应的速度值增加，特别当电流为 400A 时，液滴速度的分布区间扩大至（0，20m/s），概率峰值迅速减小，表明电流为400A时液滴运动的离散程度明显增大。

3. 不同电极材料的喷溅速度比较

在得到喷溅液滴速度的概率密度函数后，为了表征不同材料和不同电流等级情况下喷溅速率的大小，对喷溅液滴的均方根速度进行了计算，计算公式为

$$v_{\text{rms}} = \sqrt{\int_{-\infty}^{\infty} v^2 f(v)\,\mathrm{d}v} \tag{5-6}$$

式中，$f(v)$ 是喷溅液滴速度的概率密度函数。

图 5-36 分别给出了钨铈电极在水平方向和竖直方向上的均方根速度随电流的变化关系。无论是在水平方向还是竖直方向上，液滴的喷溅速度均随着电流的增大而增大，但是同一电流等级下水平方向的均方根速度总是大于竖直方向上的均方根速度，且均方根速率在竖直方向上的增长较为缓慢而在水平方向上的增长较为迅速，这表明液滴的喷溅在水平方向上更为剧烈，且随着电流的上升液滴越来越容易从电极四周逸出，而难以到达对面电极，加快了电极材料的损失速率，这无疑对延长电极材料的使用寿命造成了不利影响。

图 5-37 分别给出了钨铜电极在水平方向和竖直方向上的均方根速度随电流的变化关系。与钨铈电极喷溅情况不同的是，随着电流的增加，钨铜电极在竖直方向上的均方根喷溅速度无明显变化，稳定在 7.5m/s 左右，而在水平方向上喷溅液滴的均方根速度却表现出明显的增大趋势，且电流越大增长速率越快。尽管水平方向上的喷溅液滴的均方根速度增长迅速，但在相同电流等级下，却始终低于竖直方向上的喷溅速率。这表明相较于钨铈电极，钨铜电极的液滴喷溅在竖直方向上更为集中，随着电流的增加，喷溅液滴有向水平方向扩展的趋势。电流在 300A 及以下时，液滴在竖直方向上的喷溅占据主导；当电流大于 300A 时，水平方向和竖直方向上的喷溅速度已经接近，表明喷溅液滴在水平方向上的扩展已经变得明显。

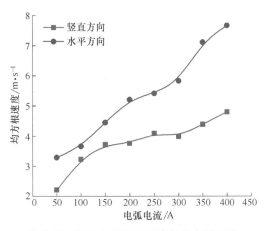

图 5-36　钨铈电极喷溅液滴的均方根速度
随电流的变化关系

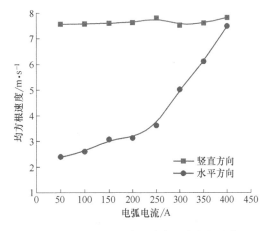

图 5-37　钨铜电极喷溅液滴的均方根速度
随电流的变化关系

图 5-38 分别给出了钨铈电极和钨铜电极喷溅液滴的均方根速度随电流的变化关系。在相同电流等级下，钨铜电极喷溅液滴的均方根速度总是高于钨铈电极，这可能是由于与钨铈电极相比钨铜表面没有明显的熔池，液滴所受表面张力较小造成的。其次，由于钨铜电极是

利用熔渗法制成的假合金，弥散在钨骨架中的铜相限制了电极表面温度在铜的沸点以下，而经电弧烧蚀后钨铜电极表面的疏松多孔结构是由于铜相的蒸发以及喷溅逸出形成的，由此可以推断钨铜电极表面形成的喷溅微粒主要是铜液滴。由于铜的密度小，而钨铜电极喷溅出的液滴尺寸又相对较小，因此钨铜液滴的喷溅速度更高。反观钨铈电极，由于熔池体积大，同时液态钨的密度和表面张力大，导致喷溅液滴的运动速度较慢，但由于熔池的高速流动，钨铈阳极的表面会出现大尺寸液滴的喷溅，因此通过喷溅烧蚀从钨铈阳极熔池中带走的能量仍十分可观。此

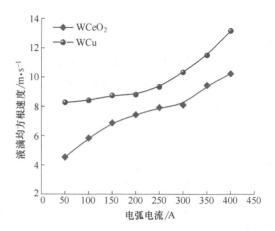

图 5-38　不同电极喷溅液滴均方根
速度随电流的变化关系

外，随着电流的增大，喷溅液滴的速度均方根都逐渐增加，由于喷溅液滴的数量也随电流的增大而增大，因此通过液滴喷溅带走的能量随电流等级的增大而增大。值得注意的是，钨铜喷溅速度的增长存在一个突变点，当电流小于250A时，钨铜液滴的喷溅均方根速度增长缓慢，仅从8.2m/s增加到9.1m/s，而当电流范围在250~400A时，钨铜液滴的喷溅速度从9.1m/s迅速增大至13.8m/s，在图5-38中可以发现，钨铜电极在水平方向上的喷溅速度变化同样存在250A这一转折点，表明钨铜电极液滴喷溅的速度突变主要来自水平方向上的贡献。

5.3.3　喷溅液滴的空间分布

1. 不同电极材料的喷溅液滴运动轨迹

通过对液滴的重构和连续帧的叠加，可以实现喷溅液滴原始运动轨迹的可视化。图5-39给出了100~400A时，钨铈电极喷溅液滴的运动轨迹。可以发现，当电流为100A时，大部分喷溅液滴的运动轨迹都位于阳极上方，喷溅液滴轨迹集中区域的张角为70°，且基本关于阳极中轴线对称。少部分喷溅液滴由阳极表面运动至阴极表面，而多数液滴向阴极四周运动，损失在空气中。当电流为200A时，大部分喷溅液滴的运动轨迹由阳极上部转变为位于阳极两侧下方区域，只有少数液滴向阳极区域运动。而当电流达到300A时，阳极两侧下部的液滴轨迹变密，且轨迹变粗，说明随着电流的增大，喷溅液滴的数目和尺寸都有所增大。当电流为400A时，液滴喷溅的轨迹明显

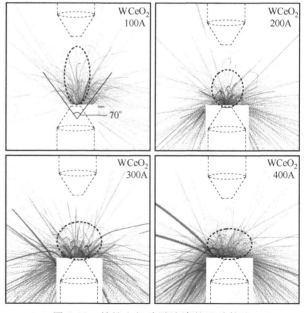

图 5-39　钨铈电极喷溅液滴的运动轨迹

变粗，出现大尺寸液滴的概率明显增大。此外，在100~400A时，所有的喷溅现象均发生在阳极，而阳极产生的液滴的运动在水平方向的扩展范围大。值得指出的是，钨铈阳极区域中心处具有明显弯曲的运动轨迹（粗虚线标记），液滴竖直向上运动还未来得及到达阴极，又反方向下运动，且随着电流的增大，液滴达到最高处的高度降低，这无疑说明竖直向上运动的液滴受到了来自电弧区域竖直向下方向的力的作用，这一力的作用同时会作用在阳极熔池表面，加速熔池的流动，加剧了喷溅液滴的产生。

钨铜电极喷溅液滴的运动轨迹如图5-40所示。当电流为100A时，喷溅发生区域较窄，大部分液滴都由阳极产生运动至阴极，喷溅液滴轨迹集中区域的张角为30°。当电流为200A时，在水平方向上液滴的喷溅范围有所扩展，喷溅液滴轨迹集中区域的张角扩大至60°，但多数液滴的喷溅仍发生在竖直方向上。当电流为300A时，喷溅液滴的轨迹继续在水平方向上扩张，已经有部分液滴向阳极两侧和下部运动，喷溅液滴轨迹集中区域的张角已达85°。在100~300A时，大部分的喷溅液滴都由阳极产生（粗虚线标注），而当电流达到400A时，阴极一侧开始发生喷溅，而由阳极产生的液滴在水平方向上的运动区域明显扩大，运动轨迹在电极间隙中部出现向下的弯曲，而阳极两侧边缘处液滴的运动轨迹已经指向阳极下部，这表明阳极产生的喷溅液滴收到了来自于阴极区域力的作用，而5.1节高速

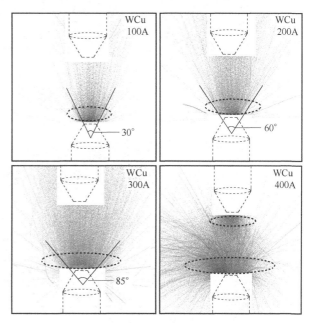

图5-40　钨铜电极喷溅液滴的运动轨迹

摄影的结果已经表明，400A时钨铜电极阴极的喷流已经十分强烈，甚至强度超过阳极，因此喷溅液滴在水平方向上的扩张与阴极喷流强度的增大有着直接关联。此外，随着电流的增加，钨铜电极喷溅液滴的尺寸无明显差异。

2. 电极喷流对喷溅液滴运动的影响

前面的研究工作已经表明：无论是钨铈电极还是钨铜电极，由于电极喷流造成的等离子体流力会对电极的喷溅烧蚀行为产生重要影响。本节将具体分析不同电流等级下，电极喷流对于电极烧蚀的影响规律。

图5-41分别给出了100A时钨铈电极的典型喷流形态和喷溅液滴的归一化二维密度分布。可以观察到，100A时钨铈阴极的喷流强度略大于阳极，在靠近阳极一侧形成电弧的盘状区域，说明在此处阴阳两极的喷流强度达到平衡。喷溅液滴的密度集中区域位于阳极上部，呈球状，而阴极附近喷溅密度很低，说明由阳极产生的喷溅液滴向阴极方向的运动收到了来自阴极喷流的压制。

电流为200A时，钨铈电极的典型喷流形态和喷溅液滴的归一化二维密度分布如图5-42所示。与100A时不同的是，阴极喷流的增强使得阳极喷流受到强烈压制，电弧间隙未出现

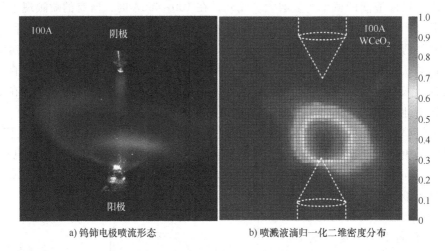

a) 钨铈电极喷流形态　　　　　　b) 喷溅液滴归一化二维密度分布

图 5-41　100A 时钨铈电极喷流形态和喷溅液滴归一化二维密度分布

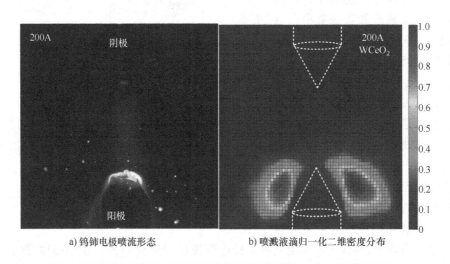

a) 钨铈电极喷流形态　　　　　　b) 喷溅液滴归一化二维密度分布

图 5-42　200A 时钨铈电极喷流形态和喷溅液滴归一化二维密度分布

盘状区域，而是在阳极表面出现高亮度区域，来自阴极喷流的等离子流力直接作用于阳极熔池。喷溅液滴的高密度区域呈现"双肺叶"状，即阳极轴线上方出现液滴喷溅的概率较低，大量的液滴从熔池边缘向阳极下侧喷溅，这表明阴极喷流的增强会强烈影响熔池的运动，使得熔池内的液态金属由中心向边缘流动，增加了熔池边缘处喷溅发生的概率；同时，阴极喷流带来的等离子流力作用于喷溅液滴，抑制了液滴向阴极的喷溅，使得多数液滴的运动朝向阴极两侧下方。电流为 400A 时，如图 5-43 所示，阳极的喷流显著增强，但强度仍远小于阴极喷流，在阳极表面形成高亮度的盘状区域。喷溅液滴的高密度区域仍呈"双肺叶"状，但与电流为 200A 时不同的是，"肺叶"由阳极两侧的下部移动至阳极两侧的水平方向，两片"肺叶"间的夹角增大。这表明阳极喷流抵抗阴极喷流的趋势增加，喷溅液滴受到来自阴极喷流的作用力相较于 200A 时有所减小，但强烈的阴极喷流仍会对阳极熔池的运动造成较大影响，从而影响喷溅液滴的空间分布。

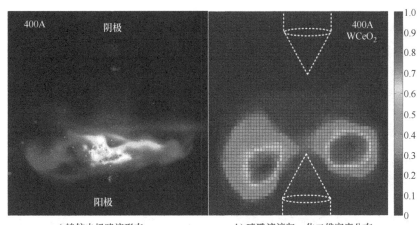

a) 钨铈电极喷流形态   b) 喷溅液滴归一化二维密度分布

图 5-43　400A 时钨铈电极喷流形态和喷溅液滴归一化二维密度分布

从以上分析可以发现，随着电流等级的增加，钨铈两极的等离子喷流强度逐渐增强，但钨铈阴极喷流均强于阳极，来自阴极的等离子流力作用于钨铈阳极熔池表面，强烈影响了喷溅液滴的运动行为。

图 5-44~图 5-46 分别给出了不同电流等级下钨铜电极的典型喷流形态和喷溅液滴的归一化二维密度分布。电流为 100A 和 200A 时，钨铜电极阳极喷流强于阴极，阳极弧根呈紧缩式状态而阴极弧根呈弥散式状态。由阴极到阳极，无论是电弧形态还是喷溅液滴的高密度区域均呈倒钟形，阳极区域喷溅液滴密度高而阴极区域喷溅液滴密度低，表明喷溅液滴的运动方向与阳极喷流的方向一致。不同的是，从 100~200A，阳极弧根半径增大，导致喷溅液滴的高密度区域变宽。

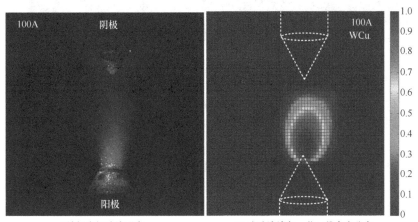

a) 钨铜电极喷流形态   b) 喷溅液滴归一化二维密度分布

图 5-44　100A 时钨铜电极喷流形态和喷溅液滴归一化二维密度分布

而当电流为 400A 时，阴极喷流强度与阳极喷流强度相当，来自阴阳两极的喷流在电极间隙中部相遇，形成盘状结构，喷溅液滴高密度区域的形态由倒钟形转变为椭圆形，面积迅速增大，且在水平方向上强烈扩张。此时阴极区域喷溅液滴密度与阳极区域喷溅液滴密度基本相等，表明阴极也有持续的喷溅液滴产生，而由于阴极喷流的增强，在电极间隙中部的盘状区域会对喷溅液滴产生水平方向的作用力，导致液滴的运动向水平方向偏转。

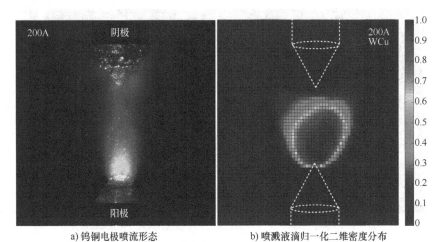

a) 钨铜电极喷流形态　　　　b) 喷溅液滴归一化二维密度分布

图 5-45　200A 时钨铜电极喷流形态和喷溅液滴归一化二维密度分布

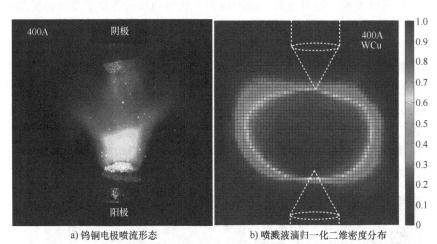

a) 钨铜电极喷流形态　　　　b) 喷溅液滴归一化二维密度分布

图 5-46　400A 时钨铜电极喷流形态和喷溅液滴归一化二维密度分布

从以上分析不难看出，电极喷流产生的等离子流力是导致喷溅液滴在水平方向扩张的主要原因。所不同的是，对钨铈电极而言，阴极喷流始终强于阳极，来自阴极的等离子流力作用于钨铈阳极熔池表面，使得更多的喷溅发生在熔池边缘，压制了喷溅液滴朝向阳极的运动，因此钨铈电极的喷溅模式是由阴极喷流和阳极熔池的相互作用决定的；而对钨铜电极而言，由于电极表面无明显熔池，电极的喷流直接作用于喷溅液滴，导致喷溅液滴运动方向的转变，同时，喷溅的发生与电极喷流的强度相关，电极喷流强的一侧产生的液滴数量多，因此钨铜电极的喷溅模式是由阴阳两极喷流强度的变化共同决定的。

5.4　小结

本章主要介绍了电弧烧蚀实验的实验原理及方法，通过对燃弧过程中拍摄区域的视觉传感分析，提出了大功率激光作为背景光源、窄带滤波片过滤弧光的烧蚀行为可视化方法，并通过光谱分析测试确定了激光器和窄带滤波片的中心波长，同时通过反复测试得出相关设备的最佳参数。实验结果显示，该光学成像手段可以较好地运用于电极区域的烧蚀行为成像。在此基础上，还提出了一种基于边缘检测的图像后处理方法，通过该方法，喷溅液滴的边缘信息被完整保留，而残余的电弧弧光则被全部滤除。此外，利用喷溅液滴的重构图像，采用局部极大值法和重心法计算喷溅液滴的空间坐标和投影面积，使后续喷溅液滴速度的统计工作成为可能。

本章通过对不同电极材料和不同电流等级情况下喷溅烧蚀行为的高速摄影结果、喷溅液滴速度分布以及喷溅液滴空间分布等方面的分析，研究了喷溅烧蚀的行为模式、喷溅液滴的运动特征以及电极喷流对喷溅行为的影响。

第6章 电接触性能的试验、诊断及触头选用

现代工业的发展，对电接触部件的工作寿命和工作可靠性提出了越来越高的要求。为了评定某种新型触头材料的性能，或检验某种产品制造工艺是否符合要求，需要对电接触零部件进行一系列性能的试验、研究及对比分析。

本书在之前已经介绍过一些电接触特性的测量方法。例如，第 1 章 1.2 节已介绍了 park 研制的导电斑点内电流密度的测试方法[67]。第 4 章 4.1 节介绍了 chabrerie 等研制的关于电弧力的测试方法[156]。第 4 章 4.6 节介绍了 Rieder 等研制的测试闭合过程中触头弹跳特性的方法[199]。另外，为了满足实际的产品开发需求，相关的研究人员也进行了大量测试装置的研发工作[207-210]。本章介绍的电接触基本性能的试验方法和诊断技术，包括接触电阻测试，材料侵蚀和转移试验方法与诊断，熔焊试验方法与诊断及电子显微分析技术等在电接触研究中的应用。虽然各种电接触材料都是为满足某种特定要求而形成与发展起来的，但在实际应用中依然存在电接触材料如何选用的问题。本章最后提出了电接触材料重要的选择原则。

6.1 接触电阻及其影响因素的测试方法

6.1.1 接触电阻的测试方法

接触电阻的测试方法极为简单，采用的方法称为电流-电压法。图 6-1 所示是美国试验和材料学会（ASTM）关于微型触头接触电阻测试装置及电路图。该装置的设计是采用可动

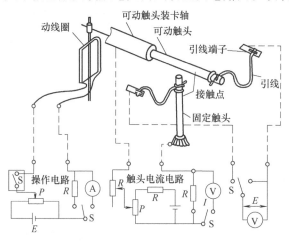

图 6-1 ASTM 关于微型触头接触电阻测试装置及电路图

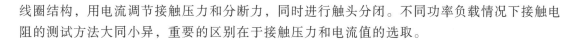

线圈结构，用电流调节接触压力和分断力，同时进行触头分闭。不同功率负载情况下接触电阻的测试方法大同小异，重要的区别在于接触压力和电流值的选取。

6.1.2 环境应力加速试验方法

对于弱电接触领域的电接触材料，其接触电阻受到环境腐蚀和有机污染的作用显著。为了鉴定接触材料抵抗各种环境应力作用的能力，一般在实验室条件下通过短期的试验预测其长期在大气压条件下工作的情况，以缩短试验周期，这就是所谓加速试验。加速试验一般采用加大腐蚀气体的浓度、流动速度和人工制造特定的气体等方法而进行。

在实验室条件下，通常制造以下几种气体作为接触材料的人造环境气体：

1）硫化气体，包括 H_2S 等。

2）卤化气体，包括 HCl、Cl_2、HF 等。

3）有机气体，包括苯、萘、硝基漆稀释剂（信那水）和其他具有苯环的有机物。

4）盐雾气体，即含有 NaCl 等盐分的盐雾。

5）高温氧化气体，即加热到 $50\sim250℃$ 或更高温度的含氧大气。

把接触材料试样放入上述人造气体中进行曝露，每隔一定时间把试样取出测量其接触电阻的变化，气体的浓度可根据加速试验的具体要求适当调整。

选择上述气体是因为这些气体对接触材料特别有害，而且是大气中普遍存在的有害气体，如 H_2S 和 SO_2 等。

有机气体选用苯（C_6H_6）作蒸汽源较多，这是因为：

1）苯和工作现场中出现在继电器接触点上的有机沉积物很相似。

2）苯环是由继电器零件中蒸发出来的，其是大多数蒸汽的组成部分。

3）纯苯的资源较多，容易制取。

4）通过对饱和三苯空气的气体稀释，可以获得各种浓度范围的合苯空气。

1. 盐雾试验和潮湿试验

在实验室条件下的盐雾和潮湿试验是接触材料抗腐蚀试验的重要组成部分。

在沿海地区，由于海洋水的蒸发和翻腾的结果，会产生盐雾气象。实验室下的盐雾和潮湿试验就是模拟海洋水蒸汽对接触材料的腐蚀作用。

为了进行盐雾试验，必须有盐雾试验槽，槽内的盐水成分可以根据海洋水的成分配制（或直接用海洋水），也可以根据情况适当改变盐分的含量。盐雾试验槽所造成的盐雾粒度应符合标准要求。进行盐雾试验时，把需要试验的接触材料试样放置在盐雾试验槽的试样室内曝露，每隔一定时间取出试样进行外观检查，并测量接触电阻的变化。然后根据测量结果鉴定接触材料的抗盐雾和潮湿腐蚀的性能。

2. 氧化试验

接触材料的氧化试验是为了鉴定其抗氧化能力的试验，因为在一般的大气条件下，含氧达23%的重量比，大气中的氧在干燥条件下和潮湿条件下，在正常温度和高温低温下对接触材料的氧化腐蚀是不相同的。

为了鉴定接触材料的抗氧化性能，需要把接触材料试样曝露在含氧的潮湿大气中（相对湿度达90%）和含氧的高温气体中（温度从 $50\sim250℃$），然后隔一定时间（1小时到几小时）取出试样，观察表面颜色的变化，测量氧化膜的生长厚度或测量接触电阻的变化，作出氧化膜生成动力学曲线和接触电阻变化曲线。

3. 硫化腐蚀试验

硫化腐蚀试验是为了鉴别接触材料能否抗硫化腐蚀的试验,在现代的硫化试验中,通常采用硫化气 S8、H_2S 和 SO_2 三种气体作为实验室条件下的典型气氛。

硫化腐蚀试验设备一般采用具有一定容积的玻璃器皿,有时也用特制的容积约 $1m^3$ 的不锈钢箱,这种不锈钢箱用 10cm 厚的水套完全包围,以使箱内的温度保持恒定,相对湿度保持在 85% 左右。在箱内可以装一台变速片扇和一套导流片系统,这种导流片可使箱内的气体流动速度接近于恒定。

4. 有机污染试验

有机污染试验有两种形式,一种是把材料做成交叉棒试样,然后把试样曝露在有机物蒸汽中(一般用纯苯,也可根据研究需要用萘、信那水、汽油、酒精和其他有机蒸汽)曝露一定时间后,测量试样的接触电阻变化。这种方法有一个缺点,它只能测量出材料在静止状态下的有机物的沉淀,而在实际工作中,接触材料的有机污染和滑动摩擦及接点放电有关。

为了使试验接近工作条件,有时采用另一种方式,即接触材料做成电接触点(或电位器绕线)装在试验用的继电器上(或电位器组件上),或制成滑动接触元件装在滑动摩擦试验机上进行开闭动作或滑动摩擦,同时,把整个试验装置放在有机气氛的包围之中。这种方法虽然麻烦,但有更大的实际意义。因为摩擦或开闭动作及放电作用,有促进形成有机聚合物沉淀的趋向。

6.2 材料侵蚀、转移、熔焊特性的试验及诊断

ASTM-B-182-49 所规定的试验设备和试验方法,是中、重负载触头试验中最通用的。中负载用 ASTM 试验设备示意图如图 6-2 所示,其主要部分由三个凸轮板、摆杆和安装触头用支架、减速机、驱动电动机、数字元记录器、控制电路以及相应的电路组成。凸轮板的周边与水平移动的标杆装配在摆杆上,通过两个螺旋弹簧的作用使触头开闭。图 6-3 表示该试验设备的计数电路和断开电路。图 6-4 所示为试验用标准触头的形状。图中直径 $\phi1mm$ 的孔(h)是作为插入热电偶用,以测定触头的温升,此孔尽可能开在靠近触头装配板的位置。

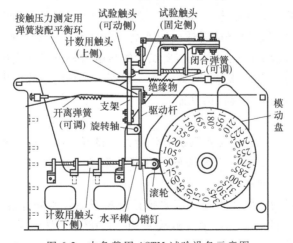

图 6-2 中负载用 ASTM 试验设备示意图

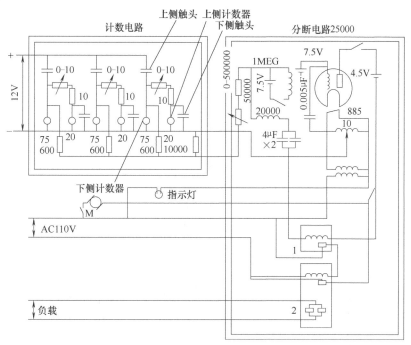

图 6-3 ASTM 触头材料试验装置用计数电路和断开电路

1—高灵敏度继电器 2—特殊继电器（上侧计数器指示开闭次数，下侧指示熔焊次数）

用该 ASTM 试验设备可测定 50A、220V 以下交直流电路中触头的接触电阻、温升、损耗量、熔焊力和不熔焊的最大电流等。

对大电流情况下接触材料侵蚀、转移、熔焊特性的试验可采用 CKS 触头快速测试仪，如图 6-5 所示。

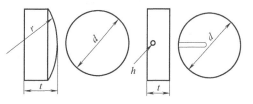

$t=24mm$, $d=6.4mm$, $r=2.5$, $d=16mm$, $h=\phi\times3.2mm$

图 6-4 ASTM 试验用标准触头的形状

CKS 触头快速测试仪可用来试验触头材料的分断电弧侵蚀、接触电阻、熔焊力及燃弧时间等基本性能。它排斥开关、接触器结构及试验规范分散性等的影响。该机结构简单，试验快速，其基本参数为：试验电压 220V，试验电流 1400A（峰值）以下，功率因子 0.35~1 可调，分断速度 0.4m/s，分断电流相位 0°~90°可调，触头接触压力 4kg，操作频率 6 次/分。

对于大于 1000A 的电流试验，试验时发生极大的焦耳热和电弧热带有危险性，因此试验时必须注意最大的分断电流。在大电流触头试验中主要是判断触头的耐熔焊性，其次是判断损耗特性，按顺序进行试验。

图 6-6 所示为大电流用触头试验电路，由于实验电路是由电容器供给大电流，试验设备简便，有利于掌握熔焊特性，但是由于这个试验使用条件不同，因此，难以充分满足判断触头的综合特性的要求。

对材料侵蚀及转移的测定，有三种方法：

1）天平测量法：用精度较高的天平在试验前后分别测量触头的质量得到触头的质量改变量。

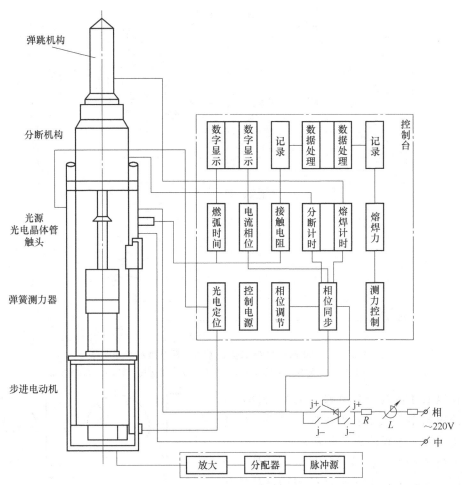

图 6-5　CKS 触头快速测试仪结构示意图

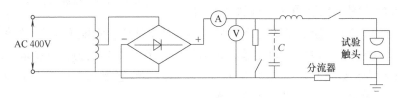

图 6-6　大电流用触头试验电路

2）体积测量法：用显微镜测量触头在试验前后的体积变化量。

3）同位素法：其原理是将被试的一对触头中的一个预先用中子轰击的方法，使其具有放射性，试验前后，通过测定和比较加有放射性同位素元素的原始接点的放射性程度和转移到另一极上的放射性强度来判定材料转移的详细情况，其特点是可判别一次操作过程中材料侵蚀转移的详细过程。

上述三种方法就其准确度而言，同位素法最高，但由于对设备和技术要求较高故不常用。天平法和体积测量法在中小电流时开闭 104 次后即可得到可重复的测量结果，故较实用。

熔焊特性的测试主要是决定具体情况下最大无熔焊电流。如果把十万次开闭动作中有一次熔焊时的电流值作为熔焊电流的定义。那么，首先就在某一电流下进行十万次动作。此时，如果熔焊次数大于1，就再降低电流，进行第二次试验，如果十万次动作后，熔焊次数为10~100次，则以后的试验就可以在减少10%的电流下进行第三次试验，由电流和熔焊次数的三点曲线的关系，就可以确定在十万次动作中熔焊一次的电流值，即接点熔焊的电流。

6.3　电子显微分析技术在电接触研究中的应用

许多大型先进的微观测试仪器大约在20世纪60年代中期投入商品生产，20世纪70年代初就已应用于电接触学科的研究[211]。

了解电子束轰击样品时发生的各种信号，对认识各种微观分析仪器的原理及在电接触研究中的应用有指导意义。样品在电子束的轰击下会产生图6-7所示的各种信号。

1. 背散射电子

背散射电子是被固体样品中的原子核反弹回来的一部分入射电子，其中包括弹性背散射电子和非弹性背散射电子。弹性背散射电子是指被样品中原子核反弹回来的、散射角大于90°的那些入射电子，其能量没有损失（或基本上没有损失）。由于入射电子的能量很高，所以弹性背散射电子的能量能达到数千到数万电子伏。非弹性背散射电子是入射电子和核外电子撞击后产生的非弹性散射，不仅方向

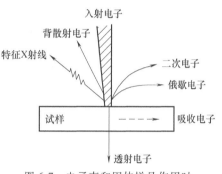

图6-7　电子束和固体样品作用时产生的信号

改变了，能量也有不同程度的损失。如果有些电子经多次散射后仍能反弹出样品表面，这就形成非弹性背散射电子。非弹性背散射电子的能量分布范围很宽，从数十eV到数千eV。从数量上看，弹性背散射电子远比非弹性背散射电子所占的份额多。背散射电子来自样品表层几百nm的深度范围。由于它的产额能随原子序数增大而增多，所以不仅能作形貌分析，而且可以用来显示原子序数衬度，定性地作成分分析。

2. 二次电子

在入射电子作用下被轰击出来并离开样品表面的核外电子称为二次电子。这是一种真空中的自由电子。由于原子核和外层价电子间的结合能很小，因此外层的电子比较容易和原子脱离，使原子电离。一个能量很高的入射电子射入样品时，可以产生许多自由电子，这些自由电子中90%是来自外层的价电子。

二次电子的能量较低，一般不超过80×10^{-19}（50eV）J，大多数二次电子只带有几个电子伏的能量。在用二次电子收集器收集二次电子时，往往也会把极少量低能量的非弹性背散射电子一起收集进去。事实上这两者是无法区分的。

二次电子一般都是在表层5~10nm深度范围内发射出来的。它对样品的表面状态十分敏感，因此，能非常有效地显示样品的表面形貌。二次电子的产额和原子序数之间没有明显的依赖关系，所以不能用它来进行成分分析。

3. 吸收电子

入射电子进入样品后经多次非弹性散射能量损失殆尽（假定样品有足够的厚度没有透射电子产生），最后被样品吸收。若在样品和地之间接入一个高灵敏度的电流表，就可以测得样品对地的信号，这个信号是由吸收电子提供的。假定入射电子流强度为 I_0，背射电子流强度为 I_b，二次电子流强度为 I_s，则吸收电子产生的电流强度为 $I_a = I_0 - (I_b + I_s)$。由此可见，入射电子束和样品作用后，若逸出表面的背散射电子和二次电子数量越少，则吸收电子信号强度越大。若把吸收电子信号调制成图像，则它的衬度恰好和二次电子或背射电子信号调制的图像衬度相反。

入射电子束射入一个元素的样品中时，由于不同原子序数部位的二次电子产额基本是相同的，则产生背散射电子较多的部位（原子序数大）其吸收电子的数量就较少，反之亦然。因此，吸收电子能产生原子序数衬度，同样也可以用来进行定性的微区成分分析。

4. 透射电子

如果被分析的样品很薄，那么就会有一部分入射电子穿过薄样品而成为透射电子。这里所指的透射电子是采用扫描透射操作方式对薄样品成像和微区成分分析时形成的透射电子。这种透射电子是由直径很小（<10mm）的高能电子束照射薄样品微区时产生的，因此，透射电子信号是由微区的厚度、成分和晶体结构来决定。透射电子除了有能量和入射电子相当的弹性散射电子外，还有各种不同能量损失的非弹性散射电子，其中有些遭受特征能量损失 ΔE 的非弹性散射电子（即特征能量损失电子）是和分析区域的成分有关，因此，可以利用特征能量损失电子配合电子能量分析器来进行微区成分分析。

5. 特征 X 射线

当内层的电子被激发或电离时，原子就会处于较高的激发状态，此时外层电子将向内层跃迁以填补内层电子的空缺，从而使原子的能量降低，具体来说，如果原子的一个 K 层电子受入射电子轰击而跑出原子核的作用范围，则该原子就处于 K 激发状态，具有能量 E_K。当一个 L_2 层的原子填补 K 层的空缺后，原子的能量将从 E_K 降至 E_{L2}。此时就有一个 $\Delta E = E_K - E_{L2}$ 的能量被释放出来。若这个能量是以 X 射线方式释放的话，这就造成了该元素的 K_a 辐射，此时 X 射线的波长是

$$\lambda K_a = \frac{hC}{E_K - E_{L2}} \tag{6-1}$$

式中，h 为普郎克恒量，C 为光速。对于一定的元素 E_K、E_{L2}……的数值都是固定的，所以 X 射线的波长也是固定的特征数值，这种 X 射线被称为特征 X 射线。

X 射线的波长和原子序数之间服从莫塞莱定律，即

$$\lambda = \frac{K}{(Z - \sigma)^2} \tag{6-2}$$

式中，Z 为原子序数，K、σ 为常数。可以看出，原子序数和特征能量之间是有对应关系的，利用这个对应关系可以进行成分分析。如果用 X 射线探测器测到了样品微区中存在某一种特征波长，就可以判定这个微区中存在着相应的元素。

6. 俄歇电子

如果在原子内层电子能级跃迁过程中释放出来的能量 ΔE 并不以 X 射线的形式发射出去，而是用这部分能量把空位层内的另一个电子发射出去（或使空位层的外层电子发射出

去），这个被电离出来的电子称为俄歇电子。因为每一种原子都有自己的特定壳层能量，所以它们的俄歇电子能量也各有特征值。各种元素的俄歇电子能量都很低，一般位于 $8\times10^{-19}\sim240\times10^{-19}$ J（$50\sim1500$ eV）范围之内。跃迁的类型和元素的种类决定了俄歇电子能量的高低。

俄歇电子的平均自由行程很小（1nm 左右），因此在较深区域中产生的俄歇电子向表层运动时必然会因碰撞而损失能量，使之失去了具有特征能量的特点，而只有在距离表面层 1nm 左右范围内（即几个原子层厚度）逸出的俄歇电子才具备特征能量，因此，俄歇电子特别适于做表面层成分分析。

除了上面列出的 6 种信号外，固体样品中还会产生例如阴极荧光、电子束感生效应和电动势等信号，这些信号经过调制后也可以用于专门的分析。

依据上述原理制成的配备 X 射线分析仪和俄歇电子谱分析仪（AES）的扫描电子显微镜（SEM）在电触头研究中应用较为广泛。电触头在其工作过程中，由于电弧及环境应力的作用，能使表面形状、成分、结构均发生变化，这种变化对触头的电接触性能影响巨大。这些变化有赖于 SEM 才能获得深入的了解。

X 射线分析仪和 AES 均是用于分析微区成分的。不过，X 射线分析的成分是距验品的表面 $1\mu m$（10^4Å）深处的材料组分，且不能探测原子序数小于 11 的元素，这使得重要的氧和碳元素成分无法分析。而 AES 能探测到这些轻元素，且可对真空的表面层（$4\sim8$Å）处的成分进行分析。主要原因是俄歇电子的平均自由行程为 $4\sim8$Å。

下面研究应用上述电子显微分析技术进行电接触研究的典型工作。

（1）对触头作表面形貌的观察

通过对触头接触表面 SEM 观察，可获得触头表面的凹陷与凸起，微粒的沉积或化合物的积聚，微裂纹的情况等。这种观察所拍摄的相片在许多文献中都能找到。

（2）对触头表面成分进行分析

借助 AES 可比较弧根区域或其他区域受电弧侵蚀前后组成成分及含量的变化。图 6-8 所

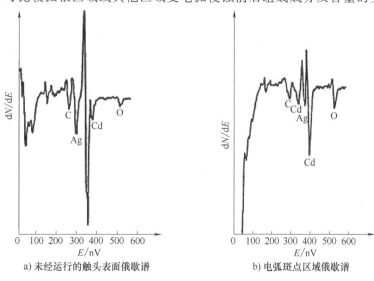

a) 未经运行的触头表面俄歇谱　　　　b) 电弧斑点区域俄歇谱

图 6-8　某种 AgCdO 材料受电弧侵蚀前后电弧区域俄歇谱

示为某种 AgCdO 材料受电弧侵蚀前后电弧区域的俄歇谱。针对如图 6-9 所示的 AgCdO 材料弧根区域在触头表面的位置，图 6-10 给出了 Cd 和 Ag 相对含量沿 AA 的分布，图 6-11 给出了氧的相对含量沿 AA 的分布。

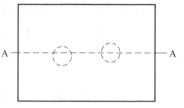

图 6-9　AgCdO 材料弧根区域在触头表面的位置

（3）对触头深表面微区成分进行无损测试

利用 X 射线分析仪可实现这一测试，从而获得材料在电弧高温作用下弧根区发生的物理化学过程，尤其是不同组分的内部扩散机理。

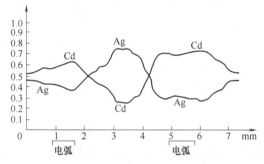

图 6-10　Cd 与 Ag 相对含量沿 AA 的分布

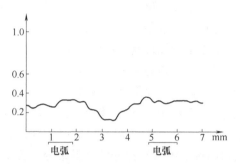

图 6-11　氧的相对含量沿 AA 的分布

正确选择触头材料，必须研究具体使用条件对触头材料的要求，还要研究各类电接触材料成分、制造工艺对电接触性能的影响，只有在上述工作基础上，才能根据具体使用场合选择合适的触头材料。

1）由于具体使用场合对电接触材料的要求十分苛刻，且有的要求往往相互矛盾，所以选择电触头材料只能首先满足那些最重要的要求，兼顾其他次要要求。满足全部要求的材料是不存在的。

在弱电领域，电接触材料的化学稳定性尤其是低而稳定的接触电阻最为重要，所以弱电领域的电接触材料是以 Pt 或 Au 为基材的贵金属材料。在强电领域，虽对接触电阻也有低而稳定的要求，但抗熔焊、耐侵蚀的要求更为重要。因而，强电领域的触头材料首先要保证抗熔焊、耐侵蚀。

交流和直流条件下形成的电弧特性不同，因而对触头材料有不同的要求，在直流情况下对抗材料转移能力有较高要求。

2）在现有的技术要求及电接触材料制造工艺下，许多电接触材料以昂贵的贵金属作基材，因而选择触头时必须充分考虑经济性的因素。

3）严格的触头材料选择，应当通过实装试验比较筛选。

6.4　小结

本章主要介绍了电接触性能的试验和诊断方法，包括接触电阻的测试方法，材料侵蚀、转移与熔焊特性的测试方法，以及几种主要的电接触表面微观特性的电子显微测试方法。明确这些测试方法的特点以及适应性，对于触头材料的正确选用具有重要意义。由于电接触元件工作过程中许多基本的电接触现象（如接触电阻及温升，电弧放电及对电极的热流输入和电弧力作用，材料的侵蚀、转移，材料的熔焊等）是发生在十分微观和恶劣的条件下，因而也给电接触性能的试验、诊断带来极大的困难。当前，世界范围内对电接触元件性能的试验研究和诊断还不够完善，不同领域所应用的方法不尽相同，尤其是不同研究者所采用的不同研究性试验方法有很大差异，因此探讨适当的试验方法和诊断技术仍是电接触学科面临的重要课题。

第7章 考虑栅片烧蚀金属蒸气的电弧运动及栅片切割数学模型研究

低压断路器是配电系统中重要的电气设备之一，它的主要作用是在电路发生过载、短路等故障时自动切断电源，以保护电器设备和人身安全。在断路器开断时，通常在分离的触头之间会产生上万度的电弧等离子体[212-219]。低压断路器内电弧运动发展过程的控制，对于系统保护及断路器寿命非常重要。目前常用的低压断路器主要采用的都是金属栅片式空气断路器[220-224]，它的工作原理是：断路器通过磁场调控等手段，控制电弧进入金属栅片区域，然后由金属栅片将电弧切割成多段较短的电弧，一方面可以使金属栅片上产生很多对近极压降可以快速提高电弧电压；另一方面还可以利用栅片冷却电弧，从而更有利于电弧的熄灭，完成故障电流的开断[225]。

因此，在低压断路器开断过程中，电弧在灭弧室内的动态特性是灭弧室设计中的关键，其中栅片切割电弧的过程则是其中最为重要的部分之一。在上述过程中，当电弧在栅片上停滞时间较长时，栅片表面在电弧作用下可能会形成烧蚀产生金属蒸气，而且金属蒸气会向弧柱区进一步扩散，从而对灭弧室内的电弧动态特性产生影响。尤其是对于大容量的栅片式低压空气断路器来说，栅片数量更多，栅片烧蚀产生的金属蒸气的影响将更为重要[5,7,226]。

在低压空气断路器，尤其是栅片数量更多的中压空气断路器中，相比触头电极和跑弧道，金属栅片占据了灭弧室的大部分空间，而且与电弧的相互作用时间更长。也就是说，当烧蚀作用较为强烈时，相比触头电极和跑弧道，来自栅片的金属蒸气对电弧的影响将更为重要。图 7-1 是一组低压断路器中的栅片在若干次实验之后被电弧强烈烧蚀后的照片，图中的 A 和 B 为烧蚀最严重的区域。由此可见，栅片烧蚀金属蒸气对电弧切割过程影响的研究，对断路器开断的优化设计非常重要。

图 7-1 低压断路器中的栅片烧蚀

关于金属蒸气对电弧的影响，在相关领域一直以来都是一个难点。近年来，随着电弧数学模型的不断发展，这方面的研究也成了一个备受关注的热点。在国际上有很多学者进行了电极烧蚀金属蒸气对电弧行为的影响的相关研究。其中最具代表性的有，Gonzalez 和 Gleizes[227] 在大气压氩气自由燃弧模型的研究中考虑了金属蒸发的影响，Murphy 等人[228] 讨论了金属蒸气在焊接电弧中的作用，Zhang 等人[229] 研究了 SF_6 断路器喷口中铜电极烧蚀金属蒸气对电弧行为的影响。Rong 等人[230] 也进行了铜蒸气对空气断路器中触头打开过程影响的相关研究。

然而空气断路器中，电弧发展最为复杂的阶段是金属栅片切割电弧，原因有三：①栅片的几何结构非常复杂给建模带来了很大困难；②金属栅片绝大多数是由非线性的铁磁材料制作，在分析中必须考虑铁磁材料的非线性磁场求解问题；③需要考虑金属栅片与电弧等离子体复杂的相互作用，如金属蒸气的影响等。在以往的文献中[231-233]，这方面研究较少。尽管已经有一些文献研究了栅片切割的过程[234]，但是在其中考虑金属蒸气影响的研究，国内外还很少见到相关报道。

因此，为了研究金属蒸气在栅片切割电弧过程中的影响机理，为空气断路器中栅片切割过程提供更为准确的描述，本章采用磁流体动力学（MHD）理论建立了三维的空气电弧运动及栅片切割数学模型。由于灭弧室内的电弧现象有着极其复杂的物理和化学过程，为了合理简化数学模型，国内外学者都作出了一些合理的假设，本章参考了以往的研究工作，在模型中采用了如下一些基本假设：

1）电弧等离子体处于局部热力学平衡状态（LTE）[235-237]。

2）等离子体流动符合流体的层流模型[238-240]。这是因为，流体力学理论中将流动分为层流和湍流，按照其雷诺数判据，一般流体雷诺数大于 10^5 时认为流动为湍流，根据文献中的估算方法，本书模型中电弧区域的雷诺数范围为 $10^2 \sim 10^4$，因此可以认为灭弧室中的流动为层流[241]。

3）由于电弧弧根运动速度很快[242-244]，本书在研究电弧烧蚀金属的过程中不考虑烧蚀引起的金属表面几何形状的变化[229,245]。

7.1 电弧仿真数学模型和边界条件

在低压断路器开断中，灭弧室内的电弧等离子体在热场、电磁场、气流场等综合作用下发生着强烈的质量、动量和能量的输运过程，这一复杂过程可以用磁流体动力学（MHD）模型进行数学描述[241]。但在弧柱与金属电极和金属栅片表面交界处还存在特殊之处，在金属表面很薄的区域存在等离子体鞘层，这对于电弧切割过程中新弧根的形成以及电弧电压都有着重要的影响。如果不考虑鞘层的作用，在新弧根形成之前，弧柱的弯曲和挤压在模型仿真中就不能得以体现，而且这是电弧栅片切割过程中非常重要的现象[234]。因此，本章在建模过程中考虑了鞘层区域的作用，将整个计算域分为了电弧弧柱区、鞘层区和固体金属区等计算区域。

7.1.1 几何模型的建立和求解区域划分

为了减少研究模型的计算规模，本章针对低压空气断路器灭弧室进行了简化，其中仅包含一个铁栅片，但对于模型的讨论并不失一般性。模型灭弧室几何结构如图 7-2 所示。同时，根据各种场量的对称性，采用 1/2 对称模型。除了外围用于求解磁场的扩展区域，图中的计算区域在 x、y、z 方向分别是 120mm、24.2mm、7mm，模型的原点在对称面上（$z=0$ 的 x-y 平面）。两电极之间的距离是 17mm，栅片厚度为 2mm，每个金属区域均被 0.1mm 的鞘层区域所包围。整个灭弧室由绝缘器壁和电极所封闭，只有两个出气口与外面的大气环境相连通。

图 7-3 是该几何结构中对称面的示意图。整个模型被分成了如下几个计算区域：电弧弧柱区，固体金属区（包括电极和栅片），以及包围在金属表面的阳极和阴极鞘层区。另外还有图中没有画出的用于求解磁场的扩展区域。

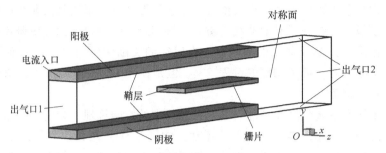

图 7-2 仿真中的模型灭弧室示意图

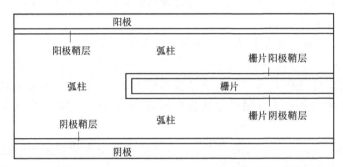

图 7-3 对称面（$z=0$）上的计算区域分布示意图

1. 弧柱和鞘层区域

在计算区域中，电弧模型基于磁流体动力学理论（MHD）建立[246,247]。在数学模型中通过建立统一的质量、动量、能量守恒方程以及电磁场方程组，利用多场耦合求解的方法来描述电弧等离子体的状态。另外为了获得栅片烧蚀后铁蒸气的分布情况以及铁蒸气对电弧等离子体的影响，计算中还加入了金属蒸气质量浓度方程的耦合求解。具体方程如下所示：

（1）质量守恒方程

$$\frac{\partial \rho}{\partial t} + \nabla \cdot (\rho \boldsymbol{V}) = S_{\mathrm{m}} \tag{7-1}$$

$$S_{\mathrm{m}} = \begin{cases} \dot{m}\left(\Delta S / \Delta V\right) &, \quad 鞘层区域 \\ 0 &, \quad 弧柱区域 \end{cases} \tag{7-2}$$

$$\dot{m} = q_{\mathrm{vap}} / h_{\mathrm{v}} \tag{7-3}$$

$$q_{\mathrm{rad}} = 4\pi \varepsilon_{\mathrm{N}} \tag{7-4}$$

（2）动量守恒方程

$$\frac{\partial (\rho v_i)}{\partial t} + \nabla \cdot (\rho v_i \boldsymbol{V}) = \nabla \cdot (\eta \nabla v_i) - \frac{\partial p}{\partial x_i} + (\boldsymbol{J} \times \boldsymbol{B})_i \tag{7-5}$$

（3）能量守恒方程

$$\frac{\partial (\rho H)}{\partial t} + \nabla \cdot (\rho H \boldsymbol{V}) = \nabla \cdot \left(\frac{\lambda}{c_{\mathrm{p}}} \nabla H\right) + \sigma E^2 - q_{\mathrm{rad}} + q_{\eta} + S_{\mathrm{m}} h_{\mathrm{t}} \tag{7-6}$$

$$h_{\mathrm{t}} = h_{\mathrm{vg}} + |j_{\mathrm{e}}| \frac{V_{\mathrm{c}}}{\dot{m}} \tag{7-7}$$

在质量守恒方程中，$S_m(\mathrm{kgm^{-3}s^{-1}})$ 为鞘层区域的质量源项，其计算方法是首先通过金属表面用于烧蚀的能量通量 $q_{\mathrm{vap}}(\mathrm{Wm^{-2}})$ 和融化蒸发潜热的总和 $h_v(\mathrm{J/kg})$ 求得金属表面的烧蚀率 $\dot{m}(\mathrm{kgm^{-2}s^{-1}})$，进而得到其鞘层区内的质量源项。$\Delta V(\mathrm{m^3})$ 是烧蚀表面相邻的网格体积，$\Delta S(\mathrm{m^2})$ 是该单元在金属表面上的面积。能量守恒方程中的辐射能量源项 q_{rad} $(\mathrm{Wm^{-3}})$，则是通过净辐射系数方法获得[248]。另外在计算金属蒸发进入等离子体区域的能量时，引入了等效总焓 $h_t(\mathrm{J/kg})$ 的概念，其中除了进入电弧区域金属蒸气的能量外，还包括了阴极电子对电弧区域的能量输入。其中，$h_{\mathrm{vg}}(\mathrm{J/kg})$ 是铁蒸气在沸点的蒸发焓，j_e $(\mathrm{Am^{-2}})$ 是电子电流密度，$V_c(\mathrm{V})$ 是阴极的鞘层压降。若是阳极表面则将 V_c 设为零。

（4）磁场方程

在磁场的计算中采用了磁矢位的计算方法，在全部求解区域内进行电磁场的求解。

$$\boldsymbol{B} = \nabla \times \boldsymbol{A} \tag{7-8}$$

$$\boldsymbol{E} = -\nabla \Phi \tag{7-9}$$

$$\nabla \cdot (\nabla \boldsymbol{A}) = -\mu \boldsymbol{J} \tag{7-10}$$

$$\nabla \cdot (\sigma \nabla \Phi) = 0 \tag{7-11}$$

$$\boldsymbol{J} = \sigma \boldsymbol{E} \tag{7-12}$$

$$\boldsymbol{B} = \mu \boldsymbol{H} \tag{7-13}$$

其中，在弧柱和鞘层区域使用非线性的电导率参数 σ，关于 σ 在后文中将作详细介绍。铁磁物质区域的磁导率 μ 则使用电工纯铁的 $\boldsymbol{B}$-$\boldsymbol{H}$ 曲线，用于考虑非线性铁磁物质对磁场所产生的影响。

（5）质量浓度方程

相对于传统的 MHD 模型，为了描述金属蒸气在混合物中的对流与扩散效应，在模型中引入了金属蒸气的质量浓度方程：

$$\frac{\partial(\rho c_m)}{\partial t} + \nabla \cdot (\rho c_m \boldsymbol{v}) - \nabla \cdot (\Gamma_c \nabla c_m) = 0 \tag{7-14}$$

$$\Gamma_{c_m} = \rho D_1 \tag{7-15}$$

式中，c_m 为金属蒸气的质量浓度，其范围在 0~1 之间（无量纲）；Γ_{c_m} 为蒸气的扩散系数 $(\mathrm{kgm^{-1}s^{-1}})$；$D_1$ 为金属蒸气的层流扩散率 $(\mathrm{m^2s^{-1}})$。

2. 固体电极和栅片区域

模型在电极和栅片区域也建立了能量守恒方程。与电弧相比，电极与栅片的电导率非常高，由金属电阻产生的焦耳热可以忽略不计，因此有

$$\frac{\partial}{\partial t}(\rho_m c_p T_m) - \nabla \cdot (k_m \nabla T_m) = 0 \tag{7-16}$$

7.1.2 空气与铁蒸气混合物热力学参数和输运参数

本章采用文献［249］中的方法，假定等离子体处于 LTE 状态，首先通过最小吉布斯自由能定理获得其平衡态的化学组分，在此基础上可以直接求得热力学参数，如密度、比热等。之后利用 Chapman-Enskog 方法求解玻尔兹曼方程，则可以得到混合气体的输运参数，如电导率、热导率等[250-258]。

不同质量浓度下一个大气压的空气-铁蒸气混合气体电弧等离子体的密度、热导率、电导率随温度的变化曲线分别如图 7-4、图 7-5 和图 7-6 所示。

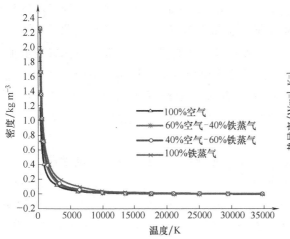

图 7-4　不同质量浓度下一个大气压的空气-铁蒸气混合气体密度随温度变化的曲线

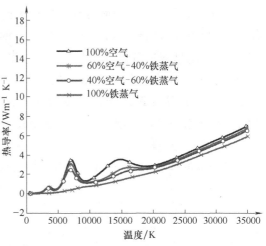

图 7-5　不同质量浓度下一个大气压的空气-铁蒸气混合气体热导率随温度变化的曲线

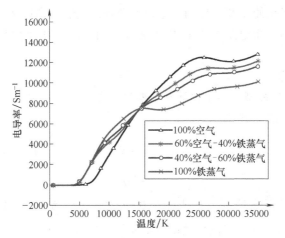

图 7-6　不同质量浓度下一个大气压的空气-铁蒸气混合气体电导率随温度变化的曲线

7.1.3　鞘层数学模型

在金属表面与符合 LTE 假设的电弧弧柱之间，存在一个非平衡态（non-LTE）区域，通常称为等离子体鞘层区域。鞘层的存在，对切割过程中新弧根的形成和电弧电压都有着非常重要的影响。鞘层区域又分为阴极鞘层区和阳极鞘层区，其中包含着极其复杂的物理过程，有很多学者对其进行了大量的研究工作[259-261]。在仿真模型方面的目标是建立满足实际灭弧室设计需要的三维空气电弧仿真建模，因此为了数学模型的简化，模型中没有包含 non-LTE 计算模型，而是在鞘层的数学模型中，用较为宏观的方法考虑了其非平衡效应所产生的影响。

1. 阴极鞘层区

电弧在灭弧室内运动和切割时，在弧根运动前方与弧根接近的金属表面温度总是低于金属沸点，所以如果按照 LTE 的假设，金属表面附近的空气电导率很低，会使得弧根难以在金属电极上向前移动，或者在栅片上形成新的弧根。然而事实上，非平衡效应可以使鞘层区域具有较高的电导率[261]。因此根据鞘层区域具有的特殊导电特性，本章引入了一个电导率有效值的概念，来描述这种非平衡效应。

$$\sigma_{eff} = J \frac{\Delta y}{U_s} \tag{7-17}$$

式中，Δy 是阴极的鞘层厚度，取自实验观测中所得到的最大鞘层厚度，$\Delta y = 0.1mm$[229,261]；J 是电流密度；U_s 是阴极的鞘层压降。对于非热阴极材料铁来说，非常准确地获得阴极鞘层压降是非常困难的。尤其是对于有烧蚀产生大量金属蒸气的情况就更为困难。所以根据一些文献中对于非热阴极的测量和计算结果[262]，本章选择了当电流密度超过 10^8 时，将阴极鞘层压降的取值定为 14.5V。另外在一些文献的研究中表明，断路器中的开关电弧在弧根形成中电流密度较小时，阴极鞘层压降会更高[234]，因此在低电流密度的情况下，基于一些空气电弧的研究和已有的热阴极的研究结果，选择在电流密度低于 $10^4 Am^{-2}$ 时阴极压降的最大值为 22.6V[263]。

2. 阳极鞘层区

文献［261］中的研究表明，阳极鞘层区的导电性，是由于带电粒子的双极性扩散穿过鞘层造成的，对于鞘层区需要通过模拟微观粒子的变化状态来描述其非平衡态效应，然而将这种方法应用于三维电弧模型计算中，会导致计算量太大的问题。文献［264］通过提出一种 LTE-diffusion 模型，让阳极鞘层区域的厚度为 0.1mm，使其大于由电子扩散主导的区域，并假定它的电导率有效值等于与其相邻的弧柱区的电导率。并将这种模型的计算结果，与考虑非平衡态区域电子密度等微观参数影响的 Full-diffusion 模型的计算结果进行对比，结果非常接近，证明其模型的合理性。因此可以用简化的 LTE-diffusion 模型描述阳极鞘层，从而大大减小计算时间。本章即采用了 LTE-diffusion 模型的方法描述阳极鞘层。

7.1.4 边界条件

本章的灭弧室中电弧数学模型包括了流场、电磁场和浓度方程的耦合求解，对于其中每个场的求解，必须有正确的边界条件进行约束才能保证方程组求解的收敛性与准确性。下面针对所建立的模型，对各个方程变量的边界条件进行介绍。

1. 流场边界条件

简化灭弧室内的流场边界条件包括温度、速度、压力等边界条件[265-268]。

（1）温度边界条件

对于图 7-2 所示的简化灭弧室，要求解其流场中的温度分布，必须给定几何模型边界处的热边界条件。在本章的模型当中，温度边界主要针对固体金属以及绝缘器壁表面。

1）金属表面。

在电弧切割过程中，铁栅片受到来自弧柱强烈的能量注入，当其表面温度达到熔点时，铁栅片在弧根附近区域将开始产生融化和蒸发。对于铁材料而言，其融化潜热为 274J/g，远远低于其蒸发潜热（6365J/g），这在一些文献中被称为蒸发主导模式（evaporation dominated

175

mode)[229]。在这种模式中，金属表面的液体层非常薄，熔融材料会迅速达到沸点蒸发，在计算中可以将其忽略，这样对于金属烧蚀率的计算可以大大简化。同时，由于瞬态过程中在同一位置的烧蚀时间很短，在计算中不考虑由于烧蚀而产生的栅片几何形状改变。本章通过在金属表面引入能量平衡方程，给出表面的热通量边界，并通过平衡方程求得金属的烧蚀率。

① 阴极表面处理方法。

电弧与阴极的相互作用，有着极其复杂的物理化学过程。本章主要从能量守恒的角度出发并基于 LTE 假设，在阴极金属表面给出了电弧与金属相互作用的能量平衡方程。在金属表面，阴极斑点吸收的能量，分别为来自电弧的传导热通量 $q_{con\ arc}$、辐射 $q_{rad\ arc}$ 和离子轰击产生的热量 q_{ion}。而流出的能量，则分别是通过传导进入电极的热通量 $q_{con\ c}$、表面辐射 $q_{rad\ c}$、阴极电子发射能量 q_e 以及当温度达到熔点后阴极材料的蒸发能量 q_{vap}。因此根据能量守恒原理，各部分能量符合如下的平衡方程：

$$q_{vap}+q_e+q_{con\ c}+q_{rad\ c}=q_{con\ arc}+q_{ion}+q_{rad\ arc} \tag{7-18}$$

式中，各项的表达式分别为

$$q_{con\ arc}=-\lambda_a\frac{\partial T}{\partial y} \tag{7-19}$$

$$q_{con\ c}=-\lambda_c\frac{\partial T}{\partial y} \tag{7-20}$$

$$q_{ion}=j_i\left(V_c+V_i-\Phi_c+\frac{5k_B}{2e}T_c\right) \tag{7-21}$$

$$q_e=|j_e|\Phi_c \tag{7-22}$$

$$q_{vap}=h_v\dot{m} \tag{7-23}$$

式（7-19）~式（7-23）中的变量含义如下：

λ_a 是电弧临近阴极表面的热导率；λ_c 是阴极热导率；j_i 是离子电流；V_c 是阴极鞘层压降[103]；Φ_c 是阴极材料功函数；V_i 是等离子体电离能，$V_i=7.9V$[163]；k_B 是玻尔兹曼常数；e 是电子电荷量；T_c 是阴极斑点的温度；j_e 是电子电流密度；h_v 是融化和蒸发潜热的总和。

其中阴极斑点总电流密度为离子电流密度和电子电流密度的总和，即 $|J|=j_i+j_e$。因此在计算中还需要给出 j_i 和 j_e 之间的相对关系，本章采用了文献［229］和［262］中给出的一个近似值 $j_e/|J|=0.78$。

另外在能量平衡方程中，由于阴极斑点的温度较低，电极表面的辐射能量可以忽略不计。由于电弧辐射导致的电极加热和其他能量相比很小，也可以忽略[261]。在阴极表面达到金属熔点温度后，温度将不再升高，额外的入射能量即 q_{vap} 将用于阴极材料的融化蒸发。通过式（7-23）可以求得金属表面的烧蚀率，并据此可得到金属蒸气浓度方程在阴极表面的边界条件，后文会有详细描述。在阴极斑点之外的区域，金属与气体的能量交换则只有热传导一项。

② 阳极表面效应。

与阴极的情况相似，在阳极表面也建立了能量平衡方程，并通过其求出金属的烧蚀率：

$$q_{con\ arc}+q_{rad\ arc}+q_{ie}=q_{con\ a}+q_{rad\ a}+q_{vap} \tag{7-24}$$

式中，各项的表达式分别为

$$q_{\text{con arc}} = -\lambda_a \frac{\partial T}{\partial y} \tag{7-25}$$

$$q_{\text{con c}} = -\lambda_c \frac{\partial T}{\partial y} \tag{7-26}$$

$$q_{\text{ie}} = |j_n| \left[\frac{\Phi_a}{e} + V_a + \frac{5k_B}{2e}(T_g - T_a) \right] \tag{7-27}$$

$$q_{\text{vap}} = h_v \dot{m} \tag{7-28}$$

式（7-24）~式（7-28）中的变量含义如下：

$q_{\text{con a}}$ 是通过阳极电极的热传导；q_{vap} 是阳极材料蒸发的能量损失；q_{ie} 是阳极捕获电子的能量；j_n 是垂直于阳极表面的电流密度分量；T_a 是阳极表面温度；T_g 是紧挨着阳极斑点的流体温度；V_a 是阳极压降，$V_a = 2.1\text{V}^{[261,262]}$；$\Phi_a$ 是阳极材料的功函数 4.5eV。

辐射项 $q_{\text{rad arc}}$ 和 $q_{\text{rad a}}$ 与阴极表面情况类似，相比其他能量通量很小，可以忽略。相同的，当金属表面温度超过熔点时，通过式（7-28）可以求得金属表面的烧蚀率，进一步可以确定金属蒸气浓度方程的阳极表面边界条件。

2）绝缘器壁表面

由于绝缘器壁外为大气环境，器壁包围的腔体内是炙热的电弧等离子体。由于内外存在着较大的温度差，一部分能量将通过塑料器壁以热传导的形式向外散发。由于器壁材料为塑料，器壁厚度较小且热导率较小，能量在器壁的法向传导比切向传导显著得多。因此，腔体器壁内表面处的热通量可以近似通过一维热传导公式给出[230]：

$$Q = -k(T - T_0)/d \tag{7-29}$$

式中，k 为器壁材料的热导率；T 为器壁表面温度；d 为器壁厚度。

（2）速度边界条件

器壁速度边界条件，采用文献中常用的无滑移边界条件[230,245]。

（3）压力边界条件

模型灭弧室通过两个出气口与外界相连通，在计算中将出气口设为压力出口边界条件，绝对压力设为一个大气压。

2. 电磁场边界条件

在以往的电弧仿真中，在电场求解中电弧与电极交界面的电场边界，往往按照 Neumann 边界条件即电流密度来定义。然而，由于燃弧过程中金属表面电流密度的分布很难测定，所以研究人员往往假定其为平均电流密度分布，或者为从弧根中心向外下降的指数分布。但即使是假定的方法，也主要应用于稳态电弧的计算。对于弧根快速移动的电弧暂态过程，导电面积和电流密度的假定更为困难，因此这种电场边界的设置方法无法适用。由于本章建立了阴极和阳极鞘层的导电模型，使电场方程的求解区域包含了电极、鞘层和燃弧区域，电场的边界条件只需施加在电极的电流输入和输出端即可。在建模时，电流输入输出端距离电弧区域较远，在低频电源的情况下，忽略其趋肤效应等，认为电流输入端为平均电流密度分布，电流输出端则为零电位边界条件。对于绝缘器壁的边界条件，按照通常的方法设置其电位法向梯度为零。

$$j = I/S \tag{7-30}$$

式中，I 为总电流；S 为电流进线端横截面积。

由于本章采用了磁矢位方法求解灭弧室内的磁场。因此，磁场的边界条件也由磁矢位来表示。本章采用了 1/2 对称模型，在对称面上有

$$n \times A = 0 \tag{7-31}$$

$$\upsilon \, \nabla \cdot A = 0 \tag{7-32}$$

对于远离灭弧室的边界单元，则有

$$\upsilon \, \nabla \times A \times n = 0 \tag{7-33}$$

$$n \cdot A = 0 \tag{7-34}$$

式中，υ 为媒质的磁阻率。

7.2 电弧模型求解平台的建立

空气电弧的三维 MHD 数学模型，是一组多场耦合且具有复杂边界的非线性偏微分方程组。对于计算量大的三维模型，需要进行大规模并行数值求解。虽然随着数值计算学科的不断发展，涌现出了一些优秀的数值计算商业软件。然而迄今为止，还没有一个软件环境能够解决流场、热场与非线性电磁场全部耦合的大规模并行计算问题。因此，本章采用了通过并行耦合接口软件 MPCCI，将计算流体动力学软件 Fluent 和大型通用计算软件 Ansys 的电磁场分析模块进行耦合计算，求解所建立的三维 MHD 电弧模型。其中，Fluent 软件是基于有限容积法的计算流体动力学软件，这是流动和传热问题计算中发展最成熟、应用最广泛的软件之一。软件包含流动和传热学中各种优化的物理模型，并且具有非常好的并行计算加速比，非常适合大型计算。而同样适合大规模并行计算的 Ansys 软件，则可以很好地处理非线性的电磁场问题。本章通过接口软件 MPCCI，将两种大型商业软件各取所长，并且通过它们的开放接口对三种软件进行了大量的二次开发工作，使其能够完成模型灭弧室内考虑栅片烧蚀金属蒸气的电弧运动及栅片切割问题数学模型的研究，以及中压空气直流电弧的计算模拟。

7.3 栅片切割过程的仿真研究

本章的仿真通过 MPCCI 软件将 Fluent 与 Ansys 软件耦合计算。计算中没有包含电弧的起弧过程，而是把两电极之间的稳态电弧分布作为计算的初始状态。计算的电弧电流值，使用的是实验测得的电流值。

7.3.1 考虑铁栅片烧蚀的电弧切割过程的电弧特性计算结果

如图 7-7 为考虑栅片烧蚀金属蒸气时，切割过程中灭弧室对称面上电弧等离子体的温度分布仿真结果。图 7-8 为对应时刻的铁蒸气质量浓度分布图。

可以看出，从 $t \approx 0.1 \sim 0.5\text{ms}$，电弧开始膨胀，并且在洛伦兹力和流场的作用下开始沿着电极运动。由于电流的不断增加和铁磁栅片的吸引作用，使得气流速度也不断地增大，在朝着铁栅片的方向电弧被不断地拉长。

由于本章在电弧的阴极和阳极采用了不同的数学模型。在 $t = 0.586\text{ms}$ 时刻从图 7-7 中可以清楚地看到，阳极弧根比阴极弧根走的更远。

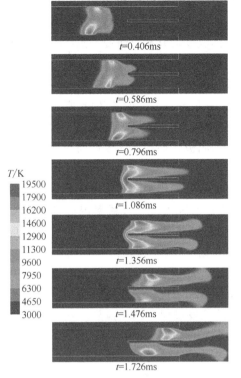

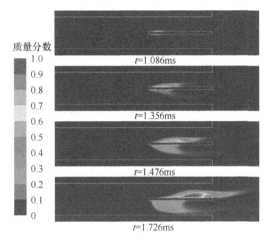

图 7-7　考虑栅片烧蚀金属蒸气时
灭弧室对称面（$z=0$）温度分布图

图 7-8　灭弧室对称面（$z=0$）铁蒸气
质量浓度分布图

图 7-9 是两个不同时刻模型灭弧室内的流场速度分布图。值得注意的是，在图 7-9a 中，

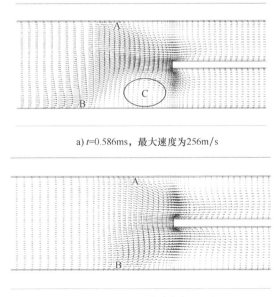

a) $t=0.586$ms，最大速度为 256m/s

b) $t=0.796$ms，最大速度为 284m/s

图 7-9　两个不同时刻模型灭弧室内的流场速度分布图

在阴极弧根之前出现了一个气流漩涡，其中 A 和 B 分别是此时的阴极和阳极弧根位置，C 是漩涡的位置。此时，气流的方向主要是朝向灭弧室的上方区域，从而导致了阴极前方的能量被高温气体随着流动的方向带走，阴极前方区域气体温度上升相对缓慢。意味着这一区域的电导率相对较低，直接导致了在这一阶段电弧的阴极弧根移动较为缓慢。

当 $t>0.7$ms 时，弧柱的前端接触到栅片，电弧弧柱继续拉长。在这一阶段，在弧根附近的气流速度不断增加，而且气流方向也逐渐变为以水平方向为主，如图 7-9b 所示。这使得两个弧根的前方区域加热更为容易，电导率可以快速升高，弧根运动速度加快。而弧柱由于受到栅片的阻挡作用，不能快速向前，所以前期落后的阴极弧根运动速度反而更快，在这一阶段其弧根位置赶上了阳极弧根。

随着弧根沿着电极表面运动，电弧弧柱在相对温度很低的栅片阻挡作用下，逐渐弯曲挤压并将其包围。在 $t=1.086$ms 时，等离子体高温区域分别进入到了灭弧室内被栅片分割的上下两个区域。随着弧柱能量不断地传递到铁栅片，如图 7-8 所示，铁栅片表面开始出现金属蒸气。然而在这一阶段，绝大部分电流的通道仍然在栅片外面，如图 7-10a 所示。

当 $t>1.2$ms 时，两个新的弧根在栅片表面开始形成。如图 7-10b 所示，此时栅片中的电流密度也在快速增加，最大电流密度为 1.1×10^8A/m^2，其中 D 为电流密度为 10^7A/m^2 的等值线。由图 7-8 又可以看出，在这一阶段，栅片表面的蒸发过程也越发强烈。在电弧产生的强烈对流作用下，铁蒸气主要集中于弧根附近区域并向其前方喷流。

从图 7-8 可知，阴极弧根区域产生金属蒸气比阳极弧根区域更为强烈。这是由于阴极弧根区域的电流密度，或者说能量密度更高所致。从图 7-6 中可以看出，温度在大约 15000K 以下时，铁蒸气的电导率远高于空气的电导率，所以金属蒸气的浓度分布会导致这一区域的气体电导率显著增加，从而导致栅片阴极侧的弧根（上面）在形成时，如图 7-10b 所示，其位置领先于下面的阳极侧弧根。

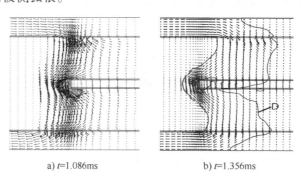

a) $t=1.086$ms   b) $t=1.356$ms

图 7-10 对称面上的电流密度分布图

随后，电弧弧柱被全部截断为两部分，分别被限制在栅片与电极中间的两个空隙中继续向前移动。在最后这一阶段，下面一段短弧的运动速度明显低于上面一段短弧。这是由于两侧弧根形成时的位置差异，导致栅片中产生的横向电流所致。因为从图 7-3 中的几何结构可知，当栅片阴极侧的弧根相比下面的阳极侧弧根在前面时，栅片中的电流方向为从右向左。因此，其产生的磁场在栅片下面为垂直纸面向外，其洛伦兹力方向与下面的短弧运动方向相反，会阻碍它向前运动。同样的，栅片电流产生的磁场，却可以加快上面短弧的运动速度。

7.3.2　不考虑栅片烧蚀的切割过程

为了研究栅片烧蚀金属蒸气对电弧切割过程的影响，对不考虑金属蒸气的情况也进行了仿真计算和结果对比。数学模型和边界条件与烧蚀模型基本相同，也引入了阴极阳极不同的鞘层数学模型和交界面处的能量平衡方程，而区别在于浓度方程不参与求解，因此模型中不包含金属蒸气的对流与扩散过程。计算结果如图 7-11 所示。两种模型的计算结果对比将在下一节中进行详细讨论。

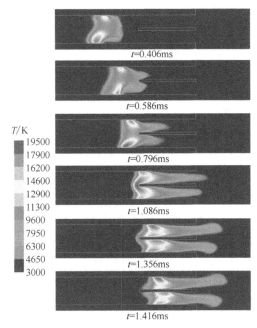

图 7-11　不考虑栅片烧蚀时灭弧室内对称面上的温度分布图

7.3.3　金属蒸气在切割过程中对电弧特性的影响

综合对比图 7-12 和图 7-13，可以得出栅片烧蚀过程中金属蒸气对弧根位移曲线的影响。

这两张图分别为考虑与不考虑金属蒸气时，弧根位置与时间的关系曲线，其中 $x = 0$mm 对应于电弧的起始位置。曲线 a1 和 c1 分别是考虑栅片烧蚀中两个电极的阳极和阴极的弧根位移，曲线 sa1 和 sc1 则分别是栅片上的阳极和阴极弧根位移。曲线 a2、c2、sa2 和 sc2 和上面的含义相同，但对应于忽略烧蚀的情况。在电弧运动初始阶段，弧根还没有到达栅片，所以曲线 sa1、sc1、sa2 和 sa2 均为零。由于在模型中忽略上下电极的烧蚀，因此在栅片切割过程之前，两种情况的弧根位移曲线

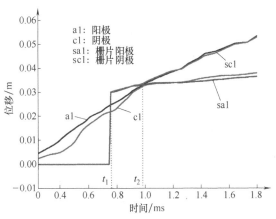

图 7-12　考虑栅片烧蚀时电极和栅片上的弧根位移曲线

是完全相同的。值得注意的是，在切割之前曲线中同一时刻的阳极弧根位移大于阴极弧根，这是由前面所提到的阳极和阴极鞘层数学描述不同所导致的。

图 7-12 中当 $t \approx t_1$ 时，弧柱开始与栅片接触，这时栅片里的电流密度开始增加，弧根的位置在 0.03m 附近的地方，而 $x = 0.03$m 正是在靠近起弧位置一侧的栅片边缘位置。当 $t > t_2$ 时在栅片上开始出现明显的新弧根。从图 7-12 中的曲线可以看出，弧根分别在阳极和栅片阴极上的短弧（栅片上面），运动速度更快，甚至最终超过栅片阳极侧短弧 10mm 以上。然而，在忽略栅片烧蚀时，却得到了相反的结果，如图 7-13 所示，下面的短弧运动更快，上面的短弧反而几乎原地不动。

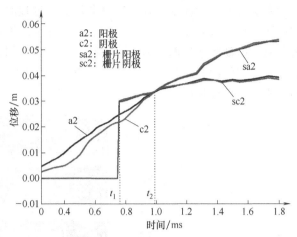

图 7-13　忽略栅片烧蚀时电极和栅片的弧根位移曲线

这个非常明显的区别，可以通过铁蒸气对栅片上形成弧根区域的电导率的影响来解释。忽略烧蚀时，由于阴极和阳极采用了不同的数学模型，与栅片上表面的阴极弧根相比，下表面的阳极弧根将更容易形成。因此，栅片阳极侧弧根在形成时，其位置将领先于阴极侧弧根。由于栅片两侧弧根位置不同，会使栅片中的横向电流为从左到右，则电流在栅片上方区域的磁场方向，在图 7-3 的对称面上为垂直于纸面向外，其产生的洛伦兹力会阻碍栅片阴极侧短弧的运动，而对栅片阳极侧短弧则产生加速运动的效果。然而，如果在模型中考虑了烧蚀，由于栅片阴极侧弧根形态更集中，电流密度更大，因此按照烧蚀模型的数学描述可知，其产生金属蒸气更剧烈，在流场的强烈对流作用下，如图 7-8 所示，使得弧根区域以及流场下游，即弧根运动前方区域的电导率显著升高。因此，栅片阴极侧弧根形成时，其位置反而会领先于下面的栅片阳极侧弧根。从而使栅片中的横向电流及其洛伦兹力方向相反，促使上面的短弧加速，而下面的短弧则运动受阻。正是这个原因，最终导致电弧弧根位移曲线的显著不同。

在图 7-14 中，对比了考虑（曲线 v1）与忽略（曲线 v2）烧蚀影响的电弧电压随时间变化的结果。在栅片切割电弧之前，两种情况电弧电压曲线重合，因为此时还没有产生金属蒸气。当 $t \approx$ 1.1ms 时，考虑烧蚀的电弧电压更低，这是因为金属蒸气会使得电弧等离子体在低于 15000K 的区域的电导率升高，而在等离子体的大部分区域正是在这个温度范围之内，从而使得电弧总电阻降低，电弧电压下降。

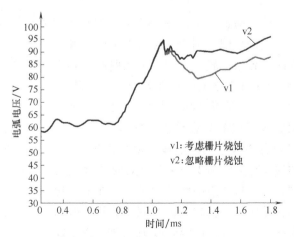

图 7-14　考虑与忽略栅片烧蚀的
电弧电压仿真曲线的对比

7.4 实验研究与对比分析

7.4.1 实验装置与实验条件

为了和仿真进行对比，本章进行了切割过程相关的实验研究。根据图 7-2 制作了与其相同的简化灭弧室。灭弧室包括两个电极跑弧道、一片铁栅片和绝缘器壁支架。为了通过高速摄影仪拍摄灭弧室内的电弧动态特性，其中绝缘器壁的一个侧面使用透明的有机玻璃制成。

图 7-15 为实验装置原理示意图，将试品即模型灭弧室接入如图所示的 LC 振荡电路。使用 Tektronix P6015 高压探头测量试品的电弧电压，通过霍尔传感器测量回路电流，测得的信号由 Tektronix TDS460A 示波器进行采集记录。同时，在实验中通过 Phantom V10 高速摄影仪拍摄电弧的动态特性，通过控制电路使高速摄影仪、示波器进行同步记录，拍摄速率为每秒 20000 张，图像深度为 8 位 256 色。

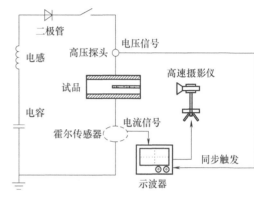

图 7-15 实验装置原理示意图

7.4.2 实验结果

1. 高速摄影

图 7-16 为高速摄影仪记录的电弧运动及切割过程影像。可以看出，在起始燃弧后，电弧开始向栅片方向运动。在下面跑弧道上的阴极弧根形态更为集中，并且比阳极弧根运动速度更慢。当到达栅片后，很明显可以看到，栅片上表面的阴极弧根走在了栅片下表面的阳极弧根前面。并且当电弧完全被分割为两段后，上面的一段短弧的运动速度明显快于下面的短弧。这一现象与考虑栅片烧蚀的仿真结果是一致的，从实验的角度证明了本章建立的数学模型的有效性。

2. 弧根曲线

图 7-17 对测量得到的弧根位移曲线与仿真结果进行了对比。在时间 $t<0.94$ms 之前，实验值与仿真结果都显示，阳极弧根运动位置在阴极弧根的前方。在栅片切割电弧之后，从图中很明显可以看出，四个弧根的实验与仿真结果的弧根位移曲线的变化趋势是一致的。特别是下面一段短弧的两个弧根吻合得很好。上面的短弧误差相对较大，但是总

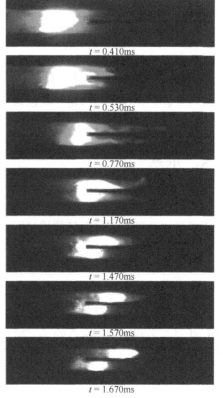

图 7-16 高速摄影仪记录的电弧运动及切割过程影像

体来说在仿真与实验中，上面短弧的弧根位移都是大于下面一段短弧的。

3. 电弧电压

图 7-18 将电弧电压的测量值与考虑栅片烧蚀的仿真结果进行了对比，可以看出二者的趋势非常相似。注意到在初始一段时间，计算的电弧电压值高于实验值，二者相差较大。这可能是由于在模型中没有考虑电极烧蚀造成的，如果考虑了电极烧蚀产生的金属蒸气，相应的会使含有金属蒸气区域的电导率提高，使电弧电压的计算值降低。当电弧切割过程开始后，计算值与实验值则更为接近。结合图 7-14 和图 7-18 也可以看出，考虑栅片烧蚀与忽略烧蚀的模型相比，与实验结果更为符合。

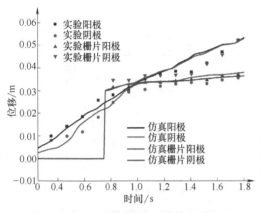

图 7-17 考虑烧蚀情况下的仿真结果与
实验测量的弧根位移曲线对比

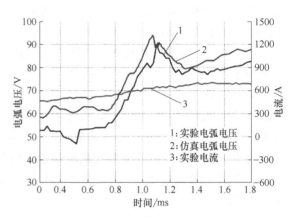

图 7-18 考虑烧蚀情况下的仿真结果与
实验测量的电弧电压曲线对比

从获得的结果来看，仿真与实验吻合较好，这也说明了使用本章所建立的仿真模型描述切割过程中的电弧等离子体行为特性是合适的。而且，对于栅片数量较多的中压空气断路器，与电极烧蚀相比，当栅片烧蚀成为主要影响因素时，应用本章所建立的模型对其进行分析更加合适。

7.5 小结

本章基于 MHD 理论，建立了考虑栅片烧蚀金属蒸气的电弧运动及切割的空气电弧三维数学模型。通过引入铁蒸气的质量浓度方程，描述灭弧室内铁蒸气的分布，考虑了由铁蒸气造成的混合气体的物性参数变化，对电弧动态过程产生的影响。通过建立弧柱区与金属表面之间的等离子体鞘层模型，以及金属表面的能量平衡方程，考虑了电弧运动中电极表面的非平衡态效应对弧根运动的影响，同时也考虑了非线性铁磁栅片对磁场的影响。搭建了高性能的仿真平台，通过仿真研究，揭示了金属蒸气对切割过程中电弧行为产生重要影响的内在机理，并加工了相应的模型灭弧室，进行电弧运动与切割过程的实验研究，与仿真结果进行了对比验证。

第8章 复合镀层接点的电接触

电连接器是实现电路连接、转换的机电元件，是一种可分离的电接触设备。它一次可以实现几十乃至几百条电路的连接和转换，而且可靠性高，易于操作和制造，已成为工业领域内相当重要的一类元件。电连接器在整机中的广泛应用，使得它的质量直接关系到整机产品的质量。电连接器接点接触特性的研究，已成为重要的课题。

电连接器的接点在使用过程中不但要承受服役环境中有害气体的腐蚀，还要承受插拔与振动导致的磨损，除此之外，还要考虑电流的热作用以及电弧的侵蚀。因此，接点材料的选取应主要从以下几个方面综合考虑：

1) 化学稳定性。电连接器的接点要求低而稳定的接触电阻，因而要求接点材料有较高的抗环境气氛腐蚀的能力。有害的环境气氛来自于大气中的 O_2、H_2S、SO_2 等，也可能来自接点封装材料中逸出的有机气体[269]。这些有害气体与触头材料发生腐蚀反应，生成导电性很差的污染膜，因此目前多采用惰性的贵金属材料如金（Au）、铂（Pt）、铑（Rh）及其合金作表面材料。

2) 抗机械磨损能力。电连接器的一个特点是在使用中有插拔过程。另外，环境的振动也会造成接点表面的磨损，因而要求接点材料有较高的抗磨损能力。现已查明，接点表面的机械磨损是导致接点性能劣化的一个主要原因，提高接点的耐磨性能是延长连接器使用寿命的重要方向。目前多采用复合镀层提高接点的耐磨性。

3) 抗电弧侵蚀能力。电连接器不执行分断电流的任务，而磨损和有害气氛的腐蚀作用又非常严重，因此过去人们将注意力一直集中在抗机械磨损和提高化学稳定性方面。通过研究，人们已认识到振动环境下电弧侵蚀对电连接器接点电接触特性的危害。全面深入分析电弧对接点的侵蚀过程，研究复合镀层材料在电弧侵蚀中的响应及其物理化学性质的变化，可为提高接点的电接触特性、延长使用寿命提供理论依据。一般认为，复合镀层以三层组合最为适宜，低于三层达不到提高接触特性的要求，而多于三层不但成本增加，还可能会有其他一些不利影响。目前最常采用的复合镀层有 Cu/Ag/Au、Cu/Pd/Au 和 Cu/Ni/Au 等，在镀层中添加一些添加剂也能起到很好的作用，另外一些新的强化工艺如离子注入技术等也被采用。

8.1 静态接触的复合镀层接点的电接触

文献［270］研究了在静态插合状态下接点只承受电流负载时接触电阻的变化。负载为 15V/3A，试验时间为连续 24h。每个电连接器都是 7 对接点有负载，另 7 对接点无负载，结果是 7 组值的平均，图 8-1 给出了接触电阻的测量结果。图 8-1a 为 Cu/Ag—Cu/Ag 对称配对，图 8-1b 为 Cu/Ag/Au—Cu/Ag/Au 对称配对，图 8-1c 为 Cu/Ag—Cu/Ag/Au 非对称配对。实线为带电流负载，虚线为不带电流负载。由图中可以看出，只有图 8-1a 两组对比曲线有略微明显的差异，通电一组的接触电阻最大增加 0.2mΩ，未通电一组接触电阻最大增加 0.08mΩ。图 8-1b 和 8-1c 中的两组对比曲线没有明显差别。

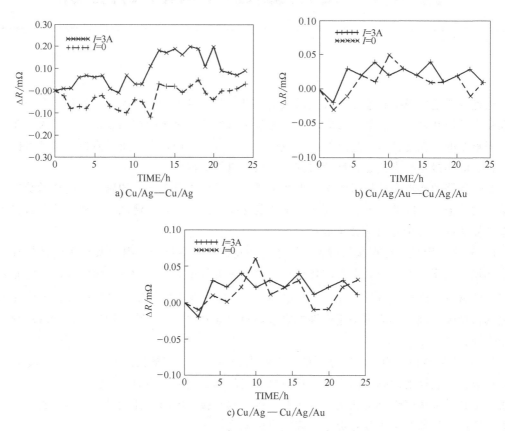

a) Cu/Ag—Cu/Ag b) Cu/Ag/Au—Cu/Ag/Au

c) Cu/Ag—Cu/Ag/Au

图 8-1　静态插合状态下接触电阻的变化

图 8-2 是三种不同配对的接点材料在电流负载情况下接触电阻随时间的变化关系曲线。直观的感觉是 Cu/Ag—Cu/Ag 配对的接点材料接触电阻较另两种变化大，Cu/Ag/Au—Cu/Ag/Au 和 Cu/Ag—Cu/Ag/Au 二者接触电阻的变化趋势几乎一样。接触电阻的最大增量是 0.2mΩ，约为其阻值的 5%。

在静态插合条件下，可以认为不存在机械磨损和电弧侵蚀，接点只承受电流焦耳热的热效应作用。按计算触头最高温升的 ψ-θ 理论[225]，此时复合镀层接点的最高温升不超过 10℃，因此不论是触头材料的热应力松弛，还是材料热物理参数的改变都是很小的。如此小的温升对于表面污染膜的生成也没有明显的促进作用。试验结束

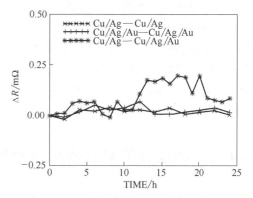

图 8-2　静态插合条件下三种材料接触
电阻的比较（15V/3A）

后及时将 Cu/Ag 接点取下作 AES 分析,如图 8-3 的结果表明,触头表面为 Ag,未发现 O、N、S 等元素,说明触头表面几乎没有污染膜的生成。

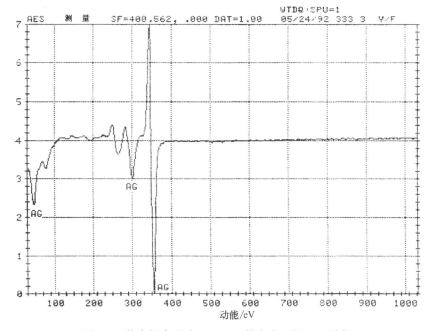

图 8-3 静态插合试验后 Cu/Ag 接点表面的 AES 分析

以上分析说明,不存在电弧侵蚀和机械磨损时,三种配对的复合镀层接点都有相当优越的接触性能。

8.2 振动环境下复合镀层接点的电接触

8.2.1 不同振动方向的比较

振动环境中可能有两个以上的分振动,但按矢量合成法则得到的合成振动应有其确定的方向。为研究电连接器的安装方向与振动方向的关系,制作了如图 8-4a 所示的夹具,可以按三个方向安装电连接器,图 8-4b 是接点的接触面、插合方向和振动方向三者的关系。为方便起见,特将三个电连接器分别称为 1#、2#和 3#。

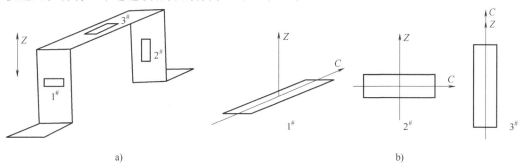

a)   b)

图 8-4 电连接器安装方向与振动方向的关系（Z 为振动方向,C 为插合方向）

图 8-5 是 Cu/Ag—Cu/Ag 对称配对的接点按三个方向安装时接触电阻的变化，负载为 15V/1A。图 8-5a 是有负载时的结果，图 8-5b 是无负载时的结果。由图中可以看出，不论是有负载还是无负载，3#连接器接触电阻的变化显然最多，2#连接器接触电阻变化最小。这说明 3#连接器所受的机械磨损和电弧侵蚀最严重，而 2#连接器最轻微。

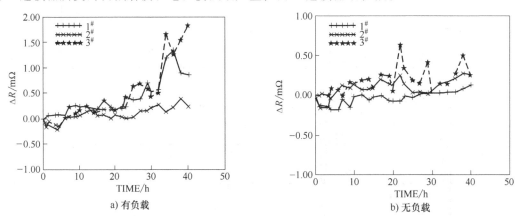

a) 有负载   b) 无负载

图 8-5　Cu/Ag—Cu/Ag 接点不同安装方向下的电接触性能（15V/1A）

图 8-6 分别表示 1#、2#、3#电连接器有无负载时接触电阻的变化比较。一个共同的特点是有负载接点的接触电阻较之未带负载的升高得多，这显然与负载的作用有关。

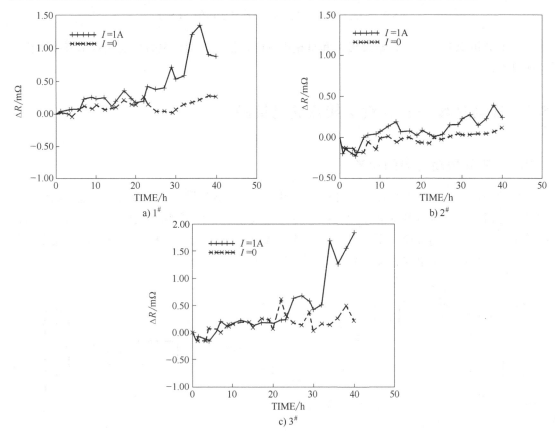

a) 1#   b) 2#

c) 3#

图 8-6　不同安装方向下有无负载的比较

由以上测试结果可以得出如下结论：电连接器的安装方向不同，机械磨损和电弧侵蚀的结果不同。3#电连接器最易受到磨损和电弧侵蚀的破坏，而2#连接器由于其特殊的安装方式，在相同条件下受到的破坏最小，接触电阻最稳定。这个结果同文献［271］的结果是相同的。该文献研究了 H₂S 气体和振动复合应力作用下接触电阻的变化，测试结果同本文一致。但该文对此结果的解释是相当简单的。

下面对三个连接器接点进行微观分析。1#电连接器接点镀层表面有较多的麻点，EDX分析表明，麻点的成分以 Ag 为主，并伴有少量的 Cu，如图 8-7 所示。这说明麻点是材料的粘接转移造成的。3#电连接器接点表面除了如图 8-7a 的麻点外，还有沿插合方向的划痕以及镀层的整片脱落，脱落片的尺寸大小不一，最大的有 15μm×5μm 左右，如图 8-8 所示。这表明 3#电连接器的接点在振动过程中发生了沿插合方向的微小滑动，在接点表面留下了较深的划痕和粘着转移。另外触头之间有拍压、挤打过程，使得位错堆积区的位错露头，形成折线型的裂纹，最终造成整片材料的剥落。

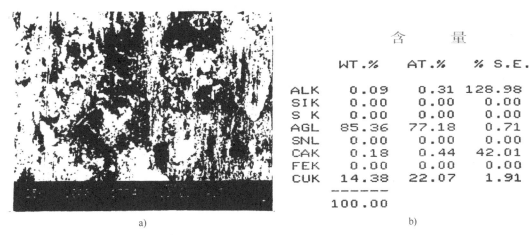

含　　量		
WT.%	AT.%	% S.E.
ALK　0.09	0.31	128.98
SIK　0.00	0.00	0.00
S K　0.00	0.00	0.00
AGL　85.36	77.18	0.71
SNL　0.00	0.00	0.00
CAK　0.18	0.44	42.01
FEK　0.00	0.00	0.00
CUK　14.38	22.07	1.91

100.00		

a)　　　　　　　　　　　　　b)

图 8-7　1#电连接器的表面形貌和成分（纵向为插合方向）

在 2#电连接器的接点表面出现了网格状的划痕，如图 8-9 所示。沿插合方向的划痕长几十 μm，沿振动方向的划痕长约 20μm，二者垂直交叉。没有出现明显的麻点和镀层的整片剥落，镀层表面仍以 Ag 为主，基底暴露不多，如图 8-10 所示。

图 8-8　3#电连接器的片状脱落和划痕　　　图 8-9　2#电连接器接点的网格状划痕
（纵向为插合方向）　　　　　　　　　（纵向为插合方向，横向为振动方向）

由以上 SEM 分析可以认识到，1#电连接器接点除了有沿插合方向的微小位移外，还有垂直于接触面的拍挤。3#电连接器由于插合时留下一组平行于振动方向的划痕，这组划痕在振动过程中起了导向槽的作用，使得接点发生沿振动方向的微小移动。当然划痕不是光滑平坦的，还会对运动的接触面产生断续的阻力，由此造成垂直于接触面的拍压、挤打，使得 3#电连接器的接触电阻升高很多。2#电连接器由于强烈的振动造成沿振动方向的微小滑动，形成

含　　　量

	WT.%	AT.%	% S.E
S K	0.00	0.00	0.00
AGL	95.49	92.58	0.80
CUK	4.51	7.42	4.12

	100.00		

图 8-10　2#电连接器的接点表面谱分析

纵向划痕，但是由于插合造成的划痕是横向的，因而在镀层表面留下了相互垂直的呈网格状的磨损痕迹。这两个垂直的运动相互制约，限制了接触面大幅度的运动，使得接触电阻变化很小。

以上通过对复合镀层表面形貌的分析，研究了接点上磨痕的方向和特征，比较全面地解释了试验的结果。如果再结合理论力学并考虑到触头簧片的尺寸、接触压力、材料性质及镀层特性作进一步的分析，必定是很有意义的。

8.2.2　不同复合镀层接点材料的比较

下面以上述最恶劣的安装方式——3#电连接器的安装方式为主要对象，选用 Cu/Ag—Cu/Ag、Cu/Ag/Au—Cu/Ag/Au 对称配对和 Cu/Ag—Cu/Ag/Au 非对称配对三种复合镀层接点，在负载 110V/1A 条件下，更全面地研究微振磨损和电弧侵蚀对接点电接触性能的破坏作用。振动频率仍为 30Hz，振幅 1mm，试验进行的时间为 10h。每组试验选两对接点带负载，另两对不带负载的接点作对比。在试验中每隔一定时间测一次接触电阻，如果接触电阻大于 10mΩ，即认为此接点失效，终止试验。

图 8-11 为 110V/1A 振动下接触电阻的比较。结果表明，试验开始 3h 内，三种材料接触电阻的变化几乎没有什么差异。从第 4h 开始，首先是 Cu/Ag 对称配对的接点接触电阻突然增大，而且 7h 以后接触电阻的变化明显大于另两类。而 Cu/Ag/Au 对称配对与非对称配对接点的接触电阻变化量相差不大，没有明显差别。图 8-12 为 15V/1A 振动下接触电阻的比较，由图中可以看出，Cu/Ag 对称配对接点的接触电阻仍大于另两类。但同图 8-11 明显的差别是，在 110V/1A 条件下，不但 Cu/Ag 对称配对接点的接触电阻明显大于另两类接点，而且三种接点接触电阻的变化量都大于 15V/1A 条件下对应接点的接触电阻。这一点从图 8-13 可以更明显地看出，图 8-13 分别为三种不同接点材料在不同电流负载下接触电阻的比较。由图中可以看出，在 110V/1A 条件下，接触电阻升高的很快，而 15V/1A 条件下接触电阻虽较未带负载时有所增加，但差别不大。

产生上述结果的原因在于：由于振动导致的触头的瞬时分断，使得接点在振动环境下，不仅有微振磨损造成的机械破坏，还要承受分断电弧造成的电弧侵蚀。110V/1A 条件下，电弧侵蚀较为严重。试验结束后将触头取下来做 SEM 分析，可以发现负载为 110V/1A 时接点表面受到较严重的破坏，不但有如图 8-7 所示的典型的微振磨损的痕迹，还有明显的电弧侵蚀的现象，出现了侵蚀蚀坑、气孔、热应力裂纹，而 15V/1A 条件下的接点表面更多的是机械磨损的破坏，只是在磨痕边缘有烧蚀的痕迹。

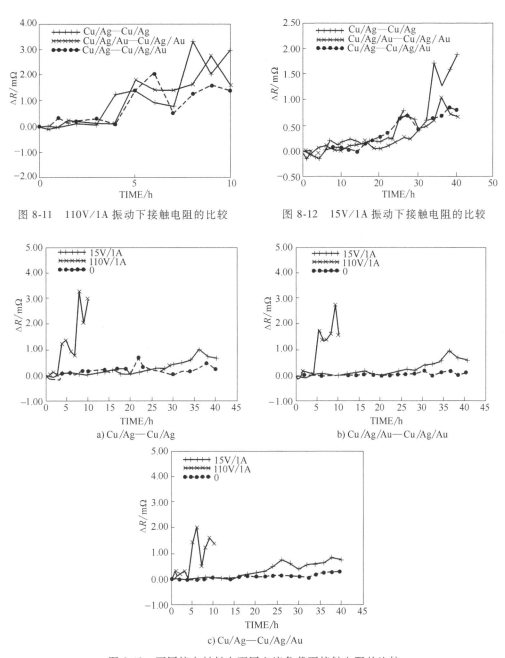

图 8-11　110V/1A 振动下接触电阻的比较　　　图 8-12　15V/1A 振动下接触电阻的比较

a) Cu/Ag—Cu/Ag

b) Cu/Ag/Au—Cu/Ag/Au

c) Cu/Ag—Cu/Ag/Au

图 8-13　不同接点材料在不同电流负载下接触电阻的比较

　　图 8-11 与图 8-12 另一点的明显不同是，图 8-11 接触电阻的变化有明显的突跳，有时突然增大，下一次测量时又可能明显减少。这是因为发生电弧侵蚀后，由于接触面材料的成分和性质发生了变化，导致接触电阻升高，但由于随后接触面之间微小的移动，未侵蚀的表面镀层可能由于推碾和粘接的持续作用，填补、覆盖了已侵蚀区域，又形成一层新的有较好导电性的表面层，使得接触电阻下降。因此磨损与电弧侵蚀之间的作用复杂，有时表现为相互促进，有时又相互制约削弱。

　　在试验过程中，用记忆示波器记录了分断过程中电流电压的变化。由于条件的限制，未能记录每次分断发生的时刻和总的分断次数，但通过对图 8-11 的分析可以得出一些试验性的结论。假设接触电阻每增大 0.5mΩ 即是一次突跳，而突跳出现极可能是发生电弧侵蚀的结果，表 8-1 是对试验进行过程中 ΔR 突跳的次数和第一次突跳发生的时刻统计。

表 8-1　ΔR 发生突跳的统计

接点材料	ΔR 突跳的次数	第一次突跳发生的时刻/h
Cu/Ag—Cu/Ag	3	4
Cu/Ag/Au—Cu/Ag/Au	2	5
Cu/Ag⁺—Cu/Ag/Au⁻	3	5
Cu/Ag—Cu/Ag(焊线时间过长)	3	2.5

8.2.3　非对称配对时阴极和阳极的比较

对于 Cu/Ag—Cu/Ag/Au 的非对称配对接点，比较两种不同方式下接触电阻的变化，如图 8-14 所示。结果表明，不论是 Cu/Ag 作阳极还是 Cu/Ag/Au 作阳极，接触电阻的变化都相差不大，难以看出明显的差别。在接触区域内，Au 镀层起了类似于导电膏或润滑剂的作用，由于磨损过程中材料的转移，复合镀层 Cu/Ag 上也出现了粘接的 Au。因此对于这样的非对称配对，实际上可以看作 Cu/Ag/Au 的对称配对，只是 Au 镀层的厚度变为原先的一半了。

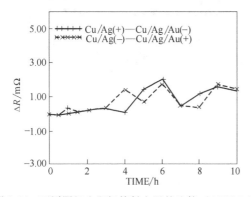

图 8-14　不同阴极和阳极接触电阻的比较（110V/1A）　图 8-15　不同焊线时间接触电阻的比较（110V/1A）

8.2.4　焊线时间对电接触性能的影响

在研究中发现，振动试验后簧片与封装壳体的固定区出现了轻微的松动，这可能是簧片与壳体细微的相对位移造成的。由于壳体的固定作用，限制了簧片的移动，减少了接点发生微振磨损和电弧侵蚀的可能性。因此进行了对比试验，在簧片的端部焊接导线时，有意延长焊线时间（约 8s），烙铁头的热量通过簧片传到封装材料上，导致材料的软化，使簧片有了明显的松动。经过同样条件的振动试验后，测量结果如图 8-15 所示。大约在 2.5h 后接触电阻急剧升高，3.5h 后就大于 10mΩ。由于焊线时间延长造成簧片的松动，直接后果是减少了接触压力，使得电连接器在振动时，接触件更易发生相对移动，造成严重的微振磨损和电弧侵蚀。试验结束后，对此接触件进行 SEM 分析，发现不但接触区域有较严重的电弧侵蚀灼坑，而且电弧多移动到接触件边缘。不仅接触件边缘烧蚀严重，而且电弧还烧蚀了封装壳体，有大片的有机烧蚀物落到接触件上，如图 8-16 所示。

a) 电弧向接触件边缘运动情况(一)

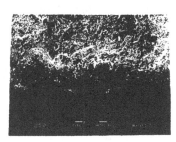

b) 电弧向接触件边缘运动情况(二)

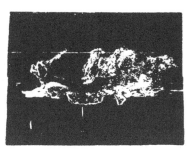

c) 有机烧蚀物

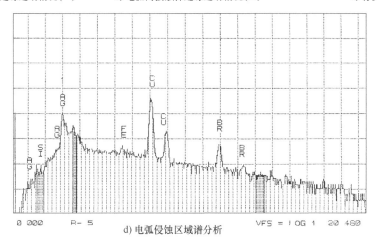

0 000   R-5   VFS = I OG 1   20 480

d) 电弧侵蚀区域谱分析

图 8-16　电弧向接触件边缘的运动和落入的有机烧蚀物
（振动，负载为 110V/1A，延长焊线时间，Cu/Ag 对称配对）

8.3　插拔过程中复合镀层接点的电接触

电连接器使用中的一个特点是，它是通过较长的插入和拔出过程实现电路的连接和转换的，因此，电连接器接点要承受远比其他开关触头严重的机械磨损。电连接器不要求有分断电路的作用，因此通常都没有附设专门的熄弧装置。有一些要求较高的连接器在技术规范中明文规定不允许带电插拔。在实际使用中，当负载功率不很大时，带负载插入和拔出情况是常有的，因此造成了电连接器的机械磨损和气体放电侵蚀的复合作用。这里用"气体放电侵蚀"而不用"电弧侵蚀"，是由于在分断过程中负载功率大小不同，可能有多种气体放电形式[126]，并不一定是稳定燃炽的电弧。能否产生电弧，取决于材料的最小生弧电压和最小生弧电流[272]，表 8-2 列出了常用金属材料的性能。

表 8-2　常用金属材料的性能

材料	逸出功率(W/eV)	游离电位(φ/eV)	最小生弧电压(U/V)	最小生弧电流(I/A)
Au	4.9	9.22	15	0.38
Ag	4.74	7.57	12	0.4
Cu	4.4	7.72	13	0.43
Pd	4.8	8.33	8	0.45
Ni	4.5	7.63	15	0.45

在插拔试验机上模拟了电连接器的插入和拔出过程，负载分别为 15V/0.1A 和 15V/0.2A。图 8-17 分别是三种复合镀层接点在不同负载条件下接触电阻随插拔次数的变化。随着插拔次数的增加，不论是否有负载，接触电阻都有不同程度的增加；带负载时接触电阻显然比不带负载时增加得多。图 8-18 是三种复合镀层接点接触电阻随插拔次数的变化，在插拔次数小于 3000 次时，三种接点接触电阻的变化量不太大；插拔 3000 次以后，Cu/Ag 对称配对的接点材料接触电阻较另两类有一定的升高，但没有如图 8-11 所示的 110V/1A 振动过程中的明显。在整个插拔过程中，Cu/Ag/Au 对称配对接点与非对称配对接点有着相似的电接触性能。

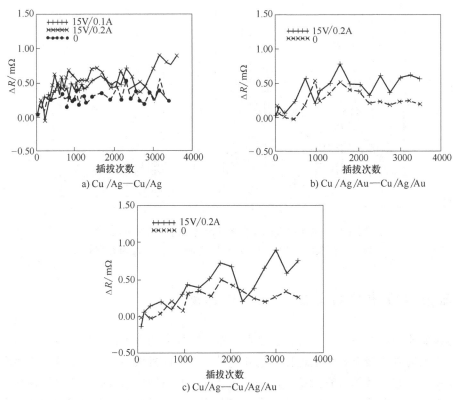

a) Cu /Ag—Cu /Ag

b) Cu /Ag/Au—Cu /Ag/Au

c) Cu/Ag—Cu /Ag/Au

图 8-17　三种复合镀层接点在不同负载条件下接触电阻随插拔次数的变化

由于所用连接器的接触压力较大，因而插拔过程中的磨损是相当严重的，如图 8-19 的 SEM 照片和 EDX 能谱分析结果所示。图 8-19b 表明，划痕可能已穿透镀层，造成基底 Cu 的暴露。Cu 基底的暴露是加速触头接触区域污染膜生成的主要原因之一。另外由于接点的分断，在接触面之间产生不同形式的气体放电。气体放电可能发生在拔出的过程中，也可能发生于接点刚分离的一刻，因而在磨痕边缘可以观察到不同程度的烧蚀痕迹。

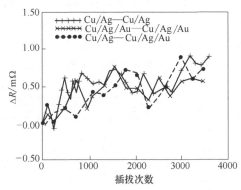

图 8-18　三种复合镀层接点接触电阻随插拔次数的变化（负载为 15V/0.2A）

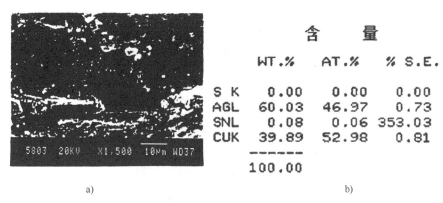

含　量

	WT.%	AT.%	% S.E.
S K	0.00	0.00	0.00
AGL	60.03	46.97	0.73
SNL	0.08	0.06	353.03
CUK	39.89	52.98	0.81

5803 20KU X1,500 10Pm WD37

a)   b)

图 8-19　插拔后接点的形貌和成分（约 3500 次）

8.4　复合镀层接点的磨损

由于考虑了电连接器在使用过程中电接触性能的破坏主要来源于磨损和环境气氛的腐蚀，因而在设计复合镀层时，设计者主要考虑了如何提高镀层的耐磨性能和耐环境腐蚀性能。而对于可能发生的电弧侵蚀，一般都是从防止电弧发生的角度出发，通过增大接触压力，选择应力松弛性能好的基底材料等方法来实现的。大功率开关触头常是通过改进触头材料的制造方法，采用新的材料和添加剂，提高触头的热动力学特性来达到提高开断能力的目的。因此对于电连接器接点，一旦接点间发生了电弧侵蚀，即使是燃弧时间很短、能量很小的"微弧"，也会对接触性能产生不利影响。从另一方面看，连接器的电弧侵蚀并不一定发生于执行开断任务时，而多是由于诸如振动这样一些"自然"条件引起的。侵蚀发生以后，电连接器仍要继续执行连接电路的任务，因此电弧的破坏作用不仅仅表现为材料的喷溅与喷发以及由此带来的触头表面形貌与材料成分变化，还通过电弧热应力对接点材料晶体组织结构的变化、位错、金属间化合物等物理化学性质的改变，以及在电弧熄灭以后的磨损过程和再次发生的电弧侵蚀中表现出来，这里称此为电弧侵蚀的"弧后效应"。

表 8-3 列出了 Cu、Ag、Au 的主要热物理参数。金是贵金属，不但具有很高的导电性，更为重要的是不受环境气氛的侵蚀，因而 Au 被认为是最理想的表面材料。但是 Au 的耐电弧侵蚀能力比 Ag 和 Cu 都差，它的比热小，熔解热和气化热以及热导率都低于 Cu 和 Ag。因此一旦接点受到电弧侵蚀，镀金层首先受到破坏。

表 8-3　Cu、Ag、Au 的主要热物理参数[273]

材料	电导率 /(m/Ω·mm²)	比热 /(J/g·K)	熔点 /℃	熔解热 /(J/g)	熔点蒸气压 /(N/m²)	沸点 /℃	气化热 /(J/g)	热导率 /(W/m·K)
Cu	59.9	0.385	1083	212	5.2×10^{-2}	2595	4770	394
Ag	63.3	0.234	961	105	3.6×10^{-1}	2212	2380	419
Au	45.7	0.130	1063	67.4	2.4×10^{-3}	2966	1550	297

图 8-20 是 Cu/Ag/Au 对称配对接点电弧侵蚀的表面形貌，负载为 110V/1A，由图 8-20a 可以看出，电弧侵蚀的中心区域，表面镀层 Au 发生了气化，局部区域的中间镀层 Ag 也熔

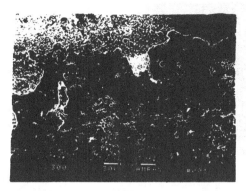

a)

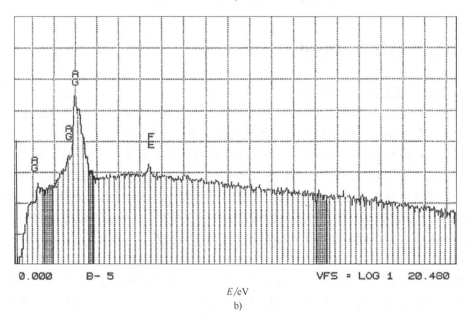

E/eV

b)

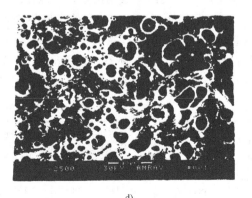

c)   d)

图 8-20 Au 镀层上的电弧侵蚀的特征形貌和谱分析
（振动，负载为 110V/1A，Cu/Ag/Au 对称配对）

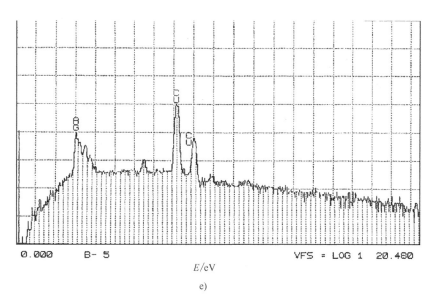

e)

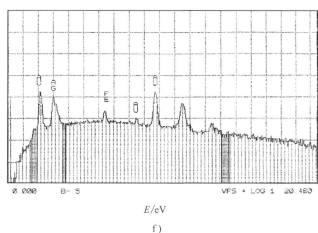

f)

图 8-20 Au 镀层上的电弧侵蚀的特征形貌和谱分析
（振动，负载为 110V/1A，Cu/Ag/Au 对称配对）（续）

解了。EDX 能谱显示在这个区域 Ag 的成分多于 Au 的成分。图 8-20b 在中心区以外，Ag 镀层仍保持了较好的完整性，而 Au 镀层仍然有较多的熔融现象。由于熔融 Au 的表面张力，其在冷却凝固以后成为分散的固体颗粒。这些颗粒一般都有光滑的表面轮廓，只是附着于 Ag 层上，与 Ag 层的结合力较低，如图 8-20c 所示。由于热应力的硬化作用，这些孤立颗粒具有比电镀 Au 更高的硬度[274]。如果这个区域再参与磨损，不但本身易被磨损，也可能会对配对的另一方产生严重磨损。

在电弧侵蚀区域还出现了大量的气孔，如图 8-20d 所示。气孔呈蜂窝状，最大的直径约 3μm。大孔内有再生的小孔，小孔有相连贯穿的趋势。对孔内的 EDX 分析表明，孔底主要由 Cu、Ag 两种金属组成，而坑外主要是 Au，如图 8-20e、f 所示。这表明气孔产生于 Ag/Au 的界面上，更深的孔可能已贯穿了 Ag 层，气孔由下向上发展，在 Au 表面破裂。

电弧作用下复合镀层接点材料的响应是错综复杂的物理化学过程。熔融金属的表面张力和表面自由能及其物理化学特性决定了接点表面层组织结构对电弧热—力效应的响应结果，是影响电弧侵蚀表面形貌的主要因素之一。

1. 表面张力和表面自由能

表面张力是液体表面相邻两部分单位长度上的相互牵引力，方向是沿接触面的法线方向，单位为 N/m。液体增大单位面积时所需的能量称为液体的表面自由能，它和表面张力实质上是一样的，只是表面形式不同而已。表面张力的作用是使液面收缩，是分子间作用力的一种表现。液体表面分子不同于内部分子，内部分子的四周都受到其他分子的吸引，而表面分子的外侧缺乏足够的吸引，因而液体表面分子比内部分子能量高，故液体有收缩其体积的倾向。

表面张力受到温度、压力、曲率及两相组成成分的影响。多数金属液体的表面张力随温度的升高而近乎线性地下降；压力对表面张力的影响与分子从液体相移入表面区时的摩尔体积的变化相关；曲率对表面张力的影响仅在曲率半径很小时才可能是重要的。

正是由于熔融 Au 的表面张力，在电弧作用期间，特别是电弧熄灭后的凝固期间，表面张力进一步增大，使熔融 Au 在 Ag 表面难以铺开，而是形成一个个近似孤立的小液滴，这些液滴与 Ag 表面的结合力不牢，破坏了镀层的完整性。

2. 电镀层中夹杂的气体及其对电弧侵蚀气孔的影响

电镀层由于其独特的电结晶过程，形成了其特有的结构和特性。电镀层的许多机械、物理、化学性质不同于普通铸、锻、轧得到的金属材料。电镀层的晶粒比较细小，其结构多为柱状晶或层状晶[275]。晶界中往往夹带镀液中的各种杂质，特别是夹杂的气体杂质对电弧侵蚀气孔的生成有较大的影响。

在水溶液中进行电镀时，由于电镀液中添加的一些有机或无机的添加剂、光泽剂及表面活性剂等，在电结晶过程中，这些物质在阴极上被还原夹带进入镀层。因此镀层中除了含有金属杂质外，还含有各种非金属杂质，例如氢氧化物、氧化物、水、氢气、卤素、表面活性物质、有机还原产物、聚合物等。表 8-4 列出了电镀层中常见的一些气体杂质。

表 8-4　电镀层中常见的一些气体杂质[275]

杂质种类	含量（原子百分比）	来源
H_2	0.001~0.01	表面吸附、碱性盐及[OH]$^-$
O_2	0.003~0.046	PH 值过高或温度过低
S	0.001~0.08	光亮剂、添加剂、表面活性剂
Cl	0.05~0.025	碱性盐
C	0.02~0.01	有机物分解

对于其他一些金属镀层，如 Pd、Sa、Cd、Cu、Ag、Au 等，也有类似的杂质成分和含量。当电弧侵蚀发生时，这些气体将在熔融金属中形成气泡并进一步长大。当熔融的液态金属冷却凝固时，由于气体的溶解度随温度的降低而降低，因而气泡存在逸出趋势。例如 O_2 在铁中的溶解度，在 2000℃ 时为 0.8%wt，在凝固温度 1520℃ 时为 0.16%wt。N_2 在液体铜中最多可溶解 47mL/100g，在凝固时仅能溶解 11mL/100g。H_2 的溶解度随温度的变化较大，图 8-21 是 H_2 在 Cu、Ni 中的溶解度随温度变化关系。

如果气泡内部的逸出压力小于阻止气泡萌生和长大的外部压力，这些气泡将被凝固的金属固化住，在凝固金属的内表面形成圆形或椭圆形的内孔洞，降低接点表面材料的密度和结合力，有助于以后电弧侵蚀过程中裂纹和疏松状组织的形成[276]。如果气泡的逸出压力大于外部压力，气泡将在接点表层逸出并引发液态材料的喷溅，在接点表面形成大小不等的气孔和喷发坑，如图 8-20d 所示。由于材料组织结构及气体分布的影响，气孔可能嵌套、贯通形成片状的疏松状组织。

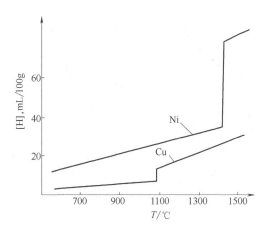

图 8-21　H_2 在 Cu 和 Ni 中的溶解度随温度变化关系

复合镀层电弧侵蚀形貌不仅和电镀层的性质有关，还取决于复合镀层表面的磨损和电弧的物理特性。如果电弧发生前接点已磨损，局部区域凸凹不平，存在粘接和磨损造成的尖峰。也可能如图 8-22c 那样，出现了大块镀层的移动，在镀层表面产生了较大的缝隙。这些部位不但易于诱发电弧[277]，也不利于弧根的游动。因此电弧一旦在此处发生，存在不断沿裂缝向底基镀层烧蚀的趋势，使基底也被烧蚀，如图 8-23 所示。这里称这种由于磨损裂缝的存在，电弧向底层材料烧蚀的现象为电弧侵蚀的"侵入效应"。

a)

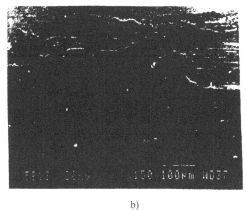

b)

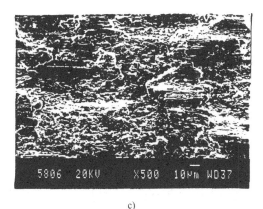

c)

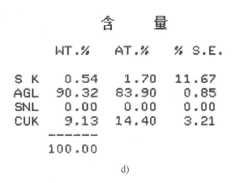

	含	量	
	WT.%	AT.%	% S.E.
S K	0.54	1.70	11.67
AGL	90.32	83.90	0.85
SNL	0.00	0.00	0.00
CUK	9.13	14.40	3.21
	100.00		

d)

图 8-22　磨痕端部大片镀层的移动（插拔约 3500 次，无负载，Cu/Ag 对称配对）

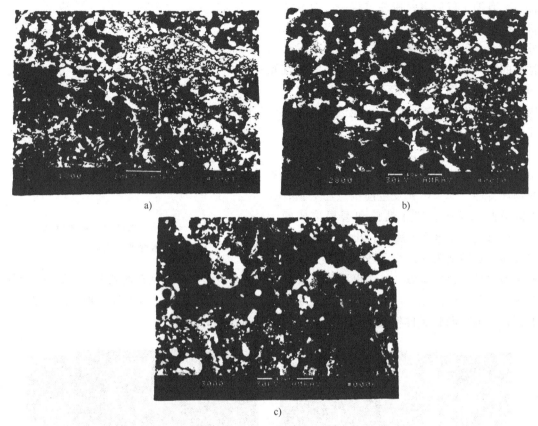

a)   b)

c)

图 8-23　电弧沿裂痕的烧蚀（振动，负载为 110V/1A，Cu/Ag 对称配对）

综合考虑电弧侵蚀和磨损的作用过程可以发现，这两种过程既是独立的，又是相互影响相互联系的。不论是分析它们产生的机理还是分析对复合镀层的破坏，都可以发现它们之间相互联系的过程。因此，在服役环境中同时受到磨损和电弧侵蚀的接点，其电接触性能呈现了特有的规律。

8.4.1　电弧侵蚀对磨损的影响

1）电弧侵蚀过程中的热流输入导致接点材料的温度升高。温度越高，蠕变越严重。应力松弛产生的直接后果是接点间的接触压力下降。减少接触压力，将会使配对接点更易产生相对的微小运动，增大滑移距离。但是接触压力越小，单位磨损量越小。

2）按照化学反应的阿累尼斯公式，接点温度升高的另一个后果是促使生成更多的各类氧化物、硫化物。接点间的化合物薄膜实际上起到了减小磨损的作用，但会导致接触电阻升高。

3）金属间的相互扩散速度及其生成金属间化合物的速度也是和温度成正比的[278]，因此温度升高，金属间化合物增厚。金属间化合物多是脆性的，起降低镀层间结合力的作用，因此使得镀层在磨损期间产生大块的剥落和滑动，如图 8-22 所示。

4）当电弧移动到接点边缘时，电弧会严重烧蚀壳体的高分子聚合材料，产生巨大的、结合力强、硬度高且导电性极差的烧蚀产物，如图 8-16c 所示。如果这些产物落入接触区，不但会造成接触电阻的突然升高，还会加重磨损，在镀层表面留下深深的犁沟，如图 8-24 所示。

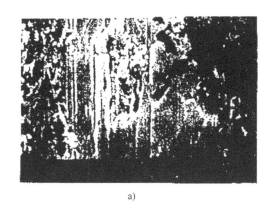

	含 量		
	WT. %	AT. %	% S.E.
S K	0.24	0.70	24.52
AGL	77.05	66.18	0.82
SNL	0.00	0.00	0.00
CUK	22.71	33.12	1.50

	100.00		

a)   b)

图8-24 插拔磨痕中心的"犁沟"及谱分析（插拔约3500次，无负载，Cu／Ag对称配对）

5）液池中的喷溅及材料的沸腾和蒸发会导致表面镀层特别是 Au 层的严重损失，造成基底 Cu 和 Ag 暴露，加速污染膜的生成。这些污染膜的生成，一方面起了减少磨损的作用，但由于基底参与了磨损，另一方面也增大了磨损的严重程度。

6）电弧侵蚀造成的热裂纹、冷裂纹和再热裂纹，在磨损过程中，这些区域可能会发生严重的断裂，造成整片金属的移动。

7）电弧的热应力即使不足以产生裂纹，但也会在接点材料的局部区域造成应力集中。这些应力集中的区域是磨损剥层的潜在点，最易受到磨损的破坏。

8）热影响区出现的晶粒长大粗化导致材料的冶金硬化，局部区域的硬化是不利于接点的耐磨性能的。

8.4.2 磨损对电弧侵蚀的影响

1）接触压力的磨损蜕变，使电连接器在振动过程易于产生瞬时的分断，增大电弧侵蚀的发生概率。

2）磨损破坏了镀层的完整性，造成接点局部区域的凸凹不平。这些部位在分断时由于存在较高的电场强度，诱发电弧的产生。

3）磨损过程发生的镀层的整片移动，在接点局部形成悬崖状结构，侧面参差不齐。这个部位不但易于产生电弧，而且弧根也难于移动，不断在中间镀层和基底上烧蚀，即电弧的"侵入效应"。

4）磨损过程的接触力也会在镀层内部形成应力集中，甚至可能形成蠕变裂纹。在电弧侵蚀过程中，由于热应力的作用，原有的裂纹会扩展长大，而原先的应力集中处成为热应力裂纹的起始点。

5）磨损造成表面贵金属的失去和基底的暴露，在接点表面易于生成污染膜。一般认为，污染膜会促进电弧侵蚀的发生。

图8-25是对上述分析的归纳总结，有

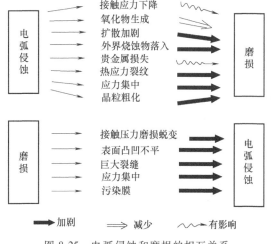

图8-25 电弧侵蚀和磨损的相互关系

助于更清楚地了解电弧侵蚀和机械磨损的关系。

8.5 复合镀层的组成原则及各镀层的作用

电连接器用复合镀层接点在服役过程中要承受来自以下三个方面的破坏：①环境气氛的污染；②插拔和振动造成的磨损；③电流的热应力和电弧侵蚀。因而对于复合镀层的组成，也应从这三个方面去考虑。

1. 防止有害气氛的腐蚀，减少污染膜的生长

为防止环境有害气氛的腐蚀，目前复合镀层表面大都采用 Au 镀层。但由于 Au 镀层在电镀过程中不可避免地存在微孔，一旦下层易腐蚀金属通过微孔扩散到 Au 表面，仍然会造成污染膜的生成。因此中间阻挡层的作用就特别突出。由于 Ni 不但与 Cu 和 Au 都有较好的结合力，而且相当稳定，不易向 Au 表层扩展，因而 Ni 被广泛用作阻挡层。但 Ni 镀层也有其自身的缺点，主要是电镀时易产生应力集中，这也会在镀层中留下隐患。另外 Ag 和 Pd 也可用作阻挡层，但它们阻挡扩散的作用不如 Ni。

2. 减少镀层间的磨损

磨损的后果是破坏镀层的完整性，造成基底金属的暴露和促进电弧的侵蚀。磨损是复合镀层接点在使用过程中最主要的破坏形式。从摩擦磨损学的角度看，为了减少粘着磨损，接点表面的理想硬度分布应如图 8-26 所示。外表面镀层的硬度低（Ⅰ区），亚表层硬度高（Ⅱ区），从亚表层到材料内部硬度应平缓过渡（Ⅲ区）。外表层的低硬度可以减少界面发生的剪切阻力，减少材料转移，降低摩擦系数。亚表层的高硬度可以支撑外加的载荷，减少表面的塑性变形。内层硬度的平缓过渡不但可以加强亚表层的作用，还可以减少应力集中。对于 Cu/Ag/Au 和 Cu/Pd/Au 这样的复合镀层，基本符合理想的硬度分布规律，但具体情况还受到电镀工艺和材料夹杂的影响。

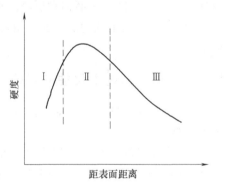

图 8-26 接点表面的理想硬度分布

3. 减少电弧侵蚀的破坏

由于电连接器不执行分断电路的作用，因此没有必要从提高接点的开断能力去考虑，而应将注意力集中于如何防止电弧的产生和减少电弧侵蚀的危害。从根本上讲，防止电弧的产生是最重要的，而这一点主要取决于电连接器的设计、采用紧固装置、减小环境的振动、尽可能不带电插拔等方面。复合镀层的结构和性质也对电弧侵蚀有一定的影响，如果镀层的结合力小，磨损造成镀层的整片移动会使电弧在这个区域严重烧蚀；在电镀过程中，应尽可能减小镀层的内应力，降低夹杂的气体和其他杂质，防止晶体的偏析，这些措施都有利于防止电弧的产生和减少电弧侵蚀的危害。因而表面层的选择，除了以上两点要求，还要选择耐电弧侵蚀性能高的金属，适当提高其热导率、熔解热和气化热。中间阻挡层应选择内应力小、与基底和表面层结合力高的金属，同时要尽可能减少镀层中的含气量。

4. 采用非对称配对以节约贵金属 Au

非对称配对的触头在继电器和其他电器触头上得到了广泛应用。在某些情况下，非对称

配对还显示了更好的优越性[279]。对于连接器复合镀层接点材料，本书在大量试验基础上，建议推广使用非对称配对替代对称配对。如图 8-14 所示，不论有无电弧侵蚀，Cu/Ag—Cu/Ag/Au 非对称配对和 Cu/Ag/Au 对称配对都有着同样优良的电接触性能。这主要是 Au 向另一方的粘着转移形成的。Au 的转移并不一定是有害的，如果将配对的两个接点看成一个整体，由于粘着的随机性以及 Au 较软易延展的性质，Au 仍将均匀地涂覆于接触区域并参与接触，同时起到保护两个接点的作用。这种方法可以大量节约 Au 的消耗量，有着较大的经济效益和实用价值。

8.6 小结

电连接器是电接触研究领域的又一大类研究对象，要求其接触性能好、可靠性高、寿命长。要求接触材料的化学稳定性高，抗磨损和侵蚀能力强。目前在实际应用中以复合镀层触点材料最为广泛。本章主要介绍了静态、振动以及插拔过程中的触点接触特性以及磨损劣化方面的研究工作，通过对于复合镀层的组成原则以及各镀层作用的分析，为触点材料的设计以及应用提供了参考。

第9章　高压断路器中的电接触现象及触头材料

高压交流断路器是保障高压电力系统安全运行的关键核心设备之一，其开断性能、通流能力等关键核心参数与断路器触头的电接触现象密不可分，触头材料的研发以及选择也是整个高压断路器研制过程中的核心环节之一。因此，作为一种电接触材料的典型应用领域，本章将对高压断路器触头材料的特性要求和发展进行简要介绍。

9.1　对高压断路器触头材料的要求

在大于 72kV 的高压领域，SF_6 断路器具有广泛应用；而在 5～38kV 的中压领域，既采用真空断路器也采用 SF_6 断路器。

SF_6 断路器中使用的触头材料除了要求好的电弧运动性能外，还要求触头具有高的耐烧损性。研究证明，WCu 浸渍材料具有较好的性能。

而对真空触头材料的要求更加复杂，包括：①足够的断流容量；②熔焊倾向小；③电阻和热阻低；④足够的击穿强度；⑤截流值低；⑥足够的脱气性；⑦电弧烧损率低；⑧价格适中。然而，上述各种性能要求复杂，而且有些性能之间还存在相互关系，甚至矛盾。

考察这些不同要求时，可以确定①和⑤受材料熔点和蒸气压的影响。蒸气压太低时，断流量虽然大但截流值高；蒸气压太高时，则相反，不能断开大电流。此外，为了避免电子发射，材料熔点不能太高。②要求材料具有足够高的导电性、导热性和合适的熔点，而最重要的是要有一定的脆性，使得熔焊处容易断开。③一般要求金属或合金的电阻率不高于 $10^{-5}\Omega cm$，只有选择合适的机械结构，才可以选用电阻较高的材料，保证设备的温升能够达到要求。④要求材料机械强度好，蒸气压足够低，其延展性应不使熔焊处断开时产生金属"须"。但也不能太脆，以免产生可降低击穿强度的松散微粒。⑥意味着用于制造触头的所有金属应能通过真空熔融或者通过扩散进行脱气。⑧要求不采用价格昂贵的贵金属，所以通常在触头材料中仅使用百分含量较低的银或金等贵金属。⑦关于烧损强度因用途不同而有很大差别，目前仍然很难对烧损率进行准确的理论预测，烧损程度与触头几何形状的关系有时甚至比材料的关系更大，而对于确定的几何形状，烧损强度与机械强度之间也存在一定的关系。

基于已有的大量研究[163]，有四类触头材料在真空开关中获得广泛应用，即 CuCr 触头材料，CuW、CuWC 触头材料，CuBi 触头材料，W、Be 等单金属材料。上述各类触头材料性能定性评估见表 9-1。

触头材料的发展也经历了很长的时间。20 世纪 60 年代中期，美国电气公司的 Robinson 首先提出了 CuCr 触头材料以取代 CuBi 触头材料，并证明此种材料既具有 CuW 触头材料的耐电弧烧损性能和介电性能，又具有 CuBi 触头材料的高分断能力。Robinson 制造 CuCr 触头的工艺方法是用薄的 Ni 层包覆 Cu 触头然后压制成形。经过真空烧结后，再在真空状态下石墨坩埚中进行 Cu 浸渍。然后，Ni 层与浸渍 Cu 具有形成合金的倾向，加之碳化镍的形成使此种材料的电阻率太高。20 世纪 60 年代末，美国的西屋公司也着手进行商业真空断路器触头材料 CuCr 的研究。他们去掉了 Ni 包覆层，从而降低了材料电阻率。由于制造工艺尚不成熟，直到 1980 年也只有美国西屋、英国电气、日本三菱和德国西门子公司在真空断路器产品中采用 CuCr 触头材料。目前，CuCr 触头材料已作为中压真空断路器领域广泛使用的触头材料。同时为改善 CuCr 触头的性能，常在 CuCr 材料中加入添加剂，表 9-2 给出了添加剂及其作用。

表 9-1 各类触头材料性能定性评估

材料种类	材料性能								
	含气量	熔点	蒸气压	功函数	游离电位	电热传导性	吸气性	结构质量	表面平整度
耐熔材料加良导体（如 CuCr）	+	+	+	++	+	++	++	++	++
难熔材料加良导体（如 CuW）	+	+	+	−	+	+	+	++	++
铜合金（如 CuBi）	++	+	+	++	+	++	+	−	−

-差，+一般，++好

表 9-2 CuCr 触头材料添加剂及其作用

添加剂	质量百分比	目的
W	2%	提高耐压强度
C	0.18%～1.8%	降低 O_2 含量
Te	0.1%～4%	降低熔焊力
Bi	2.5%～15%	降低截流值
Si,Ti,Zr	1%	提高分断能力
Mo+Ta Mo+Nb		提高分断能力
Sb	2%～9%	降低截流值

目前，各种不同成分的触头材料已经形成了较为成熟的制备工艺，可以根据不同的应用场合进行选择。CuCr 触头材料的生产方法有三种。①CrCu 混合粉末致密化工艺。德国西门子公司采用 CuCr 混合粉末压制、真空烧结、热挤压。德国 doduco、日本三菱公司采用 CuCr 混合粉末压制并在氢气气氛中烧结。美国西屋公司采用 CuCr 混合粉末压制、真空烧结、冷挤压。②在 Cr 基体浸渍 Cu。英国电气公司采用自由浸渍工艺，西屋公司采用可变多孔结构浸渍工艺，日本西门子公司采用浇铸 Cu 浸渍工艺。③低压氩气中 CrCu 电弧熔化法。电弧熔化并形成圆柱形坯块。

CuW 触头材料在分断小电流（<3kA）的真空断路器中应用广泛。近来发现，在具有纵向磁场的真空断路器中 AgWC 触头开断电流可达 25kA。不过 AgWC 触头还是主要应用于真空接触器及高压小电流开关中。

CuBi 触头材料早在 20 世纪 60 年代就应用于真空断路器中，是最早获得了较成功应用的材料。在 Cu 中加入重量百分比低于 1% 的 Bi 就可获得高的开断能力的抗熔焊性。此类材料还包括 CuTe、CuTe、SeFe 等，但其性能还稍逊于 CuCr 材料。

对于单金属材料而言，虽然许多研究真空电弧基本理论的模型中采用纯 Cu 触头，但 Cu 的抗熔焊性较差，实用性很差。Be 是唯一的可用作真空触头材料的单金属，只是由于 BeO 的有毒性，Be 未能发展成商品。

9.2　真空断路器中的 CuCr 触头材料性能

由于 CuCr 触头材料在真空断路器中的成功应用，本节主要围绕 CuCr 触头材料讨论，并与其他材料对比。

电弧作用下 CuCr 触头材料的响应（包括介质恢复过程、抗侵蚀、抗熔焊性能）主要取决于触头材料表面熔融液池特性。试验研究表明，由于 CuCr 触头材料内部导热率不高，故表面液池深度较小，相同条件下 Cu 的液池深度为 1mm，而 CuCr 材料表面液池深度仅为 $150\mu m$[280]。此外，由于 Cr 的熔点（1875℃）比 Cu 的熔点（1083℃）高很多，故在液池中有 Cr 颗粒以固态悬浮于 Cu 液池中，从而限制了液态 Cu 的流动，降低了液态喷溅，以及由于喷溅产生的触头间隙的金属蒸气密度，也使电弧侵蚀后的 CuCr 材料表面较为平滑，但其硬度没有降低，脆性有所增加。

电弧电流过零后，触头间隙较低的金属蒸气密度保证了间隙过零后的介质恢复强度。Cr 颗粒悬浮于液态 Cu 中保证了 CuCr 触头材料的抗电弧侵蚀。较脆的触头表面层则使 CuCr 触头材料具有优良的抗熔焊特性。

Yanabu 等从弧后电流入手比较了 Cu、CuCr、CuTe 触头材料的开断能力[281]。图 9-1 所示为直径 90mm 的 Cu 触头弧后电流 I_p 和开断电流 I_0 之间的关系。当开断电流超过临界电流 I_c 时，开断失败。这里的 I_c 表示阳极斑点形成或正在形成的电流。限制开断电流大小的主要因素是因电极材料电弧侵蚀而使触头间隙金属蒸气量增加。阳极斑点形成后，电弧对阳极输入的热流密度上升，阳极材料损耗加剧。如不能使这些金属蒸气在电流过零前及时而充分的冷凝，则剩余气体使间隙重新击穿。图 9-2 所示为直径 66mm 的 CuCr 触头弧后电流与开断电流的关系。可以看出，随 CuCr 触头中 Cr 含量由 25wt% 至 50wt% 变化，开断能力降低。

Glinkowski 则研究了 CuCr 触头材料开断小容性电流后的击穿电压，击穿电压更高说明介质恢复强度更高[282]，如图 9-3 所示。与 CuBi 相比，CuCr 介质恢复速度更快。

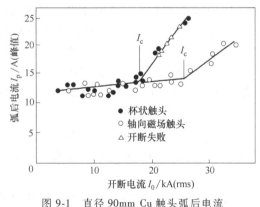

图 9-1　直径 90mm Cu 触头弧后电流
和开断电流的关系

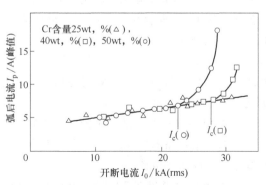

图 9-2　直径 66mm CuCr 触头弧后
电流和开断电流的关系

如前所述，要求真空断路器用触头材料含气量要低，这是因为当这些气体逸出后会降低真空灭弧室的真空度，使耐压强度降低。但对 CuCr 触头材料而言，在制造时允许其含一定量的 O_2，原因是 Cr 具有强烈的吸氧性。

Bentatto 等使用直径 100mm 的 CuCr 触头在有纵向磁场作用下[283]，对 50~63kA 直流电流可分断 1500 次。在较小电流下（几 kA），文献 [284] 比较了 CuCr、CuW、CuMo 的耐电弧侵蚀性，如图 9-4 所示。

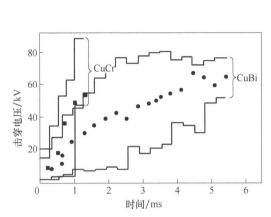

图 9-3　短时电弧放电后（750μs）CuCr 触头
与 CuBi 触头击穿电压值的比较

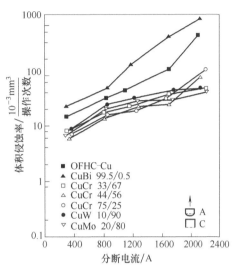

图 9-4　不同触头材料体积侵蚀率
与分断电流的关系

当分断交流电路，电弧电流向零趋近时，随着电流的减少，由电极产生的金属蒸气量降低，当降低到不能维持电弧时，电流会由某一值突然降到零，这一现象称为"截流"。截流现象意味着电路电流随时间的变化率很大。在电路中，截流的直接后果是出现过电压。欲降低真空触头材料的截流值，应减小材料导热率、提高金属蒸气压，同时降低功函数和游离电位也是极其重要的。

另外，单金属 Cu、Cr、W 的截流值（平均值）分别为 15A、7A、14A，但是 CuCr（25wt%）的截流值只有 4A，CuW（70wt%）的截流值（平均值）为 8A。这主要原因就是 CuCr 或 CuW 触头中既存在低熔点高蒸气压材料又存在高熔点低热导率的材料，使得这些复合材料既具有高蒸气压又具有低热导率。

9.3　小结

目前应用的高压交流断路器主要分为 SF_6 断路器和真空断路器，其中 SF_6 断路器触头材料以 CuW 为主，而真空断路器应用最广泛的是 CuCr 触头材料。触头材料的性能涉及通流能力、开断容量、抗熔焊性能等多个方面，必须根据实际的应用需求进行合理选择。通常的思路是利用材料复合的方法，结合不同材料的性能优势，通过某些元素的添加剂实现综合性能的提升，满足应用需求。

参 考 文 献

[1] 土屋金弥. 电接点技术 [M]. 刘茂林, 译. 北京: 机械工业出版社, 1987.

[2] HOLM R. Die technische Physik der elektrischen Kontakte [M]. Berlin: Springer, 1941.

[3] HOLM R. Electric Contacts Handbook [M]. 3rd ed. Berlin: Springer, 1958.

[4] 程礼椿. 电接触理论及应用 [M]. 北京: 机械工业出版社, 1988.

[5] YANG F, WU Y, RONG M Z, et al. Low-voltage circuit breaker arcs: simulation and measurements [J]. Journal of Physics D: Applied Physics, 2013, 46 (27): 273001.

[6] 荣命哲, 杨飞, 吴翊, 等. 直流断路器电弧研究的新进展 [J]. 电工技术学报, 2014, 29 (1): 9.

[7] YANG F, RONG M Z, WU Y, et al. Numerical analysis of the influence of splitter-plate erosion on an air arc in the quenching chamber of a low-voltage circuit breaker [J]. Journal of Physics D: Applied Physics, 2010, 43 (43): 434011.

[8] MA Q, RONG M Z, MURPHY A B, et al. Simulation and experimental study of arc motion in a low-voltage circuit breaker considering wall ablation [J]. IEICE transactions on electronics, 2008, 91 (8): 1240-1248.

[9] WU Y, RONG M Z, SUN Z Q, et al. Numerical analysis of arc plasma behaviour during contact opening process in low-voltage switching device [J]. Journal of Physics D: Applied Physics, 2007, 40 (3): 795.

[10] SUN H, WU Y, CHEN Z X, et al. Experimental research on species compositions of nonequilibrium air plasma based on two-color Mach-Zehnder interferometry [J]. Physics of Plasmas, 2019, 26 (4): 043514.

[11] 荣命哲. 电接触及电弧研究的新进展 [J]. 电气技术, 2005 (5): 4.

[12] CHEN J X, YANG F, LUO K Y, et al. Experimental investigation on the electrical contact behavior of rolling contact connector [J]. Review of Scientific Instruments, 2015, 86 (12): 125110.

[13] MA R G, RONG M Z, YANG F, et al. Investigation on arc behavior during arc motion in air DC circuit breaker [J]. IEEE Transactions on Plasma Science, 2013, 41 (9): 2551-2560.

[14] NIU C P, DING J W, WU Y, et al. Simulation and experimental analysis of arc motion characteristics in air circuit breaker [J]. Plasma Science and Technology, 2016, 18 (3): 241.

[15] NIU C P, DING J W, YANG F, et al. The influence of contact space on arc commutation process in air circuit breaker [J]. Plasma Science and Technology, 2016, 18 (5): 460.

[16] 李阳, 杨飞, 荣命哲, 等. 高压直流金属回路转换开关中自激振荡开断电流的数值仿真分析 [J]. 高电压技术, 2013, 39 (10): 2547-2552.

[17] 荣命哲, 杨飞, 吴翊, 等. 特高压直流转换开关 MRTB 电弧特性仿真与实验研究 [J]. 高压电器, 2013, 49 (5): 5.

[18] ZHAO H F, WANG X H, MA Z Y, et al. Simulation of breaking characteristics of a 550kV single-break tank circuit breaker [J]. IEICE transactions on electronics, 2011, 94 (9): 1402-1408.

[19] WU J H, WANG X H, MA Z Y, et al. Numerical simulation of gas flow during arcing process for 252kV puffer circuit breakers [J]. Plasma Science and Technology, 2011, 13 (6): 730.

[20] 王伟宗, 吴翊, 荣命哲, 等. 局域热力学平衡态空气电弧等离子体输运参数计算研究 [J]. 物理学报, 2012, 61 (10): 10.

[21] 荣命哲, 仲林林, 王小华, 等. 平衡态与非平衡态电弧等离子体微观特性计算研究综述 [J]. 电工技术学报, 2016, 31 (19): 12.

[22] FU Y W, RONG M, YANG K, et al. Calculated rate constants of the chemical reactions involving the main byproducts SO_2F, SOF_2, SO_2F_2 of SF_6 decomposition in power equipment [J]. Journal of Physics

D：Applied Physics, 2016, 49 (15)：155502.

［23］ SUN H, TANAKA Y, TOMITA K, et al. Computational non-chemically equilibrium model on the current zero simulation in a model N2 circuit breaker under the free recovery condition ［J］. Journal of Physics D：Applied Physics, 2015, 49 (5)：055204.

［24］ WANG X H, ZHONG L L, RONG M Z, et al. Dielectric breakdown properties of hot SF6 gas contaminated by copper at temperatures of 300-3500 K ［J］. Journal of Physics D：Applied Physics, 2015, 48 (15)：155205.

［25］ WU Y, WANG C L, SUN H, et al. Properties of $C_4F_7N-CO_2$ thermal plasmas：thermodynamic properties, transport coefficients and emission coefficients ［J］. Journal of Physics D：Applied Physics, 2018, 51 (15)：155206.

［26］ CHEN Z X, WU Y, YANG F, et al. Influence of condensed species on thermo-physical properties of LTE and non-LTE SF_6-Cu mixture ［J］. Journal of Physics D：Applied Physics, 2017, 50 (41)：415203.

［27］ WU Y, WANG C L, SUN H, et al. Evaluation of SF6-alternative gas C5-PFK based on arc extinguishing performance and electric strength ［J］. Journal of Physics D：Applied Physics, 2017, 50 (38)：385202.

［28］ YANG A J, LIU Y, ZHONG L L, et al. Thermodynamic properties and transport coefficients of CO_2-Cu thermal plasmas ［J］. Plasma Chemistry and Plasma Processing, 2016, 36 (4)：1141-1160.

［29］ YANG A J, LIU Y, SUN B, et al. Thermodynamic properties and transport coefficients of high-temperature CO_2 thermal plasmas mixed with C_2F_4 ［J］. Journal of Physics D：Applied Physics, 2015, 48 (49)：495202.

［30］ WANG X H, ZHONG L L, CRESSAULT Y, et al. Thermophysical properties of SF6-Cu mixtures at temperatures of 300-30, 000 K and pressures of 0. 01-1. 0 MPa：part 2. Collision integrals and transport coefficients ［J］. Journal of Physics D：Applied Physics, 2014, 47 (49)：495201.

［31］ 荣命哲，吴翊，杨飞，等. 开关电弧电流零区非平衡态等离子体仿真研究现状 ［J］. 电工技术学报, 2017, 32 (2)：13.

［32］ SUN H, WU Y F, WU Y, et al. A new approach for dielectric breakdown calculation of residual hot gas after arc burning based on particle transport and Boltzmann analysis ［J］. Journal of Physics D：Applied Physics, 2019, 52 (29)：295205.

［33］ WU Y, ZHANG H T, LUO B, et al. Prediction of dielectric properties of air plasma for circuit breaker application based on a chemically non-equilibrium model ［J］. Plasma Chemistry and Plasma Processing, 2017, 37 (4)：1051-1068.

［34］ 陈骏星淑，纽春萍，荣命哲，等. 低压电器数字化分析方法及软件应用 ［J］. 低压电器, 2013 (14)：3.

［35］ 姚建军，王伟宗，吴翊，等. 低压电器仿真技术及其应用 ［J］. 低压电器, 2009 (7)：1-3.

［36］ RONG M Z, XIA W J, WANG X H, et al. The mechanism of plasma plume termination for pulse-excited plasmas in a quartz tube ［J］. Applied Physics Letters, 2017, 111 (7)：074104.

［37］ LIU D X, SUN B W, IZA F, et al. Main species and chemical pathways in cold atmospheric-pressure Ar+ H_2O plasmas ［J］. Plasma Sources Science and Technology, 2017, 26 (4)：045009.

［38］ LIU D X, YANG A J, WANG X H, et al. Electron heating and particle fluxes in dual frequency atmospheric-pressure helium capacitive discharge ［J］. Journal of Physics D：Applied Physics, 2016, 49 (49)：49LT01.

［39］ LIU D X, LI J F, YANG A J, et al. Comparison between electropositive and electronegative cold atmospheric-pressure plasmas：a modelling study ［J］. High Voltage, 2016, 1 (2)：81-85.

［40］ LIU D X, IZA F, WANG X H, et al. A theoretical insight into low-temperature atmospheric-pressure He+ H_2 plasmas ［J］. Plasma Sources Science and Technology, 2013, 22 (5)：055016.

[41] HUANG K Y, NIU C P, WU Y, et al. Arc plasma simulation method in DC relay with contact opening process [C] //2019 5th International Conference on Electric Power Equipment-Switching Technology (ICEPE-ST). IEEE, 2019: 226-229.

[42] XAO Y, WU Y, WU Y F, et al. Study on dielectric recovery characteristic of vacuum interrupter after high frequency interruption [C] //2019 5th International Conference on Electric Power Equipment-Switching Technology (ICEPE-ST). IEEE, 2019: 197-200.

[43] ZHU X N, LEI H, YANG F, et al. A miniature DC switch based on liquid metal droplets [C] //2019 5th International Conference on Electric Power Equipment-Switching Technology (ICEPE-ST). IEEE, 2019: 280-283.

[44] JIANG F F, SUN H, Wu Y, et al. Experimental study on the influence of different opening speed on post-Arc current in DCCB [C] //2019 5th International Conference on Electric Power Equipment-Switching Technology (ICEPE-ST). IEEE, 2019: 166-169.

[45] RONG M Z, LI M, WU Y, et al. 3-D MHD modeling of internal fault arc in a closed container [J]. IEEE Transactions on Power Delivery, 2014, 32 (3): 1220-1227.

[46] 马强, 荣命哲, MURPHY A B, 等. 考虑器壁侵蚀影响的低压断路器电弧运动特性仿真及实验 [J]. 电工技术学报, 2009 (12): 8.

[47] 徐铁军, 荣命哲, 吴翊, 等. 基于 ART 算法的运动阳极弧根电流密度分布重建研究 [J]. 高压电器, 2009, 45 (1): 4.

[48] 仲林林, 王小华, 荣命哲. 高压开关 SF6-Cu 电弧净辐射系数计算 [J]. 电工技术学报, 2018, 33 (23): 5600-5606.

[49] CHEN Y, YANG F, SUN H, et al. Influence of the axial magnetic field on sheath development after current zero in a vacuum circuit breaker [J]. Plasma Science and Technology, 2017, 19 (6): 064003.

[50] ZHANG H T, LI T W, LUO B, et al. Influence of the gassing materials on the dielectric properties of air [J]. Plasma Science and Technology, 2017, 19 (5): 055504.

[51] WANG C L, WU Y, CHEN Z X, et al. Thermodynamic and transport properties of real air plasma in wide range of temperature and pressure [J]. Plasma Science and Technology, 2016, 18 (7): 732.

[52] YANG F, CHEN Z X, WU Y, et al. Two-temperature transport coefficients of SF_6-N_2 plasma [J]. Physics of Plasmas, 2015, 22 (10): 103508.

[53] WU Y, CHEN Z X, CRESSAULT Y, et al. Two-temperature thermodynamic and transport properties of SF6-Cu plasmas [J]. Journal of Physics D: Applied Physics, 2015, 48 (41): 415205.

[54] 荣命哲, 刘定新, 李美, 等. 非平衡态等离子体的仿真研究现状与新进展 [J]. 电工技术学报, 2014, 29 (6): 271-282.

[55] FU Y W, YANG A J, WANG X H, et al. Theoretical study of the neutral decomposition of SF6 in the presence of H_2O and O_2 in discharges in power equipment [J]. Journal of Physics D: Applied Physics, 2016, 49 (38): 385203.

[56] FU Y W, WANG X H, LI X, et al. Theoretical study of the decomposition pathways and products of C_5-perfluorinated ketone (C5 PFK) [J]. AIP Advance, 2016, 6: 085305.

[57] 纽春萍, 强若辰, 王小华, 等. 高压断路器接触电阻的耦合面积法分析 [J]. 高压电器, 2015, 51 (2): 18-23.

[58] 董得龙, 纽春萍, 谢成, 等. 双断点塑壳断路器触头终压力设计 [J]. 低压电器, 2013 (22): 1-4+8.

[59] 王小华, 彭翔, 胡正勇, 等. 双工位电触头电性能测试装置的开发 [J]. 低压电器, 2010 (10): 21-24+34.

[60] 彭翔, 荣命哲, 吴翊, 等, 杨飞. 交流接触器数字化综合设计软件的开发 [J]. 低压电器, 2013

（19）：1-4.

[61] WU Y, RONG M Z, YANG F, et al. Numerical study of arc behavior in miniature circuit breaker [J]. IEEE Transactions on Plasma Science, 2011, 39 (11)：2858-2859.

[62] RONG M Z, YANG F, WU Y, et al. Simulation of arc characteristics in miniature circuit breaker [J]. IEEE Transactions on Plasma Science, 2010, 38 (9)：2306-2311.

[63] 荣命哲. 电接触及电弧研究的新进展 [C]. 电气技术发展综述. 中国电工技术学会, 2004：103-108.

[64] 纽春萍, 强若辰, 荣命哲, 等. 弹簧触指的稳态温升仿真与实验研究 [J]. 高压电器, 2015, 51 (3)：8-14.

[65] GREENWOOD J A. Constiction resistance & the real area of contact [J]. British Journal of Applied Physics, 1966 (17)：1621-1632.

[66] RONG M Z, WANG Q P. Physical process of arc transition from metallc to gaseous phase [C] // 2nd International Conference on Electrical Contacts, Arcs, Apparatus and their Applications, Xi'an, 1993：424-427.

[67] PARK S W, NA S J. A study on current density distribution in the circular contaet surface [J]. IEEE Transactions on Components, Hybrids, and Manufacturing Technology, 1989, 12 (3)：325-329.

[68] OH S, BRYANT M D. The transtent temperature fields for two contacting bodies having different electric potentials [J]. IEEE Transactions on Components, Hybrids, and Manufacturing Technology, 1986, 9 (1)：71-76.

[69] 荣命哲. 电器触点静态电接触热过程的数值分析 [J]. 电工技术学报, 1994 (3)：34-38.

[70] ROBERTSON S R. A finite element analysis of the thermal behavior of contacts [J]. IEEE Transactions Components, Hybrids, and Manufacturing Technology, 1982, 5 (1)：3-10.

[71] MAJUMDAR A, BHUSHAN B. Role of fractal geometry in roughness characterization and contact mechanics of surfaces [J]. Journal of Tribology, 1990, 112 (2)：205-216.

[72] MANDELBROT B B. The fractal geometry of nature [M]. New York：Macmillan Publishing, 1982.

[73] ZHOU A, CHEM T, WANG X, et al. Fractal contact spot and its application in the contact model of isotropic surfaces [J]. Journal of Applied Physics, 2015, 118 (16)：3617.

[74] EARNSHAW R A. Fundamental algorithms for computer graphics [M]. New York：Springer, 1985.

[75] CHEN J X, YANG F, LUO K Y, et al. Study on contact spots of fractal rough surfaces based on three-dimensional weierstrass-mandelbrot function [C] // 62th IEEE Holm Conference on Electrical Contacts, Florida, 2016：198-204.

[76] BARNSLEY M F, DEVANEY R L, MANDELBROT B B. The science of fractal images [M]. New York：Springer, 1990.

[77] MAJUMDAR A, BHUSHAN B. Fractal model of elastic-plastic contact between rough surfaces [J]. Journal of Tribology, 1991, 113 (1)：1-11.

[78] 陈骏星淑. 基于分形几何的电接触模型及其在滚动电连接器中的应用 [D]. 西安：西安交通大学, 2017.

[79] AUSLOOS M, BERMAN D H. A multivariate weierstrass-mandelbrot function [J]. Proceedings of the Royal Society A, 1985, 400 (1819)：331-350.

[80] KORCAK J. Deux types fondamentaux de distribution statistique [J]. Bulletin de Institut, 1940, 30：295-299.

[81] YAN W, KOMVOPOULOS K. Contact analysis of elastic-plastic fractal surfaces [J]. Journal of Applied Physics, 1998, 84 (7)：3617-3624.

[82] BALGHONAIM A S, KELLER J M. A maximum likelihood estimate for two-variable fractal surface [J].

IEEE Transactions on Image Processing, 1998, 7 (12): 1746-53.

[83] BERRY M V, LEWIS Z V. On the weierstrass-mandelbrot fractal function [J]. Proceedings of the Royal Society A, 1980, 370 (1743): 459-484.

[84] TIMOSHENKO S, GOODIER J N. Theory of elasticity [M]. New York: McGraw-Hill, 1951.

[85] ABBOTT E J, FIRESTONE F A. Specifying surface quality-a method based on accurate measurement and comparison [J]. Mechanical Engineering, 1933, 55: 569-572.

[86] CHANG W R, ETSION I, Bogy D B. An elastic-plastic model for the contact of rough surfaces [J]. Journal of Tribology, 1987, 109 (2): 257-263.

[87] JACKSON R L, Green I. A finite element study of elastoplastic hemispherical contact against a rigid flat [J]. Journal of Tribology, 2005, 127 (2): 343-354.

[88] 方昆凡. 工程材料手册 [M]. 北京: 北京出版社, 2002.

[89] TABOR D. The hardness of metals [M]. Oxford: The Clarendon Press, 1951.

[90] PASTEWKA L, ROBBINS M O. Contact between rough surfaces and a criterion for macroscopic adhesion [J]. Proceedings of the National Academy of Sciences of the USA, 2014, 111 (9): 3298-3303.

[91] VANWEES B J, KOUWENHOVEN L P, VANHOUEN H, et al. Quantized conductance of magnetoelectric subbands in ballistic point contacts [J]. Physical Review B Condensed Matter, 1988, 38 (5): 3625-3627.

[92] HANSON G W. 纳米电子学基础 [M]. 北京: 科学出版社, 2012.

[93] LANDAUER R. Spatial variation of currents and fields due to localized scatterers in metallic conduction [J]. IBM journal of research and development, 2000, 44: 251-259.

[94] TORRES J A, PASCUAL J I, SAENZ J J. Theory of conduction through narrow constrictions in a threedimensional electron gas [J]. Physical Review B Condensed Matter, 1994, 49 (23): 16581-16584.

[95] SHARVIN Y V. On the possible method for studying fermi surfaces [J]. Zh. eksperim. i Teor. fiz, 1965, 48: 984-985.

[96] WEXLER G. The size effect and the non-local Boltzmann transport equation in orifice and disk geometry [J]. Proceedings of the Physical Society, 2002, 89 (4): 927-941.

[97] JACKSON R L, CRANDALL E R, BOZACK M J. Rough surface electrical contact resistance considering scale dependent properties and quantum effects [J]. Journal of Applied Physics, 2015, 117 (19): 298-985.

[98] KITTEL C. Introduction to solid state physics 8th edition [M]. New York: Wiley, 2005.

[99] 荣命哲, 刘朝阳, 陈德桂, 等. 小容量控制电器用新型 AgNi 基触头材料的开发研究 [J]. 中国电机工程学报, 1999, 19 (1): 61-66.

[100] 荣命哲, 万江文, 王其平. 含微量添加剂的 AgSnO$_2$ 触头材料电弧侵蚀机理 [J]. 西安交通大学学报, 1997, 31 (11): 1-7.

[101] 万江文, 荣命哲, 王其平. 电弧对银金属氧化物触头的熔炼和侵蚀特性 [J]. 西安交通大学学报, 1998, 32 (4): 11-17.

[102] RONG M Z, WANG Q P. Surface dynamics and it's reaction to the effect of breaking arc for AgMeO contact [C] // Sixteenth International Conference on Electronic Commerce, 1992: 389-394.

[103] SAWA K, HASEGAWA M. Recent researches and new trends of electrical contacts [J]. IEICE Transactions on Electronics, 2000, 9 (E83-C): 1363-1376.

[104] 刘亚篪. 低压电器 [M]. 北京: 机械工业出版社, 1994.

[105] 荣命哲, 鲍芳, 万江文. 银金属氧化物触头电弧侵蚀特性研究 [J]. 电工技术学报, 1997, 12 (4): 6-10.

[106] RONG M Z, WANG Q P. Effects of additives on the AgSnO$_2$ contacts erosion behavior [C] // IEEE

Holm Conference on Electrical Contacts, Pitsburgh, USA, 1993: 33-37.

[107] WAN J W, ZHANG J G, RONE M Z. Adjustment state and quasi-steady state of structure and composi-tion of AgMeO contact by breaking arc [C] // IEEE Holm Conference on Electrical Contacts, USA, 1998: 201-206.

[108] RONG M Z, WAN J W. Arc erosion behavior of AgMeO contacts [C] // International conference on e-lectrical contacts, arcs, apparatus and their applications, China, 1997: 211-218.

[109] 王伟宗, 吴翊, 荣命哲, 等. 低压开关电器稳态电弧特性的仿真 [J]. 低压电器, 2009 (23): 6-9, 23.

[110] 徐铁军, 荣命哲, 吴翊, 等. 代数重建算法在重建运动弧根电流密度分布中的应用 [J]. 中国电机工程学报, 2009, 29 (10): 7-11.

[111] 马强, 荣命哲, MURPHY A B, 等. 考虑电极烧蚀影响的低压断路器电弧运动特性仿真及实验 [J]. 中国电机工程学报, 2009, 29 (3): 115-120.

[112] 吴翊, 荣命哲, 王小华, 等. 触头打开过程中低压空气电弧等离子体的动态分析 [J]. 电工技术学报, 2008 (5): 12-17.

[113] WU Y F, LI M, WU Y, et al. The effects of metal vapour on the fault arc in a closed, air-filled contain-er [J]. Physics of Plasmas, 2019, 26 (4): 043502.

[114] LI M, WU Y F, GONG P, et al. Experimental investigation of thermal transfer coefficient by a simplified energy balance of fault arc in a closed air vessel [J]. Plasma Science & Technology, 2020, 22 (2): 024001.

[115] SUN H, FAN S D, WU Y F, et al. Spatially resolved temperature measurement in the carbon dioxide arc under different gas pressures [J]. Applied Optics, 2018, 57 (21): 6004-6009.

[116] WU M L, YANG F, RONG M Z, et al. Numerical study of turbulence-influence mechanism on arc char-acteristics in an air direct current circuit breaker [J]. Physics of Plasmas, 2016, 23 (4): 042306.

[117] 王伟宗, 荣命哲, YAN J D, 等. 高压断路器 SF_6 电弧电流零区动态特征和衰减行为的研究综述 [J]. 中国电机工程学报, 2015, 35 (8): 2059-2072.

[118] SUN H, RONG M Z, WU Y, et al. Investigation on critical breakdown electric field of hot carbon dioxide for gas circuit breaker applications [J]. Journal of Physics D-Applied Physics, 2015, 48 (5): 055201.

[119] RONG M Z, SUN H, YANG F, et al. Influence of O_2 on the dielectric properties of CO_2 at the elevated temperatures [J]. Physics of Plasmas, 2014, 21 (11): 112-117.

[120] WANG D W, WANG X H, YANG A J, et al. A first principles theoretical study of the adsorption of SF_6 decomposition gases on a cassiterite (110) surface [J]. Materials Chemistry and Physics, 2018, 212: 453-460.

[121] WU Y F, RONG M Z, WU Y, et al. Experimental and theoretical study of decay and post-arc phases of a SF_6 transfer arc in DC hybrid breaking [J]. Journal of Physics D-Applied Physics, 2018, 51 (21): 215204.

[122] WANG Q P, RONG M Z. Catastrophe models of the direction revere of material transfer and the arc transi-tion [C]. 15th ICEC, Montreal, Canada, 1990: 49-52.

[123] RONG M Z, WANG Q P, CHEN D G. Butterfly model of arc transition from metallic to gaseous phase at high pressure [C]. International conference on electric contact phenomena, 1998: 405-408.

[124] MCBRIDE J W, WEAVER P M. Review of arcing phenomena in low voltage current limiting circuit break-ers [J]. IEE Proceedings—Part A, 2001, 148 (1): 1-7.

[125] 万江文, 荣命哲, 王其平. 银基触头电弧侵蚀及气孔和裂纹产生机理 [J]. 电工技术学报, 1997, 12 (6): 1-5.

［126］ 王其平. 电器电弧理论［M］. 北京：机械工业出版社，1992.

［127］ WU Y, SUN H, TANAKA Y, TOMITA K, et al. Influence of the gas flow rate on the nonchemical equilibrium N2 arc behavior in a model nozzle circuit breaker［J］. Journal of Physics D-Applied Physics, 2016, 49（42）：425202.

［128］ REN Z G, WU M L, YANG F, et al. Numerical study of the arc behavior in an air dc circuit breaker considering turbulence［J］. IEEE Transactions on Plasma Science, 2014, 42（10）：2712-2713.

［129］ HE H L, RONG M Z, WU Y, et al. Experimental research and analysis of a novel liquid metal fault current limiter［J］. IEEE Transactions on Power Delivery, 2013, 28（4）：2566-2573.

［130］ 何海龙，吴翊，刘炜，等. 磁收缩效应型液态金属限流器起弧特性研究［J］. 中国电机工程学报，2017, 37（4）：1053-1062.

［131］ 荣命哲，高建玲，吴翊，等. 石英砂熔断器弧前时间数值仿真［J］. 低压电器，2011（1）：6-8.

［132］ 吴翊，荣命哲，王小华，等. 开关电器中空气电弧仿真技术的研究［C］//电器装备及其智能化学术会议. 2007.

［133］ 杨茜，荣命哲，吴翊. 低压断路器中空气电弧运动的仿真及实验研究［J］. 中国电机工程学报，2006（15）：89-94.

［134］ WU Y, WANG W Z, RONG M Z, et al. Prediction of critical dielectric strength of hot CF_4 gas in the temperature range of 300-3500 K［J］. IEEE Transactions on Dielectrics and Electrical Insulation, 2014, 21（1）：129-137.

［135］ WANG X H, WANG D W, YANG A J, et al. The effects of adatom and gas molecule adsorption on the physical properties of tellurene：a first principles investigation［J］. Physical Chemistry Chemical Physics, 2018：10. 1039. C7CP07906K.

［136］ WANG X H, GAO Q Q, FU Y W, et al. Dominant particles and reactions in a two-temperature chemical kinetic model of a decaying SF_6 arc［J］. Journal of Physics D：Applied Physics, 2016, 49：105502.

［137］ ASAI H. Transfer diagram' of electric contacts and it's application［C］. In 8th ICECP, Tokyo, 1976：580-584.

［138］ GERMER L H, et al. Two distinct types of short arcs［J］. Journal of Applied Physics, 1956, 27（1）：32-39.

［139］ BODDY, P J. Fluctuation of arc potential caused by metal vapor diffusion in arcs in air［J］. Journal of Applied Physics, 1971, 42（9）：3367-3372.

［140］ GRAY E W. Some spectroscopic observations of the two regions（metallic vapor and gaseous）in break arcs［J］. IEEE Trans Plasma, 1973, 1（1）：30-33.

［141］ TAKAHASHI A, et al. Condition of transition from metallic to gaseous phase in inductive break arc［C］. IC-ECECA, Tokyo, 1986：407-416.

［142］ 荣命哲，王其平. 电触头材料转移方向反转及电弧转换的突变论模型［J］. 西安交通大学学报，1990, 24（2）：17-22.

［143］ 荣命哲. 高气压电弧的状态及其转换［J］. 电工技术杂志，1994（3）：2-4.

［144］ SONE H, TAKAGI T. Role of the metallic phase arc discharge on arc erosion in Ag contacts［J］. IEEE Transactions on Components, Hybrids, and Manufacturing Technology, 1990, 13（1）：13-19.

［145］ 荣命哲，王其平. 小电流点触头材料转移的研究［J］. 中国电机工程学报，1990, 10（3）：41-46.

［146］ TAKAGI T, INOUE H. Distribution of arc duration and material wear due to arc for Ag, Cu, and Pd contacts［J］. IEEE Trans, 1979, 2（1）：20-24.

［147］ AOYAMA Y, OKADA T, et al. Immobility phenomena of switching arc in low-voltage circuit breakers［C］. IC-ECECA, Tokyo, 1986：787-793.

［148］ BELBEL E M, LAURAIRE M. Behavior of switching arc in low-voltage limiter circuit breakers ［J］. IEEE Trans. compon. hybrids Manuf. technol, 1985, 8（1）: 3-12.

［149］ MANHART H, RIEDER W. Arc mobility on new and eroded Ag/CdO and Ag/SnO$_2$ contacts ［J］. IEEE Transactions on Components Hybrids & Manufacturing Technology, 1989, 12（1）: 48-57.

［150］ AOYAMA Y, et al. New interruption techinque for low-voltage circuit breakers ［C］. 14th ICEC, 1988: 343-348.

［151］ LEWIS T J, SECKER P E. Influence of the cathode surface on arc velocity ［J］. Journal of Applied Physics, 1961, 32（1）: 54-64.

［152］ MICHAL R. Fast arc running on various electrode materials ［J］. IEEE Transactions on Components Hybrids & Manufacturing Technology, 2003, 5（1）: 32-37.

［153］ 塔耶夫. 电器学 ［M］. 北京: 机械工业出版社, 1983.

［154］ 布特克维奇. 强电流电接点和电极的电侵蚀 ［M］. 北京: 机械工业出版社, 1982.

［155］ SWINGLER J, MCBRIDE J W. et al. Modeling of energy transport in arcing electrical contacts to determine mass loss ［C］. Components, Packaging, and Manufacturing Technology, Part A, IEEE Transactions on, 1998: 54-60.

［156］ CHABRERIE J P, et al. Experimental study of forces acting on arc electrodes ［C］, 14th ICEC, Pars, 1988: 327-331.

［157］ GRAY E W. Electrode erosion by particle ejection in low-current arcs ［J］. Journal of Applied Physics, 1974, 45（2）: 667-671.

［158］ TONKS L. The pressure of plasma electrons and the force on the cathode of an arc ［J］. Physical Review, 1934, 46（4）: 278-279.

［159］ 施雨湘. 焊接电弧现象 ［M］. 北京: 机械工业出版社, 1985.

［160］ WANG K J, WANG Q P. Erosion of silver base material contacts by breaking arcs ［C］. 15th ICEC, Montreal, 1990: 44-48.

［161］ 舍甫钦柯. 自动控制电器中的运动与冲击 ［M］. 北京: 机械工业出版社, 1985.

［162］ HOLMS R. Electrode phenomena in electrical breakdown of gases ［C］. John Wiley&Sons. NewYork, 1978: 839.

［163］ SLADE P G. Electrical contacts: principles and applications ［M］. New York: Marcel Dekker, 1999.

［164］ HOLM R. Electric contacts ［M］. Berlin: Springer 1967.

［165］ MAECKER H. Plasmaströmungen in Lichtbögen infolge eigenmagnetischer Kompression ［J］. Zeitschrift für Physik, 1955, 141（1-2）: 198-216.

［166］ COWLEY M D. On electrode jets ［C］. 11th International Conference on Phenomena in Ionized Cases, Prague, 1973: 249-252.

［167］ ECKER G. Electrode components of the arc discharge ［M］. Berlin: Springer, 1961.

［168］ STRACHAN D C, BARRAULT M R. Axial velocity variations in high-current free burning arcs ［J］. Journal of Physics D: Applied Physics, 1976, 9（3）: 435.

［169］ M J ZUEROW, J D HOFFMAN. Gas Dynamics Volume 1 ［M］. NewYork: John Wiley & Sons, 1975.

［170］ 金佑民, 樊友三. 低温等离子体物理基础 ［M］. 北京: 清华大学出版社, 1983.

［171］ TSCHALAKOV I, et al. Abbrandverhalten der abhebekontakte aus unterschiedliehen kontaktwerkstoffen ［C］. 8th ICEEP, 1976: 542.

［172］ TURNER C, TURNER H W. The erosion of heavy current contacts and material transfer produced by arcing ［C］. Proc. 4th Int. Res. Symp. Electric Contact Phenomena, 1968, 198.

［173］ 王可健, 王其平. 非对称配对电触头的材料转移 ［J］. 西安交通大学学报, 1985, 1（985）: 88j.

［174］ WANG K J, WANG Q P. Erosion of silver-base material contacts by breaking arcs ［J］. IEEE transactions on components, hybrids, and manufacturing technology, 1991, 14 （2）: 293-297.

［175］ SUN M, WANG Q P, LINDMAYER M. Electromagnetic Agitation in the Molten Pool on Contact Surface ［C］. 2th IC—ECAAA, 1993: 410-413.

［176］ WU Y, CHEN Z X, RONG M Z, et al. Calculation of 2-temperature plasma thermo-physical properties considering condensed phases: application to CO2-CH4 plasma: part 1. Composition and thermodynamic properties ［J］. Journal of Physics D-Applied Physics, 2016, 49 （40）: 405203.

［177］ NIU C P, CHEN Z X, RONG M Z, et al. Calculation of 2-temperature plasma thermo-physical properties considering condensed phases: application to CO2-CH4 plasma: part 2. Transport coefficients ［J］. Journal of Physics D-Applied Physics, 2016, 49 （40）: 405204.

［178］ MERL W, et al. 电触头数据集 ［M］. 胡明忠, 译. 上海: 上海科学技术文献出版社, 1983.

［179］ 荣命哲, 王其平. 银金属氧化物触头材料表面动力学特性的研究 ［J］. 中国电机工程学报, 1993, 13 （6）: 27-32.

［180］ HIEMENZ P C. 胶体与表面化学原理 ［M］. 周祖康, 等译. 北京: 北京大学出版社, 1986.

［181］ KM H J, et al. Improvement of arc-erosion resistance of Ag CdO material with the matrix-strengthening additive ［C］. Lectures 11th Int. Conf. Elect. Contact Phenomena, 1982: 212-216.

［182］ SUN M, WANG Q P, LINMAYER M. The model of interaction between arc and AgMeO contact materials ［J］. IEEE Transactions on Components, Packaging, and Manufacturing Technology: Part A, 1994, 17 （3）: 490-494.

［183］ J A Shercliff. Fluid motions due to an electric current source ［J］. Journal of Fluids Mechanic, 1970, 40 （2）: 241-250.

［184］ BEHRENS V, et al. Erosion mechanisms of different types of Ag/Ni 90/10 materials ［C］. Proc. 14th ICEC, 1988: 417-422.

［185］ LEUNG C H, et al. A comparision of AgW. AgWC & AgMeO electrical contacts ［J］. IEEE Trans, 1984, 7 （1）: 69-74.

［186］ SHEN Y S, et al. A historic review of AgMeO materials ［C］. 32nd Holm Cont. on Electric Contaet, 1986: 71-75.

［187］ MATHIAS L H. Contact for Electrical Circuit Breaker Mechanisms: 1940962 ［P］. 1970.

［188］ BRUGUER F S. The dispersion of lithium in lithium modified Ag CdO ［C］. Proc. 10th Int. Conf. on Electr. Cont. Phen. Budapest, 1980: 785-791.

［189］ LINDMAYER M. Effect of work function and ionization potential on the reignition voltage of arcs between silver-metal oxide contacts ［C］. Proc. 26th Ann. Meeting of the Holm Conf. Electrical Contacts, 1980: 185-194.

［190］ WITTER G J. The effect of lithium additions and contact density for silver-cadmium oxide contacts for make and break arcs ［J］. IEEE transactions on components, hybrids, and manufacturing technology, 1985, 8 （1）: 148-152.

［191］ BRECHER C. The effect of additive concentration on material erosion in matrix-strengthened silver-cadmium oxide ［J］. IEEE transactions on components, hybrids, and manufacturing technology, 1984, 7 （1）: 91-95.

［192］ BOHM W, et al. The switching behavier of an improved AgSnO$_2$ contact materal ［C］. 27th Holm Conf. on Electric Contact, Chicago, 1981: 51-57.

［193］ GENGENBACH B, et al. Investigation on the swithing behavier of AgSnO$_2$ materials in a commercial contactor ［C］. 12th ICECP, Chicago, 1984: 243-247.

［194］ MICHAL R, SAEGER K E. Metallurgical aspects of silver-based contact materials for air-break switching devices for power engineering ［J］. IEEE transactions on components, hybrids, and manufacturing technology, 1989, 12 (1): 71-81.

［195］ PEDDER D J. Volatilization of cadmium oxide and early welding in internally oxidized silver cadmium alloys ［C］. Proc. 23rd Holm Conf. on Electric Contacts (Pub. IIT Chicago). 1977: 69-76.

［196］ 荣命哲, 王其平. 银金属氧化物触头材料结构模型及电弧侵蚀机理 ［J］. 西安交通大学学报, 1992, 26: 13-18.

［197］ CARBALLEIRA A, CLEMENT J N, et al. Erosion characteristics at make&at break of contactor contacts ［C］. 11st ICECP, 1982: 175.

［198］ ATALLA M M. Mechanism of the intiation of the short arc ［J］. The Bell System Tech. 1955, 34 (1): 203.

［199］ HETZMANNSEDER E, RIEDER W. The influence of bounce parameters on the make erosion of silver/metal-oxide contact materials, IEEE, 1993 ［C］. Proceedings of the 39th IEEE Holm Conference on Electrical Contacts. 1993: 11-18.

［200］ 荣命哲. AgMeO 电触头材料表面层组织特性及其电弧侵蚀机理 ［D］. 西安: 西安交通大学, 1990 年.

［201］ 孙明. 触头材料的电弧侵蚀特性及其数学模型研究 ［D］. 西安: 西安交通大学, 1992.

［202］ WANG K J, WANG Q P. Erosion of silver-base material contacts by breaking arcs ［J］. IEEE transactions on components, hybrids, and manufacturing technology, 1991, 14 (2): 293-297.

［203］ WU Y, CUI Y F, RONG M Z, et al. Visualization and mechanisms of splashing erosion of electrodes in a DC air arc ［J］. Journal of Physics D-Applied Physics, 2017, 50, 47LT01.

［204］ CUI Y F, NIU C P, WU Y, et al. An investigation of arc root motion by dynamic tracing method ［C］. 2017 4th International Conference on Electric Power Equipment-Switching Technology (ICEPE-ST). IEEE, 2017: 647-650.

［205］ COLOMBO V, CONCETTI A, GHEDINI E, et al. Topical review: High-speed imaging in plasma arc cutting: a review and new developments ［J］. Plasma Sources Science Technology, 2009, 18 (2): 023001.

［206］ HEBERLEIN J. Electrode phenomena in plasma torches ［J］. Annals of the New York Academy of Sciences, 2010, 891 (1): 14-27.

［207］ 荣命哲, 李艳培, 刘定新, 等. 新型触点电接触性能测试系统的研制 ［J］. 电工材料, 2005 (1): 17-21.

［208］ 刘文涛, 荣命哲, 刘定新, 等. 触头电接触性能测试装置及试验研究 ［J］. 低压电器, 2013 (19): 17-21.

［209］ 刘定新, 李艳培, 荣命哲, 等. 触点电接触性能测试装置的研制 ［J］. 贵金属, 2005, 26 (4): 44-48.

［210］ WANG Z X, JONES G R, SPENCER J W, et al. Spectroscopic on-line monitoring of Cu/W contacts erosion in HVCBs using optical-fibre based sensor and chromatic methodology ［J］. Sensors, 2017, 17 (3): 519.

［211］ HAQUE C A. Surface segregation on palladium silver 40 atomic percent and palladium—gold 70 atomic percent contact metals alloys by AES ［C］. 17th Holm Conf. on Electrical Contact Phenomena, 1971: 41-49.

［212］ WANG X H, ZONG L L, YAN J, et al. Investigation of dielectric properties of cold C_3F_8 mixtures and hot C_3F_8 gas as Substitutes for SF_6 ［J］. The European Physical Journal D, 2015, 69 (10): 1-7.

[213] RONG M Z, ZHONG L L, CRESSAULT Y, et al. Thermophysical properties of SF_6-Cu mixtures at temperatures of 300-30000 K and pressures of 0.01-1.0 MPa：part 1. Equilibrium compositions and thermodynamic properties considering condensed phases ［J］. Journal of Physics D：Applied Physics, 2014, 47 (49)：495202.

[214] ZHONG L L, WANG X H, RONG M Z, et al. Calculation of combined diffusion coefficients in SF_6-Cu mixtures ［J］. Physics of Plasmas, 2014, 21 (10)：103506.

[215] ZHONG L L, YANG A J, WANG X H, et al. Eelectric breakdown properties of hot SF_6-CO_2 mixtures at temperatures of 300-3500 K and pressures of 0.01-1.0 MPa ［J］. Physics of Plasmas, 2014, 21 (5)：053506.

[216] WANG W Z, WU Y, RONG M Z, et al. Theoretical computation of thermophysical properties of high-temperature F_2, CF_4, C_2F_2, C_2F_4, C_2F_6, C_3F_6 and C_3F_8 plasmas ［J］. Journal of Physics D：Applied Physics, 2012, 45 (28)：285201.

[217] WANG W Z, RONG M Z, WU Y, et al. Transport coefficients of high temperature CF_4, C_2F_6, and C3F8 as candidate of SF_6 ［C］. 2011 1st International Conference on Electric Power Equipment-Switching Technology. IEEE, 2011：621-625.

[218] 王伟宗, 荣命哲, ANTHONY B M, et al. 平衡态电弧等离子体统计热力学属性的计算 ［J］. 西安交通大学学报, 2011, 45 (4)：86-92.

[219] 王伟宗, 荣命哲, ANTHONY B M, et al. 高温氮气电弧等离子体物性参数的计算分析 ［J］. 高电压技术, 2010 (11)：2777-2784.

[220] 丁炬文, 吴翊, 纽春萍, 等. 万能式断路器分断特性的试验研究 ［J］. 电器与能效管理技术, 2015 (11)：1-4.

[221] 陈喆歆, 吴翊, 杨飞, 等. 低压断路器电弧仿真研究 ［J］. 电器与能效管理技术, 2014 (10)：10-17.

[222] 宁嘉琦, 孙昊, 纽春萍, 等. 空气直流断路器开断特性试验研究 ［J］. 低压电器, 2013 (21)：5-8.

[223] SUN H, RONG M Z, CHEN Z X, et al. Investigation on the arc phenomenon of air DC circuit breaker ［J］. IEEE Transactions on Plasma Science, 2014 (42)：2706-2707.

[224] RONG M Z, MA R G, CHEN J X, et al. Numerical investigation on arc behavior in low-voltage arc chamber considering turbulence effect ［J］. IEEE Transactions on Plasma Science, 2014, 42 (10)：2716-2717.

[225] 张冠生. 电器学 ［M］. 北京：机械工业出版社, 1980.

[226] 杨飞. 空气介质中压直流大电流快速开断技术的研究 ［D］. 西安：西安交通大学, 2017.

[227] GONZALEZ J J, GLEIZES A, PROULX P, et al. Mathematical-modeling of a free burning Arc in the presence of metal vapor ［J］. Journal of Applied Physics, 1993, 74 (5)：3065-3070.

[228] MURPHY A B, TANAKA M, YAMAMOTO K, et al. Modelling of thermal plasmas for arc welding：the role of the shielding gas properties and of metal vapour ［J］. Journal of Physics D-Applied Physics, 2009, 42 (19)：1-21.

[229] ZHANG J L, YAN J D, FANG M T C. Electrode evaporation and its effects on thermal arc behavior ［J］. Ieee Transactions on Plasma Science, 2004, 32 (3)：1351-1361.

[230] WU Y, RONG M Z, SUN Z Q, et al. Numerical analysis of arc plasma behaviour during contact opening process in low-voltage switching device ［J］. Journal of Physics D-Applied Physics, 2007, 40 (3)：795-802.

[231] 杨茜, 荣命哲, 吴翊, 等. 低压断路器中空气电弧重击穿现象的仿真与实验研究 ［J］. 中国电机

工程学报，2007（6）：84-88.

[232] 吴翊，荣命哲，杨茜，等. 低压空气电弧动态特性仿真及分析 [J]. 中国电机工程学报，2005
（21）：146-151.

[233] WU Y, RONG M Z, LI X W, et al. Numerical analysis of the effect of the chamber width and outlet area on the motion of an air arc plasma [J]. IEEE Transactions on Plasma Science, 2008, 36（5）：2831-2837.

[234] LINDMAYER M, MARZAHN E, MUTZKE A, et al. The process of arc splitting between metal plates in low voltage arc chutes [J]. IEEE Transactions on Components and Packaging Technologies, 2006, 29（2）：310-317.

[235] 王伟宗，吴翊，荣命哲. 低压开关电器稳态电弧特性的仿真 [J]. 电工文摘，2010（2）：1-4.

[236] 吴翊，荣命哲，杨茜，等. 基于 FLUENT 的低压分断电弧仿真 [J]. 低压电器，2005（5）：7-9.

[237] WU Y, LI M, RONG M Z, et al. Experimental and theoretical study of internal fault arc in a closed container [J]. Journal of Physics D-Applied Physics, 2014, 47（50）：50-52.

[238] 孙志强，吴翊，荣命哲，等. 小型断路器灭弧室的仿真与实验分析 [J]. 低压电器，2010（3）：1-3.

[239] YANG F, MA R G, WU Y, et al. Numerical study on arc plasma behavior during arc commutation process in direct current circuit breaker [J]. Plasma Science & Technology, 2012, 14（2）：167-171.

[240] YANG F, RONG M Z, WU Y, et al. Numerical analysis of arc characteristics of splitting process considering ferromagnetic plate in low-voltage arc chamber [J]. IEEE Transactions on Plasma Science, 2010, 38（11）：3219-3225.

[241] 吴翊. 低压空气电弧多场耦合过程的仿真及实验研究 [D]. 西安：西安交通大学，2006.

[242] 王伟宗，吴翊，荣命哲，等. 空气开关电弧仿真技术及其应用的研究 [J]. 低压电器，2010（5）：7-11.

[243] SUN Z Q, RONG M Z, YANG F, et al. Numerical modelling of arc splitting process with ferromagnetic plate [J]. IEEE Transactions on Plasma Science, 2008, 36（4）：1072-1073.

[244] WU Y, RONG M Z, YANG F, et al. Numerical modelling of arc root transfer during contact opening in a low-voltage air circuit breaker [J]. IEEE Transactions on Plasma Science, 2008, 36（4）：1074-1075.

[245] RONG M Z, MA Q, WU Y, et al. The influence of electrode erosion on the air arc in a low-voltage circuit breaker [J]. Journal of Applied Physics, 2009, 106（2）：023308.

[246] 王伟宗，荣命哲，吴翊，等. 平衡态与非平衡态等离子体物性参数计算模型研究 [J]. 高压电器，2010, 46（7）：41-45.

[247] LIU Y Y, RONG M Z, WU Y, et al. Numerical analysis of the pre-arcing liquid metal self-pinch effect for current-limiting applications [J]. Journal of Physics D-Applied Physics, 2013, 46（2）：1-8.

[248] CRESSAULT Y, HANNACHI R, TEULET P, et al. Influence of metallic vapours on the properties of air thermal plasmas [J]. Plasma Sources Science & Technology, 2008, 17（3）：1-9.

[249] MURPHY A B. Transport coefficients of air, argon-air, nitrogen-air, and oxygen-air plasmas [J]. Plasma Chemistry and Plasma Processing, 1995, 15（2）：279-307.

[250] WANG W Z, RONG M Z, YANG F, et al. Transport coefficients of high temperature SF_6 in local thermodynamic equilibrium using a phenomenological approach [J]. Chinese Physics Letters, 2014, 31（3）：99-102.

[251] WANG W Z, WU Y, RONG M Z, et al. Theoretical computation studies for transport properties of air plasmas [J]. Acta Physica Sinica, 2012, 61（10）：105201.

[252] GAO Q Q, NIU C P, WANG X H, et al. Chemical kinetic model of $SF_6/O_2/H_2O$ decomposition prod-

ucts under 50Hz ac corona discharges [C] //International Conference on Condition Assessment Techniques in Electrical Systems, 2017: 48-51.

[253] GAO Q Q, NIU C P, ADAMIAK K, et al. Numerical simulation of negative point-plane corona discharge mechanism in SF_6 gas plasma [J]. Sources Science & Technology, 2018: 115001.

[254] LIU Y, ZHONG L L, YANG A J, et al. Combined diffusion coefficients in CO_2 thermal plasmas contaminated with Cu, Fe or Al [J]. Plasma Chemistry and plasma processing, 2014 (10): 1133-1149.

[255] ZHONG L L, RONG M Z, WANG X H, et al. Compositions thermodynamic properties and transport coefficients of high-temperature $C_5F_{10}O$ mixed with CO_2 and O_2 as substitutes for SF_6 to reduce global warming potential [J]. Aip Advances, 2017 (7): 075003.

[256] ZHONG L L, WANG X H, RONG M Z, et al. Effects of copper vapour on thermophysical properties of CO_2-N_2 plasma [J]. European Physical Journal D, 2016 (70): 233.

[257] ZHONG L L, WANG X H, CRESSAULT Y, et al. Influence of metallic vapours on thermodynamic and transport properties of two-temperature air plasma [J]. Physics of Plasmas, 2016 (23): 093514.

[258] GAO Q Q, YANG A J, WANG X H, et al. Determination of the dominant species and reactions in non-equilibrium CO_2 thermal plasmas with a two-temperature chemical kinetic model [J]. Plasma Chemistry and Plasma Pocessing, 2016 (35): 1301-1323.

[259] BENILOV M S, MAROTTA A. A model of the cathode region of atmospheric pressure arcs [J]. Journal of Physics D: Applied Physics, 1995, 28 (9): 1869.

[260] CAYLA F, FRETON P, GONZALEZ J J. Arc/cathode interaction model [J]. Ieee Transactions on Plasma Science, 2008, 36 (4): 1944-1954.

[261] LOWKE J J, MORROW R, HAIDAR J. A simplified unified theory of arcs and their electrodes [J]. Journal of Physics D: Applied Physics, 1997, 30 (14): 2033.

[262] YOKOMIZU Y, MATSUMURA T, HENMI R, et al. Total voltage drops in electrode fall regions of SF/sub 6, argon and air arcs in current range from 10 to 20000 A [J]. Journal of Physics D-Applied Physics, 1996, 29 (5): 1260-1267.

[263] SCHMITZ H, RIEMANN K U. Analysis of the cathodic region of atmospheric pressure discharges [J]. Journal of Physics D-Applied Physics, 2002, 35 (14): 1727-1735.

[264] LOWKE J J, TANAKA M. 'LTE-diffusion approximation' for arc calculations [J]. Journal of Physics D-Applied Physics, 2006, 39 (16): 3634-3643.

[265] 孙昊, 荣命哲, 马瑞光, 等. 空气介质直流断路器的现状 [J]. 低压电器, 2013 (20): 8-10.

[266] YANG F, RONG M Z, WU Y et al. Numerical simulation of the eddy current effects on the arc splitting process [J]. Plasma Science & Technology, 2012, 14 (11): 974-979.

[267] YANG F, RONG M Z, WU Y, et al. Simulation of arc splitting process considering splitter-plate erosion [J]. IEEE Transactions on Plasma Science, 2011, 39 (11): 2862-2863.

[268] SUN Z Q, RONG M Z, WU Y, et al. Three-dimensional numerical analysis with P1 radiation model in low voltage switching arc [J]. IEICE Transactions on Electronics, 2007 (7): 1348-1355.

[269] 苏竣, 王其平. 有害气氛对电连接器接触可靠性的影响 [J]. 低压电器, 1991 (1): 28.

[270] 苏竣. 复合镀层接点电接触性能的研究 [D]. 西安: 西安交通大学, 1993.

[271] 李荣正. 接触电阻的微机采集装置的研制及电连接器可靠性试验方法的研究 [D]. 西安: 西安交通大学, 1988.

[272] 方鸿发. 低压电器 [M]. 北京: 机械工业出版社, 1988.

[273] 豪斯纳. 粉末冶金手册 [M]. 北京: 冶金工业出版社, 1988.

[274] GUILE A E. Basic erossion processes of oxidized and clean metal cathodes by electric ares [J]. IEEE

Trans, 1980 (8): 259.

[275] 黄子勋. 电镀原理 [M]. 北京: 中国农业出版社, 1982.

[276] 郑新建. 触头材料分断电弧侵蚀及其形貌特征的研究 [D]. 西安: 西安交通大学, 1990.

[277] RONG M Z, WANG Q P. Mechanism of material transfer of electrical contacts under low direct current [C] //In: Proc. of 1th IC-ECAAA, Xi'an, 1989: 223.

[278] 苏竣, 王其平. H₂S气氛对电连接器接触可靠性的影响的研究 [C] //第一届开关与电连接器年会, 蚌埠, 1990.

[279] WANG K J, WANG Q P. Material transfer of asymmetrically-pairing electric contacts [C] //In: Proc of 13th ICEC, 1986: 233.

[280] GELLERT B, SCHADE E, DULLNI E. Measurement of particles and vapor density after high-current vaccum arcs by laser. techniques [C] //IEEE Trams, 1987: 546-551.

[281] YANABU S, TSUTSUMI T, YOKOKURA K, et al. Recent technical developments in high-voltage and high-power vacuum circuit breakers [C] //IEEE Trans, 1989: 717-723.

[282] GLINKOWSKI M, GREENWOOD A, et al. Capacitance switching with vaccum circuit breakers [C] //IEEE Trans, Power Delivery, 1991: 1088-1095.

[283] BEN F I, DELORENZI A, et al. Life tests on vacuum switches breaking 50kA undirectional current [C] //IEEE Trans, Power Delivery, 1991: 824-832.

[284] REININGHANS U. Electrode materials and their switching characteristics in high vacuum [C] //11th ICEC, Berlin, 1982: 309-313.